对比Java学习Go

Java程序员的Go语言速成指南

[美] 巴里·费根鲍姆（Barry Feigenbaum）著

张燕妮 译

Go for Java Programmers

Learn the Google Go Programming Language

U0125406

机械工业出版社
CHINA MACHINE PRESS

图书在版编目（CIP）数据

对比 Java 学习 Go：Java 程序员的 Go 语言速成指南 /（美）巴里·费根鲍姆（Barry Feigenbaum）著；张燕妮译 . —北京：机械工业出版社，2023.11

（程序员书库）

书名原文：Go for Java Programmers: Learn the Google Go Programming Language

ISBN 978-7-111-74079-7

Ⅰ. ①对…　Ⅱ. ①巴…　②张…　Ⅲ. ①程序语言 – 程序设计　Ⅳ. ① TP312

中国国家版本馆 CIP 数据核字（2023）第 198592 号

机械工业出版社（北京市百万庄大街 22 号　邮政编码 100037）

策划编辑：刘　锋　　　　　　责任编辑：刘　锋　　冯润峰

责任校对：樊钟英　　许婉萍　　责任印制：郜　敏

三河市国英印务有限公司印刷

2024 年 1 月第 1 版第 1 次印刷

186mm × 240mm · 24.5 印张 · 561 千字

标准书号：ISBN 978-7-111-74079-7

定价：139.00 元

电话服务　　　　　　　网络服务

客服电话：010-88361066　机　工　官　网：www.cmpbook.com

　　　　　010-88379833　机　工　官　博：weibo.com/cmp1952

　　　　　010-68326294　金　书　网：www.golden-book.com

封底无防伪标均为盗版　机工教育服务网：www.cmpedu.com

　　自 20 世纪 90 年代中期首次亮相以来，Java 获得了巨大成功。相比于其他语言，Java 在 Web 应用程序和关键数据处理（例如大数据工具）领域扮演了重要角色。除此之外，Java 在操作系统和硬件架构之间的高度可移植性、丰富且不断改进的语言和函数库，与其良好的性能一起促成了它的成功。

　　但 Java 也有一些缺点。Java 创建于面向对象编程刚刚规范化、网络传输代码刚刚规模化的时代。随之而来的问题是 Java 运行时（runtime）占用空间大、资源需求大。Java 开发人员试图通过 Java 模块、标准库子集和 Graal[⊖]虚拟机解决。但实现同样的功能，Go 语言比 Java 语言更节省资源。

　　随着时间的推移，Java 语言和运行时不再是众多现代（尤其是云平台）程序的最佳选择。另外，Java 的持续发展带来了一个问题：人们很难全面掌握它。Go 却是一门简单易懂的语言。

　　Go 语言及其运行时相对较新，旨在满足现代云计算系统和其他系统[⊜]编程任务的需求。很多人认为它是"比 C 更好的 C"，可能替代 C 语言，因为 Go 是与 C 极为相似的语言。Go 语言也可实现 Java 在服务器和应用程序方面的大部分功能。这是本书成书的原因。

　　现在，Go 语言正在用于许多新应用程序的开发和已有应用程序的重构上。以前用 Java 开发的程序，可能选择 Kotlin[⊜]或 Scala[⊜]JVM（都是基于 Java 虚拟机的语言）重构，但现在 Go 语言常常超越二者。例如，Khan Academy[⊜]使用 Go 重构[⊜]其 Python 网站。由于 Go 具有类似脚本语言的易用性以及编译语言的高效性，因此常被用于重构。

⊖　www.graalvm.org/java/。

⊜　面向操作系统，而不是完成业务任务。

⊜　https://kotlinlang.org/。

⊜　www.scala-lang.org/。

⊜　www.khanacademy.org/。

⊜　https://blog.khanacademy.org/half-a-million-lines-of-go/。

Go 首席设计师 Robert Griesemer、Rob Pike、Ken Thompson 都在谷歌工作，他们对 Go 语言以及相关运行时应该具备的特性设想如下（某些特性 Java 也有）：

❑ 高开发效率。Go 提供了一个方便且合理的完整运行时，并提供了一站式工具链，有广泛的社区支持。

❑ 可读性和开发人员可用性高。语言本身小，易于学习，它的代码容易阅读和理解，而不是易于编写。它的目标是具有 Python 等非静态语言的易用性。通常情况下，这种语言是"固执"的（要么接受，要么放弃）。

❑ Go 使用内存垃圾收集（Garbage Collection，GC）机制，降低程序员的工作量，并确保程序可靠。

❑ Go 是静态链接的（而不是如 Java 那样是动态链接的），便于程序的部署和运行管理。

❑ 静态类型。通常支持更安全、更高效、更可预测的程序，对服务器的高可靠性和长时间运行有帮助。

❑ 运行时效率。代码高效地利用处理器，与 C/C++ 程序效率相当。

❑ 高网络性能。现在代码需要适应广泛使用的分布式 / 云应用。对于实现相同级别的功能，Go 通常比 Java 的资源密度低。这有助于减少资源占用，提高现代云分布的规模。

❑ 多处理器系统的高利用率。目前代码需要便捷、安全地利用多核系统。Go 擅长利用多核系统。

Rob Pike[⊖] 对 Go 特性归纳如下：

……我们希望该语言具有静态编译语言（如 C++ 和 Java）的安全性和性能，但也有动态类型的解释语言（如 Python）的轻巧和趣味。同样重要的是，它应适用于现代、网络化、多核硬件上的大型系统软件开发。

Go Brand Book（GBB）指出：

Go 是一种开源编程语言，能够大规模开发简单、高效和可靠的软件。

GBB 进一步说明，Go 语言对于新程序员具有如下优点。

❑ 在保证静态语言的速度、安全性和可靠性的同时，达到了动态语言的生产力。

❑ 易学、易读。

❑ 拥有一个充满活力的社区（涵盖开源开发者、初创公司、大公司和大学）。

❑ 是面向云的编程语言。

对于有经验的程序员具有如下优点。

❑ 可以解决重大工程问题。

❑ 由谷歌支持，谷歌理解并支持开源社区对 Go 的具体需求。

❑ 行业内对 Go 程序员的需求旺盛。

⊖ www.red-gate.com/simple-talk/opinion/geek-of-the-week/rob-pike-geek-of-the-week/.

在很多方面，Go 很像 Node.js[⊖]——一个流行的基于 JavaScript 的应用程序开发平台。Node.js 可快速开发轻量级服务器，因此是一个受欢迎的微服务平台。Node.js 与 Go 拥有类似的功能、历史和社区支持。因为 Go 语言的类型安全和 Go 协程（相对于 Node.js 的事件循环），Go 可提供比 Node.js 更大的规模和更可靠的解决方案。作者认为，Go 将替代大量的 Node.js 用例。

因此，可以用 Go 语言来重新编写许多以前用 Java 编写的应用程序，尤其是云环境中的那些。

下面是相比 Java 而言 Go 具有的一些优点。

❑ Go 是一门较小型的语言，具有简洁、可维护和易学等特性。

❑ Go 更适用于多核处理器和高级并发。

❑ Go 自带了一套小型但功能强大的标准库，适用于构建服务器程序。

❑ Go 适用于云中的执行，尤其是在容器化环境中。

❑ Go 适用于代码量与运行时资源消耗较大可能带来问题的受约束的环境。

Go 是开源的，拥有活跃的开发人员社区，且由谷歌赞助，轻易不会消失。此外，Go 社区承诺过未来 Go 会保持向后兼容。这使得 Go 成为一门适用于商业开发的优秀语言。

Hacker Noon[⊖] 上有文章表示：Go 正成为下一代企业编程语言。

Go 是一门专为大规模软件开发而设计的语言，提供了健壮的开发体验，并避免了现有语言的许多问题。这些因素都促使 Go 最有可能替代 Java，成为未来企业中主流的软件开发平台。总体来说，它们（Go 的设计选择）让 Go 成为 Java 以外针对大型开发项目的现代编程语言最优选择。

InfoWorld[⊜] 上有文章指出：

Google 的 Go 语言已经很有名了，它轻量化、编译快，而且包含丰富的库和抽象，从而适用于并发和分布式（云）应用开发。但衡量编程语言成功与否的真正标准是开发人员用它创建的项目。Go 已被证明是快速开发网络服务、软件基础设施项目和各种紧凑而强大的工具的首选。

使用了 Go 语言的开源软件有 Docker、Kubernetes、Fedora CoreOS、InfluxDB、Istio、Traefik、Hugo、Terraform、CockroachDB 与 Gravitational Teleport。

值得注意的是：Docker 和 Kubernetes 是容器化许多现代应用的基础技术，很多组织基于

⊖ https://nodejs.org/en/。

⊖ https://hackernoon.com/go-is-on-a-trajectory-to-become-the-next-enterprise-programming-language-3b75d70544e。

⊜ www.infoworld.com/article/3442978/10-open-source-projects-proving-the-power-of-google-go.html。

二者构建了稳健、优秀的系统。这都是 Go 语言与其运行时成熟的证明。

Brainhub[⊖]上列出了使用 Go 的大公司所看到的这门语言的优势。

- ❏ 代码简洁。
- ❏ 适合构建大项目。
- ❏ 易学。
- ❏ 一个问题一个解决方案。
- ❏ 易维护。
- ❏ 类 C。
- ❏ 专为多核处理器设计。
- ❏ 专为互联网设计。
- ❏ 快速编译。
- ❏ 应用程序小。
- ❏ 开源模型。

使用 Go 的公司包括 Google（这是当然的）、Uber、Twitch、Dailymotion、SendGrid、Dropbox 与 SoundCloud。

Awesome Open Source[⊜]列出了超过 15 000（还在增加中）个使用 Go 的项目。

Sandra Parker 预计 Go 有一个成功的未来，她强调：因为它是由谷歌创造的。

她也给出了 Go 流行的原因：Go 是与众不同的，是一门年轻的语言，一开始就因功能强大吸引了众多程序员。

以及随着时间的推移，Go 越来越流行的原因：Go 编写的程序性能好。Go 兼有 C/C++ 的效率、Java 的并行处理以及 Python、Perl、Erlang 的易读等特点……这是众多公司从其他语言转向 Go 的原因。Go 是未来的语言。

2020 年，Ziff Davis[⊜]声称 Go 是最需要学习的语言，如图 0-1 所示。

还有一些组织赞扬了 Go 的优点，并指出它的未来前景广阔。例如 Towards Data Science 列出 Go 成功的关键特性。

- ❏ Go 在语言层面支持并发。通过 Go 协程（轻量级绿色线程）和通道提供了基于 CSP（通信顺序进程）的消息传递并发。
- ❏ Go 的最大独特卖点（USP）是其语言设计与简洁性。它成功融合了 Python 的简洁多产和 C 语言的强大。
- ❏ Go 内置了垃圾收集器（尽管不如 JVM 垃圾收集器那么成熟）。Go 开发人员能够像使用 Java、Python 那样进行安全的系统编程。

⊖ https://brainhub.eu/library/companies-using-golang/。

⊜ https://awesomeopensource.com/projects/go。

⊜ www.hackerearth.com/recruit/developer-survey/。

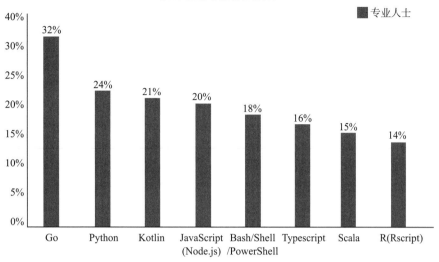

图 0-1　专业人士想学的编程语言

Go 被 GeeksforGeeks⊖列入最受欢迎的语言前 5 名，表述如下：

Go 是一种静态类型的开源编程语言，由谷歌设计，它使程序员的工作效率更高，并帮助他们轻松构建简单、可靠和高效的软件。这种语言在语法上类似 C 语言，但具有内存安全、垃圾收集机制、结构化类型机制和 CSP 风格的并发性质。Go 因在网络和多核领域的高性能而出名。

本书将简要介绍 Go 背后的概念以及诞生理由。首先将介绍 Go 的各种特性以及它与 Java 的差异，而后将介绍 Go 语言的语句和数据类型，以及未来 Go 会进一步增强的功能，接着将介绍一个 capstone Go 程序示例来体验 Go 编程，接下来我们将 Go 标准库与对应的 Java 库进行对比，最后是 Go 标准库的各部分的使用介绍。这部分内容在 Go 网站有更深入、更全面的描述。

确切来说，本书主体分为三部分：第一部分介绍 Go 语言的一些背景，包括 Go 的简要介绍，以及与 Java 的主要特性对比；第二部分描述 Go 语言的主要特性，以及在实践中的应用；第三部分介绍 Go 的标准库，将 Go 标准库与 Java 库进行了对比，并总结了 Go 的关键标准库。另外，本书还有 5 个附录，包含 Go 的安装介绍以及一些摘要和参考信息。

 注意 在本书的例子中，长语句被分割为多行。这在实际 Go 源代码中是不允许的。

本书的相关代码可在 **www.github.com/apress/go- for-Java- programmers** 下载。

⊖ www.geeksforgeeks.org/top-5-most-loved-programming-languages-in-2020/。

致　　谢 *Acknowledgements*

感谢我的儿子小巴里对本书草稿的仔细审查。他是一个想要学习 Go 的专业 Java 程序员，是本书的目标读者之一。

衷心感谢所有提出有用评论和进行勘误的审阅人员：Charles Stein、Divya Khatnar、Rosish Shakya 和 Sharath Hegde。

特别感谢 Ronald Petty 对本书进行了全面的技术审校。此外，他还提出了许多改进建议和书中用到的代码示例。

我要感谢戴尔公司的 Jason Isaacs，他在我撰写本书的过程中支持并鼓励我继续努力。

感谢 Go 开发人员和 Go 社区，感谢他们构建了如此强大的工具。我从大量的 Go 文档以及社区提供的许多论文、博客、维基词条、教程和书籍中学到了很多。

Barry Feigenbaum 博士拥有数十年的软件工程经验。他曾为 IBM 和亚马逊等主要行业领先公司工作，目前在戴尔担任高级首席软件工程师。他曾从事大型机和中端服务器以及许多个人计算机应用程序方面的工作。他使用过许多主流的行业语言（如 C、C++、C#、Python、JavaScript、Java 和现在的 Go）开发软件产品，例如用于多种硬件架构的汇编程序。他对于整个软件开发生命周期拥有丰富的经验。最近，他致力于领导团队开发任务关键型微服务，这些微服务通常是用 Go 编写的，在大型集群环境中运行。

他领导了微软 Windows 内部局域网功能的早期开发（他定义了 SMB 协议，该协议是 CIFS 和 SAMBA 技术的基础）。他曾担任软件测试人员、开发人员和设计师，以及开发团队负责人、架构师和经理。作为 PC-DOS 和 OS/2 多个版本的开发人员、架构师和经理，他做出了关键贡献。在这些职位上，他与微软在联合需求、设计和实现方面进行了广泛的合作。

Feigenbaum 博士拥有计算机工程 [专注于面向对象（OO）软件设计] 博士学位和电气工程学位。他在技术杂志和评审期刊上发表了多篇文章，并与人合著了几本关于 IBM PC-DOS 的书，在许多技术会议（例如 JavaOne）上发表过演讲。他曾在行业标准机构任职，也曾在多所大学担任兼职教授，讲授过数据结构、软件工程和分布式软件等多门大学课程。他拥有 20 多项美国专利。

目　录 *Contents*

附　　录

初步了解 Go

■ 第1章　Go简介

欢迎你！未来的"Gopher"！下面准备踏上一场探索和收获之旅吧！

本书将帮助读者学习 Go 编程语言（又名 Golang）和众多的 Go 标准库，以便成为成功的"Gopher"。本书面向无 Go 基础但有 Java 经验的程序员，内容按照将 Java 特性与 Go 中类似对应特性进行比较的方式组织。

本书假定读者已了解 Java，还假设读者对基本编程概念和过程编程技巧有初步了解。

通常任何编程语言都无法以严格的线性顺序介绍语言主题、特性（在使用之前，先完整介绍主题）。多数语言的特性都相互依赖，因此无法做到这一点。Go 也不例外，事实上，特性之间的相互依赖是 Go 语言设计的一个关键方面。

本书的主题讲解也无法按照完美的线性顺序进行。有些主题有时会在被完整介绍之前被提及。一些背景知识由参考信息提供，有时可能需要提前概述下后面将会详细讲解的内容。这种排序会导致本书的内容在一定程度上相互重复。部分内容重复有助于强化关键概念。

通过比较和示例学习是强大且有效的技巧。本书将通过比较 Go 与 Java 语言本身以及两种语言的标准库来讲解 Go 语言编程。书中经常使用示例演示二者的相似性和差异性，这是本书的特点。

本书不会涵盖 Go 语言的所有细节或选项，但会讲解它的大多数特性，或至少在示例中展示。当然，本书会以必要的详细程度来介绍 Go 语言，完整地描述 Go 语言规范以及许多 Go 标准库。

书中的大多数参考和比较都是针对 Java 的。但是由于 Go 语言和运行时主要针对 C 语言和 C 标准库的用例，因此本书有时也会比较 Go 和 C。由于 C++ 是 C 的派生和超集，因此本书有时也会比较 Go 和 C++。学习本书不需要提前掌握 C 和 C++ 的知识。偶尔，本书也会将 Go 与其他语言进行比较。

"Go"到底是什么呢？Go 不仅仅是一门语言、一套运行时库、一套开发者工具。"Go"也代表一个由用户和贡献者组成的社区。就像 Java 一样，社区是 Go 标准功能的丰富扩充源，并提供了大量针对 Go 开发人员的培训和支持内容。许多扩展内容可通过 Go 工具链和 GitHub 等仓库获取。

Go 于 2009 年 11 月首次发布。2012 年 9 月发布 1.0 版。在 1.0 版之前，Go 语言和运行时经常变化，有时是不兼容的。在 1.0 后，Go 就稳定得多了。

1.0 之后的版本保证完全向后兼容（所有的老代码在重新构建后都可以继续编译和运行），不过也有一些例外。例如，Go1.16 中默认 GO111MODULE 环境选项从 auto 变为 on。这种版本间的不兼容，随着时间推移会迅速减少。

截至本书出版，Go 已经发布了十几个主要的（1.xx 中的 xx）版本和多个小数点（1.xx.yy 中的 yy）版本。每个主要版本都会引进新工具、语言或库特性、性能改进，以及常见的 bug 修复，因此本书无法详细描述这些内容。

在开始学习之前，先看一下 Java 有但 Go 没有的一些主要特性。从表面上看，这点可能会让 Go 显得不如 Java。但随着本书内容的深入，作者相信读者会发现事实并非如此。

本书的第一部分有一些 Go 代码示例，主要是背景信息。后续内容的风格会有变化。

注意，在本书中，尤其是 capstone 部分，作者提到了源文件名。通常，这些名字不是操作系统的字面文件名，可能会显示成不同的样子。一些操作系统区分文件名的大小写，而其他系统不区分。

第 1 章

Go 简介

1.1　Go 与 Java 的初步比较

Java 和 Go 之间有许多明显和微妙的区别。无论是作为语言还是作为运行时，它们经常被比较。本章主要集中于语言方面，旨在提供广泛的粗略比较。对 Java 和 Go 的更深入的比较贯穿了本书。

本章的部分内容可能会被理解为贬低 Go，这并非本意。Go 是一门功能强大的语言，相比 Java 而言，它有自己的优势。但 Java 确实有一些 Go 没有的特性，后续我们会对此加以归纳。

本章需要读者对 Go 有较深的理解。可以在读完本书，对 Go 比较熟悉后再复习本章内容。

Go 及其关联的运行时与 Java 及其关联的 Java 运行时环境（JRE）之间既有众多的相似性，也有许多差异性。本章将尝试对此进行高度概括，后续的内容将对这些相似性和差异性进行详细讲解。

Go 和 Java 都是图灵完备⊖的环境，这意味（几乎）任何程序都可以用二者之一编写。差别只在于开发花费的工作量和程序大小以及性能。

应该注意的是，Go 语言和 Go 开发体验更接近于 C 语言而不是 Java，风格和语法方面也是。Go 的标准库更像 C 语言的附加库。

Go 相比 C 语言的一个特殊之处是 Go 的程序构建方式。在 C 语言中是使用 Make（或者变体）工具，而在 Go 中是使用 Go 构建工具。作者看来，Go 的方式更优越、更易于使用（不需要 Make 文件）。

注意，一些 Go 开发人员也会使用类似 Make 文件的方式，尤其是在复杂项目中，这些

⊖　艾伦·图灵描述了一种通用计算机器，现在称为图灵机，可以计算任何可能的运算。任何可以用来编写图灵机的编程语言都被形容为"图灵完备的"。

项目不仅需要 Go 源文件，还需要构建其他文件。Make 文件通常用于构建 Go 构建器无法完成的多步骤过程脚本。这类似 Java 中使用 Ant 和 Maven。

1.1.1　Go 是编译型语言（Java 是解释型语言）

类似 C 和 C++，Go 程序在执行之前需要完全构建。所有源文件都被编译成目标计算机架构的机器语言。另外，所有代码都被编译到目标操作系统。与之相反，Java 被编译成虚拟机语言（也叫字节码），由 Java 虚拟机（Java Virtual Machine，JVM）解释。为了提高性能，字节码经常在运行时被动态编译成机器语言。JVM 本身是为具体的操作系统和硬件架构而构建的。

一旦构建完成，Go 程序的运行只需一个操作系统。Java 程序需另外在计算机装有 JRE（对应版本）才能运行。许多 Java 程序可能还需额外的第三方代码。

Go 方法的优势是快速程序启动和自包含程序，这两点更适合容器式部署。

1.1.2　Go 与 Java 的程序结构类似

这两种语言均支持包含方法和字段的数据结构的概念。Java 中称为 Class（类），Go 中称为 Struct（结构体）。这些结构被收集到称为 Package（包）的分组中。在这两门语言中，包都可以被分层组织（例如嵌套包）。

Java 包只包含类型声明。Go 包中可包含变量、常量、函数等基本声明以及派生类型声明。

两种语言都通过导入包来访问不同包中的代码。在 Java 中，导入类型可选择使用非限定类型（`String` 与 `java.lang.String`）。在 Go 中，所有导入名称必须始终限定。

1.1.3　Go 与 Java 有影响代码结构的代码风格差异

Go 与 Java 的一些代码风格差异如下。

❑ 声明时，Java 将类型放在前面，Go 将类型放在后面。例如：

```
Java－int x, y, z;
Go－var x, y, z int
```

❑ Java 方法只能返回一个值。Go 函数可以返回多个值。

❑ Java 方法和字段必须在其所属的类型中声明。Go 方法在所属类型外定义。Go 支持独立于任何类型的函数和变量。Java 没有真正的静态共享变量，静态属性只是一些类（相对于实例）的字段。Go 支持在可执行映像中分配的真正静态（全局）变量。

❑ Go 有完全闭包（可捕获可变数据），Java 仅支持部分闭包（只能捕获不可变数据）。这可以使 Go 中的一等函数更加强大。

❑ Go 缺少用户定义的泛型。一些内置类型（如切片和映射）是泛型的。Java 支持任何引用类型的泛型。（注意：Go 有一个已获批准的提案，未来将添加泛型类型。）

❑ Java 只允许对其他类型（类、枚举和接口）进行类型扩展，而 Go 可以基于任何现有类型创建新类型，包括基本类型（如整型和浮点型）和其他用户定义的类型。Go 支持任何自定义类型的方法。

❑ Go 接口的工作方式与 Java 完全不同。在 Java 中，如果通过接口使用（方法调用）类（或枚举），则类必须显式实现接口。在 Go 中，任何类型都可以简单地通过实现接口的方法来实现接口，不需要声明实现接口的意图，声明只是作为调用方法的副产品出现。Java 中的许多标准（继承的）行为（例如 `toString()` 方法）在 Go 中都是由实现公共接口的类型（等效于 `Stringer` 接口的 `String()` 方法）提供的。

1.1.4　Go 和 Java 都是过程语言

命令式程序是指那些通过随时间显式改变状态并测试该状态来工作的程序。它们是无处不在的冯·诺依曼计算机架构的直接反映。过程程序是由过程（Go 中的函数和 Java 中的方法）组成的命令式程序。两种语言都提供以下过程语言的关键功能：

❑ 可以执行表达式，通常是对变量赋值。
❑ 可以执行一系列（0+）语句（通常称为基本块）。
❑ 通常单个语句也可以隐式地充当块。
❑ 可以在代码流中创建单分支（`if`）、双分支（`if/else`）或 n 分支（`if/else if/else`，`switch`）的条件分支。
❑ 可以使用循环语句。
❑ Java 有 `while`、`do` 和 `for` 语句，Go 将它们综合为一个 `for` 语句。
❑ 可以定义可重用代码，这些代码可从多个位置调用。
❑ Java 有方法，Go 有函数，且部分函数就是方法。
所有程序都可以仅使用这些结构编写。

1.1.5　Java 是一门面向对象的语言，但 Go 不是完全面向对象的

与所有面向对象的语言一样，Java 是一种基于类的语言。所有代码（方法）和数据（字段）都封装在某个类实现中。Java 类支持继承，因为它们可以扩展超类（从 `Object` 开始）。Go 允许组合（一个结构可以嵌入另一个结构），这通常可以获得继承的一些代码重用的好处，但不是全部。

Java 提供对方法和字段的封装（通过可见性：公有、保护、包私有、私有）的完全控制。Go 没有提供这些选项。Go 结构体在具有字段和关联方法方面类似于类，但它们不支持子类化。此外，Go 仅支持等效的公有和包私有可见性。

在 Java 中，类和接口都支持多态方法调度。在 Go 中，只有接口支持多态方法调度。Go 中没有抽象基类的对应项。同样，组合可提供该特性的子集。

注意，Java 虽然通常被认为是面向对象的，但并不是面向对象编程风格的完美示例。例如，它具有原始数据类型。但此处并不是要批评 Java 的设计。

1.1.6　Java 是一门高度函数式语言，Go 不是

从版本 8 开始，Java 已经很好地支持了函数式编程（FP）。FP 是指仅使用具有本地数据的函数进行编程，不存在全局和可变状态。Java 支持创建一等函数文本（称为 Lambda）

并将它们传递给其他要调用的代码。Java 还允许将外部（或显式）循环（`while`、`for` 等）替换为内部循环（内部方法）。例如，Java Stream 支持提供这一点。

Go 也有一等函数文本，但缺乏对内部循环的类似支持，循环通常是外部的。一等函数通常以更好的方式提供类似 Lambda 的函数。没有内部循环被认为是 Go 的一个优点，因为它会生成更清晰的代码。

Java 的 FP 支持强烈依赖于泛型。目前，Go 缺少这些。

1.1.7　Java 是一门高度声明性语言，Go 不是

通过注解和特性（如 Stream）的组合，可以用声明性风格编写 Java 代码。这代表代码说明了要做什么，但没有明确说明如何完成。运行时将声明转换为实现预期结果的行为。Go 不提倡这种编程风格，必须按照明确说明如何实现行为的方式编写代码。因此，Go 代码比典型的 Java 代码更清晰，但有时更大且更重复。

1.1.8　很多 Java 特性是注解驱动的

许多 Java 库（尤其是那些称为框架的库），例如 Spring，都充分利用了 Java 的注解。注解通常提供在运行时使用的元数据，以修改库提供的行为。严格来说 Go 没有注解，因此缺少此项功能。Go 代码通常也因此更加明确，这通常被认为是一种美德。Go 可以使用代码生成来获得与注解相似的结果。Go 确实有一种简单的注解形式，称为标签（tag），可用于自定义一些库行为，例如 JSON 或 XML 格式化。

注解的使用可将配置决策绑定到源代码。有时，这是一个缺点，因为需要将决策延迟到运行时。在这种情况下，Go 和 Java 经常使用类似的方法（例如命令行或配置文件参数）。

Go 不支持异常

Java 有异常（实际上是可抛出的异常或错误），可以引发异常以报告异常情况。异常的使用在 Java 中很普遍，通常用于报告可预测和不可预测的故障。将错误作为方法的返回值则很少见。

Go 对这些角色做了重大分割。所有由函数返回值报告的失败，必须由调用方明确测试。这很有效，因为 Go 函数可以很轻松地返回多个值，例如一个结果和一个错误。

Go 有 panic，其与 Java 错误的作用类似。它们被抛出的频率低得多。与 Java 不同，panic 值不是类型的层次结构，只是开发人员选择的值的包装，通常是 `error` 类型的实例。Go 中从不声明函数可以引发的 panic 值的类型（即没有与 Java 的 `throws` 等效的语句），这通常意味着代码没有那么冗长。许多 Java 代码都遵循这样的模式：只抛出不需要声明的 `RuntimeException` 实例。

1.1.9　Java 和 Go 都使用内存管理（垃圾收集器）

两种语言均使用栈和堆来存放数据。栈通常用于函数局部变量，堆用于其他动态创建的数据。在 Java 中，所有对象都被分配在堆上。在 Go 中，只有可以在函数生命周期之外

使用的数据才会分配到堆上。在 Java 和 Go 中，堆都是有垃圾收集机制的。堆对象由代码显式分配，但总是由垃圾收集器回收。

Java 没有指向对象的指针的概念，只有对位于堆中的对象的引用。Go 允许访问任何数据值的指针（或地址）。在大多数情况下，Go 的指针可以像 Java 引用一样使用。

Go 中的垃圾收集实现比 Java 更简单。与 Java 不同，Go 有几个调整垃圾收集的选项，让它更好地工作。

1.1.10　Go 和 Java 都支持并发，但方式不同

Java 有线程的概念，也就是由库提供的可执行路径。Go 有 Go 协程（GR）的概念，也就是由语言自身提供的可执行路径。GR 可被视为轻量级线程。Go 运行时支持使用的 GR 数量比 JRE 支持的线程数量更多（多达成千上万个）。

Java 支持语言的同步控制。Go 有类似的库函数。Go 和 Java 都支持原子值的概念，可以跨线程 /GR 安全更新。两者都支持显式锁定库。

Go 提供了通信顺序进程（CSP）的概念，作为 GR 在没有显式同步和锁定的情况下交互的主要方式。GR 通过通道进行通信，这些通道实际上是管道（FIFO 队列），并结合了 `select` 语句进行查询。

本书后面的章节将讨论两种语言在并发方法中的其他差异。GR 和线程通常以不同的方式进行管理，它们之间的状态传递也是如此。

1.1.11　Go 的运行时比 JRE 简单

Go 的运行时比 JRE 提供的更少。Go 没有 JVM 的对应项，但有类似的组件，如垃圾收集。Go 没有字节码解释器。

Go 有大量的标准库，Go 社区提供了更多。但是 Java 的标准库和社区库可以说在函数的广度和深度上都远远超过了当前的 Go 库。尽管如此，Go 库仍然足够丰富，可以开发许多有用的应用程序，尤其是应用程序服务器。

所有使用的库（仅此而已）都被嵌入到 Go 的可执行文件。可执行文件是运行程序所需的一切。Java 库在首次运行时动态加载。这使得 Go 程序二进制文件通常大于 Java 的二进制文件（单独的"main"类），但当 JVM 和所有依赖类被加载后，Java 的总内存消耗量通常更大。

因为 Java 是解释型的，其可能动态生成字节码，而后执行它。这可以通过在运行时编写字节码或动态加载预写的字节码（如类）来完成，带来了极大的灵活性。Go 因为是预构建的，所以不能这样做。

1.1.12　Go 程序构建过程是不同的

Java 程序是运行时构建的类的组合，通常来自多个源代码（供应商）。这使得 Java 程序非常灵活，尤其是通过网络下载时，这是 Java 的主要用例。Go 程序是在执行之前静态构建的，启动时，可执行映像中的所有代码都可用。以一定的灵活性为代价提供了更好的完整性和可预测性，使得 Go 更适合容器化部署。

Go 程序通常由"go 构建器"构建，这是一个结合了编译器、依赖管理器、链接器和可执行构建器等组件的工具，包含在标准 Go 安装中。Java 类是单独编译的（通过 javac 工具，随 JDK 一起提供），然后经常被汇编成保存相关类的档案（JAR/WAR）。程序从这些档案中的一个或多个加载。档案的创建（尤其是包括任何依赖项）通常由独立于标准 JRE 的程序（例如 Maven）完成。

1.1.13　Go 与 Java 有相似的发布周期

Go 对 1.xx 版本采用了一年两次的发布周期。归纳在图 1-1 中（来自 Go 网站）。

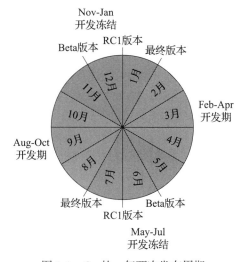

图 1-1　Go 的一年两次发布周期

Go 团队支持最近的两个版本。

Java 对 1.xx 版本采用类似的一年两次的周期[⊖]，还有一个长期支持（LTS）版本的附加概念。非 LTS 版本在下一版本（LTS 或非 LTS）发布后即不受支持，LTS 版本则至少支持到下一个 LTS 版本发布。LTS 版本通常间隔 18 ～ 24 个月。Java 另有实验性特性的概念，这些特性被发布后，在将来的版本中可被更改（或撤回），它们提供了未来支持的预览。Go 的这种情况很少，但也有例外，如泛型特性就以类似方式提供预览。

1.2　Java 有而 Go 没有的特性

Java 有一些 Go 没有的特性，反之亦然。因此，在查看有对应 Go 特性的 Java 特性之前，先简要介绍下 Go 没有的特性。我们不是列出所有 Go 缺少而 Java 有的特性，而是总结一些关键特性。

注意：很多 Go"缺失的"特性是故意删除的，以此确保语言简单和高效，而不是其难

⊖　https://dzone.com/articles/welcoming-the-new-era-of-java。

以提供。这被认为是一种优点。

1.2.1 多重赋值

在一条语句中，Java 将一个值赋给多个变量。例如：

```
int x, y, z;
x = y = z = 10;
```

最接近的 Go 方式如下：

```
var x, y, z int = 10, 10, 10
```

在 Go 中，赋值类型和变量可以不同。

1.2.2 语句和操作符

Go 和 Java 的操作符有不同优先级。作者认为，Go 的优先级更少，更自然。如果不确定优先级，那么可以在表达式中使用括号来保证运算顺序符合需求。

一个重大区别是 Go 中的 **x++**（表示：x=x+1）和 **x--**（表示：x=x-1）是语句，而不是操作符。Go 中根本没有 **--x** 或 **++x**。

Go 不支持三元表达式。需要使用 if/else 语句。

例如，获取最大值的 Java 表达式：

```
var z = x > y ? x : y;
```

在 Go 中，需要采用下面形式：

```
var z = y
if x > y {
    z = x
}
```

二者类似，但不同。也可采用类似下面的形式：

```
var z int
if x > y { z = <some expensive int expression> }
else { z = <some other expensive int expression>}
```

注意，前面的 **if/else** 必须在一个源代码行中输入。

Go 不支持赋值表达式，只有赋值语句。

1.2.3 assert 语句

Go 没有 **assert**（断言）语句。Go 有可用于实现类似功能的 panics，但不能像断言那样在编译时禁用。因此，不鼓励使用 panics。

1.2.4 while 与 do 语句

Go 的 **for** 语句（行为像 **while**）替代了 Java 的 **while** 语句。Java 的 **do** 语句无直接

对应项，但可使用 for 语句替代。

注意：Java 的 for 语句可也用作 while 语句，例如：

var x = 0; **for**(; x < 10;) { ... ; x++; }

与下面语句的作用相同：

var x = 0; **while**(x < 10) { ... ; x++; }

1.2.5 throw 语句 /throws 子句

Go 没有 throw 语句（或者 throws 子句）。Go 的 panic(...) 函数作用与 throw 动作相似。

1.2.6 strictfp、transient、volatile、synchronized、abstract、static

Go 没有这些 Java 修饰符的对应项。多数是因为没有必要，因为 Java 中使用它们解决的问题，在 Go 中可以通过其他方式解决。例如，将声明的值调整为顶级（即包）值来实现静态值的对应功能。

1.2.7 对象、类、内部类、Lambda、this、super、显式构造函数

Go 不像 Java 那样完全支持面向对象编程，因此，不支持这些 Java 的结构。书中后面会介绍一些 Go 的特性，这些特性使用起来类似大多数 OOP 特性。因此，Go 更适合被描述为基于对象的语言。使用 Go 确实能实现 OOP 的关键目标，但其实现方式不同于严格的 OOP 语言通常所使用的方式。

Go 不支持真正的类（如，Java 的 class 定义）。Go 确实支持结构体，其像类，但不支持继承。Go 确实允许嵌套结构体，这有些像内部类。

关于类型声明，Go 没有 extends 或者 implements 子句。Go 没有这些子句所提供的继承。Go 确实针对接口类型有隐式形式的 implements。

Go 不支持 Java 的 Lambda（函数签名编译成类实例）。相反，Go 支持作为参数传递的一等函数（通常字面值）。Go 不支持方法引用（作为参数传递的 Lambda 的简单名称）。

Go 支持接口的方式与 Java 不同。Go 接口允许鸭子（duck）类型。Go 的接口不要求显式实现（Go 不需要 implements 子句）。任何类型匹配了接口的所有方法，则隐式实现了接口。通常，Go 的方法更灵活。

Java 8 及更高版本允许在接口中实现（具体）方法。Go 不支持。Java 允许在接口中声明常量；Go 不允许。Java 允许在接口中声明子类型。Go 则不允许。

下面是 OOP 的一些特性：

1. 一个对象有一个标识符（以便区分其他对象）。
2. 一个对象可能（通常确实）具有状态（即实例数据、属性或字段）。
3. 一个对象可能（通常确实）具有行为（即成员函数或方法）。
4. 一个对象由称为类的模板描述 / 定义。
5. 类可按层次结构（继承）排列；实例是层次结构中类的组合。

6. 对象实例被封装；状态通常仅对方法可见。

7. 可在类层次结构的任何层级中声明变量；子类实例可被赋值给这些变量（多态性）。

Java 支持（但非强制）上述所有特性。Go 则不是。

Go 对上述特性的支持如下所示：

1. 一个结构体实例有一个地址，通常可以作为它的标识（但不一定总是明显的）；结构体实例与对象实例相似但不完全相同。

2. 一个结构体实例可能（通常确实）具有状态。

3. 一个结构体实例可能（经常）具有行为。

4. 如同类，一个结构体实例由称为结构体类型的模板描述 / 定义。

5. 不直接支持；结构体可嵌入提供类似组合的其他结构体。

6. 支持但不常用（结构体字段通常是公有的）。

7. 不支持。

历史上，OOP 语言源自计算机模拟和改善人机交互的需求。OOP 语言是基于实现模拟对象间传递消息来影响行为的想法而构思的。随着 OOP 改进的行为重用可能性（即继承）而变得众所周知，它成为越来越欢迎的编程风格。大多数现代语言具备该能力。

对许多人来说，Go 缺乏完整的 OOP 可能是其最大的缺点。但是你一旦习惯了 Go 编程的用法，就不会怀念最初想象的 OOP 特性。Go 是一种设计良好且功能丰富的语言，其特性使其支持 OOP 的目标，而不包括其他语言（如 Java）的复杂的 OOP 特性。

注意，OOP 不是编写好的程序所必需的。所有现有的 C 程序证明了这一点，其中一些是大型和功能丰富的程序，例如操作系统⊖和 Web 浏览器。事实上，有时 OOP 思维会在程序中强制使用不适当的结构。再一次说明，Go 是一种类似 C 的语言。

OOP 也不是实现高水平的重用所必需的。函数可以很好地扮演这个角色，特别是 Go 中的一等函数。

1.2.8 泛型和方法

Go 当前不支持任意类型的泛型和方法。此处，泛型指能够容纳 / 使用多类型。Java 中，`Object` 类型变量是泛型，它可保存任何引用类型的值。Go 中，`interface{}` 类型的变量是泛型，因为它可保存任何类型的值。

Java 5 改进了该概念，可以通过指定声明的类型（例如容器类）支持特定（而不是所有）类型（例如字符串或数字），指定的类型作为容器类型的修饰符，例如 `List<String>`（而不仅 `List`）类型。Go 的内置集合类型（切片、映射和通道）是该方式的泛型。

最初，Java 不支持特定类型的泛型。它们在 Java 5 中被引入，主要是为了缓解该语言中存在的集合的某些可用性问题。Java 的泛型设计有一些由于向后兼容性而强加给它的负面特性或妥协。

目前，有一个将泛型添加到 Go 中的提案已被批准，原因与添加到 Java 中的原因大致相同。看来，在该问题上 Go 将追随 Java 的脚步。

⊖ www.toptal.com/c/after-all-these-years-the-world-is-still-powered-by-c-programming。

Java（和 Go）定义的泛型主要是消除重复编码的语法糖。在 Java 中，它们根本不会影响运行时的代码（因为运行时类型擦除）。在 Go 中，它们可能会导致可执行文件中存在更多二进制代码，但不会比手动模拟的更多。

1.2.9 广泛的函数式编程能力

Go 确实支持一等函数，但不支持典型的通用实用函数（如 `map`、`reduce`、`select`、`exclude`、`forEach`、`find` 等），尽管大多数函数（强烈支持函数式编程范式）语言和 Java（通过其 Lambda 和 Stream）提供该类函数。该遗漏是 Go 语言设计者深思熟虑后的决定。当包含泛型时，Go 可能会添加其中一些实用函数。

1.2.10 原始值的装箱

Java 集合（数组除外）不能包含原始值，只能包含对象。因此，Java 为每种原始类型提供了包装器类型。为了使集合更易于使用，Java 会自动将原始类型包装（装箱）到包装器类型中以将其插入集合，并在从集合中取出该值时解包（拆箱）该值。Go 支持可以包含原始类型的集合，因此不需要这样的装箱。注意，需要使用装箱是 Java 在内存使用方面的效率比 Go 低的一个领域。

1.2.11 源码注解

Go 无注解。Go 结构体字段可以有标签，起到类似但更受限的作用。

注解、函数流以及 Lambda，一起使 Java（至少部分）成为一种声明式语言。Go 几乎是纯粹的命令式语言。这是一种选择。这会使 Go 代码更清晰但冗长。

注意：Go 有类似 Java 的编译时注释的概念，其中源文件可包含特殊的注释（称为构建约束），构建器将解释这些注释以更改代码的处理方式。例如，在源代码的开始之处通过如下注释来指定生成代码的目标操作系统：

```
// +build linux,386
```

将仅为 Linux 操作系统和 386 架构构建代码。

有另一种（通常是首选的）语法；前面的注释也可以写成：

```
//go:build linux,386
```

注意，一些如目标系统或硬件架构的限制条件可嵌入 Go 源文件名字。例如：

```
xxx_windows.go
```

将仅针对 Windows 操作系统构建。

1.2.12 多种可见性

Java 支持四种可见性：

1. private——只在包含类型中的代码可见。
2. default——只在同一包中的代码可见。

3. protected——只在同一包或类型的子类中的代码可见。

4. public——所有代码可见。

Go 仅支持 default（Go 中通常称为 private 或者 package）和 public 可见性的对应项。Gopher 经常将 public 可见性称为"导出可见性"，将 private 可见性称为"不导出可见性"。

1.2.13 重载 / 覆盖函数

在 Java 中，在同一范围内可定义具备不同签名（不同数量或不同类型的参数）的同名函数。这种函数称为（通过参数多态性的形式）重载函数。Go 不允许重载。

Java 中，可以在继承层次结构中重新定义具有相同名称和签名的函数。此类重新定义的函数（通过继承多态性）被调用覆盖。由于 Go 不支持继承，因此不允许这种覆盖。

1.2.14 正式的枚举

Java 有正式的枚举类型，它是专用的类类型，具有离散的静态实例，以便于进行相同（==）操作符的比较。Go 不支持，它使用基于整数类型常量的 `iota` 操作符。在 Java 中，枚举值可基于多种类型（但整数类型常见）；在 Go 中，只允许整数类型。

注意，Java 的枚举是类，像其他类一样可有字段和方法。它们还支持继承。Go 的枚举无类似特性。

1.2.15 内置二进制数据自序列化

Java 具备将数据与对象序列化（转化成字节序列，在该用例中通常称为八位字节）成二进制形式的能力。`Data{Input|Output}` 流和（子类）`Object{Input|Output}` 流类型提供该功能的 API。序列化过的数据通常写进文件，或者通过网络传输，或者有时保存进数据库。序列化可以为其他短暂对象提供持久性形式。序列化也是大多数远程过程调用（Remote Procedure Call，RPC）机制的基础。

Java 支持基本值、数组和任何数据结构（类实例）的序列化，这些数据类型可以包含基本类型或任何标有 `serializable`（可序列化）接口的类型以及这些类型的任何集合。Java 甚至支持带有循环引用的结构。

Go 没有提供与此完全对象序列化的直接对应项。在 Go 中，通常会将数据序列化为某些文本格式（比如 JSON 或者 XML），并保存 / 发送该格式。与二进制表示相比，使用文本通常效率较低（需要更多字节和时间）。这些文本形式通常不支持数据结构内的循环引用。

针对二进制数据，Go 社区提供支持，例如谷歌 Protocol Buffers。使用标准的 Go 库，可以创建自定义二进制格式，尽管有点烦琐。

1.2.16 并发集合

Java 有很多集合实现，每个集合针对不同用例提供了微妙优化。就像 Python 和 Javascript 等其他语言一样，Go 采用较简单的方法，在所有用例中使用单个集合实现，比如列表或映射。这在运行时可能不是最优的，但它非常易学和易用。

除了标准项外，Java 还具有多种并发（在多线程中使用时性能良好、低争用的）类型和集合。`ConcurrentHashMap` 可能是最流行的例子。Go 有一些标准库的对应项，例如 `sync.Map` 类型。一般来说，这种并发类型在 Go 中使用频率较低。Go 经常使用替代方案，例如通道。

1.3　Go 与 Java 的深度比较

本节将继续对比 Go 与 Java，更详尽地描述 Java 与 Go 之间的显著差异。通过 Go 与 Java 的对比，可以更容易地吸收 Go 特性。

个人认为，Go 是一种比 Java 简单得多的语言，Go 甚至可以说是一种比 C 更简单的语言。例如，《Java 语言规范》目前约有 800 页，而《Go 语言规范》目前大约有 85[一]页。显然，Java 的语言复杂性要比 Go 高得多。

Go 标准库也是如此。就所提供的类型和函数的数量以及纯粹的代码行而言，Go 标准库比 Java 标准库要小得多。在某些方面，Go 库的功能较少，但即便如此，Go 库通常也足以编写许多有用的程序。

与 Java 社区一样，标准库中未包含的功能通常由社区成员提供。个人认为：Java 库，尤其是社区提供的库，通常比许多相应的 Go 库更成熟。

Java 库通常也更重量级（做得更多），并且可以说比相应的 Go 库更难学习和使用。一般来说，Go 库对于典型的 Go 用例来说更"合适"[二]，因此，Go 并不缺乏它的适用性。考虑到标准 Java 库的大型代码库的大小，Java 9 被迫将它们拆分为可选模块，从而减少了 Java 运行时占用空间。此外，许多旧库已被弃用（现在已删除一些）以进一步减小运行时的大小。

Go 社区主要由 Google 和众多个人或者小型团队组成。有较少经过审查的组织，如 Apache 软件基金会[三]和 Spring[四]，该类组织为 Java 提供第三方库和框架。

Go 和 Java 5 支持类似，但不同的语句和数据类型。书中后续章节将详细描述它们。先总结如下。

Go 和 Java[五]支持布尔值、字符、整数、和浮点数。在 Go 中，字符称为 `rune`，4 个字节；在 Java 中，字符称为 `char`，2 字节。二者都使用 Unicode 编码。通常 Go 的 `rune` 应用优于[六]Java 的 `char` 类型，由于字符变量可代表任何合法的 Unicode 字符。

Java 和 Go 都支持字符串类型，它们实际上是字符数组。在 Go 中，字符串是一种基本类型。Go 在字符串中使用 Unicode 转换格式（UTF-8），从而相比 Java 对应的字符串使用

　㊀　当前 HTML 格式保存为 PDF。

　㊁　有些人可能会说，这些库既精简又吝啬。

　㊂　www.apache.org/。

　㊃　https://spring.io/。

　㊄　Java 的优秀摘要见 www.artima.com/objectsandjava/webuscript/ExpressionsStatements1.html。

　㊅　见文章：www.oracle.com/technical-resources/articles/javase/supplementary.html。

更少的字节，尤其是英文文本。

每种语言的类型操作符都是类似的。Go 还支持复数浮点数据，而 Java 不支持。Java 支持大形式的整数和十进制浮点数。Go 支持大形式的整数和二进制浮点数。Go 和 Java 支持同类值数组。Java 在类中聚合异类值，Go 使用结构体。

Java 支持对类实例的引用。Go 使用指针，其可定位任何类型的值。

Java 和 Go 共享很多类似语句。

两者都有赋值语句。两者都有增强（操作符参与）赋值。Go 有多重（又名元组）赋值。

两者都有条件语句，例如 `if` 和 `switch`。Go 增加 `select`。两个语言都支持循环。Java 有 `while`、`do` 和 `for` 语句。而 Go 只有 `for`。

二者均有变量声明语句。Go 为局部变量添加了方便的声明和赋值组合。Go 提供基于任何现有类型的通用类型声明。Java 只能声明类、接口或枚举类型。

Go 和 Java 都具有异常功能。Java 可以抛出和捕获 `Throwable` 实例。Go 可以引发 panic 并从其中恢复。

Go 在理念上有一些不同于 Java 的地方：

❑ Go 倾向于遵循"少即是多"的理念。

创建 Java 的最初动机是简化 C++ 的复杂性。创建 Go 的动机类似，但目的是简化 C（以及 Java）。例如，Go 语言中做某事通常只有一种方案（而 Java 通常有几种）。

注意，Java 的大部分语法都源自 C++ 语法，而 C++ 语法是 C 语法的超集，因此 Java 语法也基于 C 语法。具体来说，Java 的大部分语义都基于 C++ 语义。Go 更针对 C 功能及其支持库。

❑ Go 的创建是为了适应像 C 语言这样的利基市场。

相比 Go 与 C++（C++ 是 C 语言大超集，Java 源自 C++），Go 与 C 之间有更多的共同点。它旨在成为一种类似 C 的"系统编程"语言，但具有改进的安全性和语义，以满足现代计算机系统的需求，特别是改进了多核处理器的易用性。Java 与此类似，但旨在支持更广泛的用例集。

Go 在其源语法和格式（符号、操作符、标点符号和空格的使用）上与 C（以及 Java）类似。由于 Java 也是基于 C 的，Go 和 Java 在这方面也非常相似。

❑ Go 语法更简单。

例如，当可以隐含语句终止符时，Go 的分号（";"）可省略（不存在）。注意，使用省略的语句终止符是惯用的，也是首选的。

与 Java 相比，这可使代码更简洁、更容易读 / 写。此外，Go 删除了众多 Java 括号（`(...)`）的使用。在关联类型之外定义方法可以使代码更具可读性。

❑ Go 的优化点 / 目标与 Java 不同。

Java 更像是一种应用程序（尤其是商业）语言。Go 更加面向系统。这些优化点强烈影响 Go 语言的设计 / 性质。像所有图灵完备的语言一样，Java 和 Go 有重叠的适用性领域，其中任何一个都是合适的选择。

❑ Go 通常比 Java 更具命令性和明确性。

Java，尤其是在使用 Java 8（及更高版本）特性的情况下，可以比 Go 更具声明性和抽象性。在某些方面，Go 更像 Java 的第一（1.0）版，而不是 Java 的当前版本。

❑ 在 Go 中，大多数行为都是显式（希望是显而易见的）编码的。

行为并不隐藏在函数式编程特性中，如 Java Stream 和 Lambda 支持的特性。这可以使 Go 代码风格更具重复性。错误是显式处理的（比如在每个函数返回时），而不是像 Java 中那样远程地或系统地异常处理。

除了（功能有限）结构体字段标签之外，Go 没有像 Java 那样的注解概念。同样，这是为了让 Go 代码更加透明和清晰。注释就像任何声明性 / 后处理（相对命令式）方法一样，倾向于隐藏或延迟行为。

Java 注解驱动方法的优秀例子是 *Spring MVC* 和 *JAX-RS* 如何在 Web 应用服务器中定义 REST API 端点。注解通常由第三方框架在运行时解释，而不是在编译时。

另一个示例是如何为对象关系映射器（Object-Relational Mappers，ORM）定义数据库实体。在这种有限的情况下，Go 通过结构体标签提供选项，这些标签通常用于为这些工具提供建议。社区提供的 GORM⊖ ORM 就是一个例子。其他应用中的内置 JSON 和 XML 处理器等也使用标签。

❑ Go 支持（源代码）生成器概念。

生成器是编写 Go 代码的 Go 代码。生成器可由 Go 构建器有条件地运行。生成器的用例很多。例如，可以使用生成器来机械地创建模仿 Java 泛型但通过预处理器完成的集合类型（比如为 List<T>、Stack<T>、Queue<T>、Map<K、T> 等的每个所需 T/K 生成的类型）。Go 社区提供了这样的选择。

❑ Go 支持指针，Java 支持引用。

对计算机而言，指针和引用是类似的，但对人类而言是不同的。引用相比指针是更抽象的概念。指针是保存其他值的机器地址的变量。引用是保存其他值的定位器（可以是地址或其他）的变量。

在 Java 中，引用总是在使用时自动解引用（赋值除外）。指针可能是也可能不是。使用指针，可以获取某些数据的地址并将其保存在指针变量中，并将指针转换为其他类型，例如整数。这对引用是不可能的。

与 C（或 C++）不同，Java 和 Go 都限制指针 / 引用来处理特定类型的数据。没有类似 C 的"void"指针。此外，也没有类似 C 中允许的"指针算法"。因此，Go 和 Java 一样，（可以说）比 C 更安全，由于寻址错误而失败的可能性更小。

⊖ https://gorm.io/index.html。

第二部分 *Part 2*

Go 语言

本部分将介绍 Go 的一些主要基础特性。读完本部分后，读者将能够掌握让 Go 区别于 Java 的关键特性。

读者可以从第 2 章获得所需的基础知识，进而全面掌握本部分内容。第 3 章涉及一些尚未详细描述的 Go 主题。

接下来的章节中包含大量代码示例。一般来说，可运行的代码会带有清单号。代码可能不是完全独立的（直接可以编译并执行），经常需要补充包声明、库导入，以及在 main() 函数中封装，才能够完整运行。

第 2 章 *Chapter 2*

Go 的基础特性

本章将深入介绍一些 Go 的重要特性。读完本章，你将能够掌握具体的 Go 语言与 Java 语言之间的异同。

2.1　语言关键字

Go 保留（不能用作其他用途）字：

break、case、chan、const、continue、default、defer、else、fallthrough、for、func、go、goto、if、import、interface、map、package、range、return、select、struct、switch、type、var

Java 和 Go 均有关键字，部分关键字是保留字。表 2-1 中列出了这些关键字。如果它们具有相同或类似的用途，将位于同一行。一些关键字是保留字（只能用于语言，绝不能用作变量名）。

表 2-1　Go 与 Java 的保留字和关键字比较

Java	Go	用途
	–	废弃值；Java 无对应项
abstract		Go 无对应项
assert		Go 无直接对应项，panic 与之类似
boolean	bool	等同
break	break	等同
byte	byte	Go 中是无符号的；Java 中是有符号的
case	case	等同；Go 有一些扩展
catch		在延迟函数中，Go 有替代 try/catch 的内置 recover()
	chan	Java 无对应项

（续）

Java	Go	用途
char		与之相对，Go 有 rune（32 位）类型
class		Go 无 OOP；struct 类型是最接近的
const	const	Java 中未用
continue	continue	等同
default	default	在 switch 中相同；在 Go 中无相似可见性；Go 中，在函数上无用
	defer	类似 Java 的 try/finally
do		Go 无直接对应项
double		Go 有一个 float64 类型
enum		Go 改用 int（iota）常量（类似 C）
else	else	等同
extends		Go 无继承
	fallthrough	对应 Java 中 switch 的失败行为
final		Go 用一个 const 声明替代
finally		Go 使用 deferred 函数替换 try/finally
float		Go 有一个 float32 类型
for	for	类似
	func	Java 有 Lambda
	go	Java 有线程
goto	goto	在 Java 中未使用；Go 中，类似 break 用法，但可用于循环外
if	if	等同
implements		Go 隐式实现
import	import	类似
int	int	Go 也有一个 int32 类型
instanceof (type) x	x.(type)	Go 有类型断言测试；抛出部分断言
interface	interface	类似角色
long		Go 有一个 int64 类型
	map	Java 有一个 HashMap（与其他的）库类型
native	无实体定义的函数	Go 无直接对应项；但 CGo 有类似
new	new	生成一个对象；Go 有一个功能类似内置 new 函数；Go 没有与类型关联的构造函数的概念
package	package	类似角色
private		Go 使用小写名字（更多包被保护）
protected		不需要；Go 无继承
public		Go 使用大写名称
	range	Java 有一个 for 语句
return	return	相同；Go 可能返回多个值
	select	Java 无对应项
short		Go 有一个 int16 类型

（续）

Java	Go	用途
static		Go 有全局变量（对比类）
strictfp		Go 无对应项
	struct	可以同样方式使用 Java 的 class
super		Go 无对应项
switch	switch	类似；Go 有扩展
synchronized		Go 无直接对应项；库提供类似行为
this		Go 可使用任何名字实现该角色
throw		Go 有一个内置 panic 函数
throws		不需要；Go 无异常声明
transient		Go 无对应项
try		Go 无直接对应项，但支持 try/catch 和 try/finally 的类似行为
	type	Java 无对应项
var	var	Java 使用类型名字（可选的块局部变量除外）
void		在 Go 中忽略返回类型实现同样功能
volatile		Go 无对应项
while		Go 有 for

2.2　操作符和标点符号

Java 和 Go 有操作符和标点符号。很多语言有相同或类似的用途，但每种语言各有一些独特的操作符和标点符号。由于 Go 语言支持有符号和无符号整数（Java 不支持无符号整数），操作符的作用稍微不同。另外，Go 不会自动将小字节数转成大字节数（例如 byte-> short->int->double），Go 必须显式转换。表 2-2 归纳了 Java 和 Go 的操作符以及二者差异。

表 2-2　Java 与 Go 操作符比较

Java	Go	用途
+	+	相同；（二进制）加法和（一元）正数或者字符串串联
-	-	相同；（二进制）减法与（一元）负数
*	*	相同；（二进制）乘法；在 Go 中，也表示指针声明和（一元）间接引用
/	/	相同；除法
%	%	相同；取模
&	&	相同；位与；在 Go 中，也表示（一元）取地址
|	|	相同；位或
^	^	相同；位异或；（一元）Go 中布尔型非操作
<<	<<	相同；左移位操作
>>	>>	相同；右移位操作
>>>		无符号右移位操作；在 Go 中，>> 用于无符号整型

（续）

Java	Go	用途
	&^	位清零（与非）; 不适用 Java
=	=	赋值; 在 Go 中是语句不是操作符
+=	+=	相加后赋值; 在 Go 中是语句不是操作符
-=	-=	相减后赋值; 在 Go 中是语句不是操作符
*=	*=	相乘后赋值; 在 Go 中是语句不是操作符
/ =	/ =	相除后赋值; 在 Go 中是语句不是操作符
%=	%=	取模后赋值; 在 Go 中是语句不是操作符
&=	&=	相与后赋值; 在 Go 中是语句不是操作符
| =	| =	相或后赋值; 在 Go 中是语句不是操作符
^=	^=	异或后赋值; 在 Go 中是语句不是操作符
<<=	<<=	左移后赋值; 在 Go 中是语句不是操作符
>>=	>>=	右移后赋值; 在 Go 中是语句不是操作符
>>>=		无符号右移后赋值, Go 中没有
	&^=	位清零后赋值; Java 中没有
&&	&&	相同; 逻辑与; 短路
||	||	相同; 逻辑或; 短路
++	++	自加; 在 Go 中只后加; 在 Go 中是语句不是操作符
--	--	自减; 在 Go 中只后减; 在 Go 中是语句不是操作符
==	==	相同; 相等测试
!=	!=	相同; 不等测试
<	<	相同; 小于测试
<=	<=	相同; 小于或等于测试
>	>	相同; 大于测试
>=	>=	相同; 大于或等于测试
	:=	简单（短）声明; Java 不支持
...	...	类似; 可变参数声明; 在 Go 中, 在函数参数上列表扩展
(	(	相同; 开启参数列表或开启子表达式
)	)	相同; 闭合参数列表或闭合子表达式
[	[	相同; 开启索引
]	]	相同; 闭合索引
{	{	相同; 开启块或初始化列表
}	}	相同; 闭合块或初始化列表
;	;	相同; 在 Go 中如果放行后, 常被忽略
:	:	相同; 分隔符
@		注释指示器; Go 中没有
: :		方法引用; Go 中没有
.	.	相同; 域引用
,	,	相同; 列表或参数分隔符; Go 中非操作符
~		位非; Go 中没有

（续）

Java	Go	用途
?:		三元选择；Go 中没有
!	!	相同；逻辑非
->		Lambda 表达式声明；Go 中没有
	<-	发送到或接收自（基于位置）通道；Java 不包含
instanceof (type) value	x.(y)	类型测试；Go 中没有；Go 有断言表达式，用于转换类型，并且如果转换可行，则返回布尔值
new	New make	分配和构建一个对象；Go 有函数 new 和 make。另外，Go 可声明 struct 并获取地址，与 Java 的 new 功能相同。Go 中 new 不运行任何构造函数，这是 make 的功能

Java 和 Go 有关系表达式（ == 、 != 、 < 、 <= 、 > 、 >= ），但它们的功能不完全相同。例如比较两字符串 s1 与 s2（或其他引用类型）是否相同，在 Java 中必须使用：

if(s1.equals(s2)) { ... }

但在 Go 中，应该是：

if s1 == s2 { ... }

只有类型是可比较的，才可做比较。多数内置类型可比较。具体内容见《 Go 语言规范》。切片、映射和函数值是不可比较的， nil 值例外。指针、通道、接口值也可与 nil 比较。

在 Java 中，下面语句含义不同，表示引用被比较（例如相同性测试）：

if(s1 == s2) { ... }

该测试用来比较 s1 和 s2 引用是否指向同一对象（例如各自的化名）。Go 为了实现同样测试，需要比较字符串的地址（不是值）：

if &s1 == &s2 { ... }

Java 不显式支持引用类型的关系比较；类型自身必须提供一些方法来实现。对于字符串，方法如下：

if(s1.compareTo(s2) < 0) { ... }

在 Go 中，应该是：

if s1 < s2 { ... }

仅当类型以某种方式排序时，该比较才有效。在 Go 中，很多类型支持上述操作。具体细节参见《 Go 语言规范》。例如，字符串以字节数组排序，短字符串包含隐含的额外零单元。

与 Java 一样， && 和 || 操作符是短路的，可能只计算左参数。

Go 取址（ & ，也称作地址）一元操作符返回它的操作数的地址，操作数必须是可寻址的（有存储位置，例如常量和很多表达式不行）。Java 无对应操作。对于类型 T 的任何值， & 操作符返回类型 *T 的值。不能取 nil 值的地址。

可寻址的值有：

❑ 声明的变量

❑ 指针的逆向引用（*p）——返回 p

❑ 数组或者切片索引表达式

❑ 结构体字段选择器表达式

❑ 复合体（数组、切片、映射、结构体）字面量

注意：对于能导致 panic 的 exp 表达式，&exp 表达式也会导致 panic。

2.3　Go 操作符优先级

Java 操作符的优先级很复杂，在此不做介绍（具体参见《Java 语言规范》）。Go 优先级通常比较简单。一元操作符的优先级高于二元操作符。

一元操作符优先级，由高往低排序：

❑ Wrapping (...)

❑ Prefix + - * &

❑ Suffix [...] (...)

注意 Go 中，++ 与 − 是语句，不是操作符。

二元操作符从高到低排序：

❑ / % << >> & &^

❑ + - | ^

❑ == != < <= > >=

❑ &&

❑ ||

如有疑问，最好的办法是使用括号（...）来明确优先级，尤其是一元操作符。

注意 Go 有位清除（&^）操作符，而 Java 没有。

x &^ y 代表 x AND（NOT y）。

注意：Go 无二元非（~）操作符，Java 有。Go 使用异或操作符替代。例如：

```go
func not32(x uint32) uint32 {
    return x ^ 0XFF_FF_FF_FF
}
func not64(x uint64) uint64 {
    return x ^ 0XFF_FF_FF_FF_FF_FF_FF_FF
}
```

或：

```go
func not32(x uint32) uint32 {
    y := int32(-1)
    return x ^ uint32(y)
}
```

```
func not64(x uint64) uint64 {
    y := int64(-1)
    return x ^ uint64(y)
}
```

当由下面语句调用时：

```
fmt.Printf("%X\n", not32(10))
fmt.Printf("%x\n", not64(10))
```

结果（注意大小写）：

```
FFFFFFF5
fffffffffffffff5
```

2.4　Go 内置函数

Go 有些内置函数用于执行常见功能，归纳在表 2-3 中。这些函数通常是通用的（或重载），它们能处理不同数据类型。Java 通常有类型特定的方法，来实现类似功能。

注意，Go 的内置函数名称不是保留关键字，内置函数的名称可留作它用（可能隐藏内置函数）。

表 2-3　Java 与 Go 常见函数比较

Java	Go	用途
`.length`, `.length()`, `.size()`...	`len(...)`	获取字符串、数组、切片、映射、通道的长度
每个集合类型不同	`cap(...)`	获取切片、映射、通道的容量，对一些集合，`cap` 和 `len` 功能相同
`new...` 或工厂函数	`make(...)` 或 `new(...)` 或 `&<structureType>{}`	创建（`make` 初始化）集合或者结构，`new` 返回分配内存的指针；对 Go 的 `new`，无构造函数调用
`System.arraycopy`	`copy(...)`	在相同 / 不同数组间，复制 / 移动数组元素
每个集合类型不同	`delete(...)`	从映射中移除元素；通常用作语句
Java 中没有；一些类型有该功能的方法	`close(...)`	关闭通道；通常用作语句
`(<type>)...`	`<type>(...)`	转换参数为指定类型（例如强制转换）
`throw` `<throwable>`	`panic(...)`	抛出 panic，可发送任何类型的 panic 值，但首选发送 `error` 实例；通常用作语句；避免使用 `panic(nil)`
`try/catch`	`v:=recover()`	捕获 panic，通常用作 `defer` 函数
每个集合类型不同，常是 `add()`	`append(...)`	附加值到切片；如需要可重分配切片；应该将结果分配给输入切片
Java 中没有	`complex(...)`	生成复杂值
Java 中没有	`real(...)`	获取复杂值的实部
Java 中没有	`imag(...)`	获取复数值的虚部

第 3 章

Go 的关键特性

在最基本的层面上，Go 源代码与 Java 一样，是一个字符流，通常被视为一系列行。Go 源代码文件是按照 UTF-8 编码编写的（在 Java 中通常也是如此）。Go 没有像 Java 那样的预处理器，可以将 Unicode 转义符处理为原始字符，所有 Unicode 字符都被视为相同，转义符只能出现在字符串或字符文本中，而不能出现在标识符或其他地方。

与在 Java 中一样，字符被分组为称为空白符（空格、制表符、新行等的序列）和 token 的结构，Go 编译器通过解析它们以处理 Go 代码。Go 经常使用空格作为 token 分隔符。

除新行外，空白符序列被视为单个空格字符。在 Go 中，新行可以隐式生成分号（;）表明语句结束，因此有点特殊。当遇到行尾时，Go 词法分析器会自动添加一个分号，并且允许在前一个 token 后添加分号。通常，在一些大括号（{...}）或圆括号（(...)）括起来的列表中，可以在逗号（,）之后拆分行。

虽然方便，但这也限制了某些 token 相对于彼此必须出现的位置。因此，Go 比 Java 更严格地将源代码语句排列成行。最明显的就是引入块的左大括号（{）必须与任何前缀语句位于同一行（而不是跟随在后）。本章中会有很多这样的例子。

人们一般认为 Go 程序是一个 token 流，通常按代码行顺序排列。token 通常是标识符，其中一些是保留字、分隔符、标点符号或操作符。

下面是一个简单的 Go 源文件（基于常见的 Hello World 示例），该文件通常称为 `main.go`，位于称为 `main` 的目录中：

```
1: package main
2: import "fmt"  // 一个标准的 Go 库
3: func main() {
4:     fmt.Println ("Hello World!")
5: }
```

　　该源文件是一个完整的程序。程序入口点指定位于 main 包（1）中（所有 Go 程序入口点都必须如此）。与 Java 一样，main() 函数（3 ～ 5）是必需的入口点。在这里，main 类似于 Java 的 static 方法。此方法使用导入的 PrintIn 标准库函数（2，4）来显示消息。与 Java 一样，Go 有字符串字面量（4）。区别在于 Go 中字符串是内置的（与 java.lang.String 库相比）类型。

　　本书将不会继续使用以上对行进行编号的形式，因为它往往会破坏示例。后面将使用源代码注释来指示特定的细节。

　　注意，与 Java 不同，在 Go 中，main 的命令行参数由库函数调用访问，而不是作为 main 函数的参数访问，此示例中没有访问它们。

　　对于 Go 解析器，此文件如下所示：

```
package main;
import "fmt";
func main() {
        fmt.Println("Hello World!");
}
```

词法分析器在缺少分号但预期的行尾注入分号。这种形式是合法的 Go 代码，但不是习惯用法。在 Go 习惯用法中，语句结尾的分号通常被习惯性省略，除非要在一行中输入多个语句，但该情况很少见。

　　Java 中的等效（可能在 Main.java 中）程序如下：

```
public class Main {
  public static main(String[] args) {  // 或 String... args
    System.out.println("Hello World!");
  }
}
```

　　注意：在 Java 中，main() 是公有的，但在 Go 中却不是。由于 Go 不要求函数是某种类型（如 System）的成员（又名方法），因此可以直接使用打印函数，但是必须限定所属包（在本例中为 fmt），而不是由所属类限定。在 Go 中，许多函数的行为类似于 Java 中的 static 函数（没有关联的实例）。

　　Java 不要求代码位于包中（可以使用默认包），但强烈建议使用包，并且通常会提供包。因此，Java 示例通常类似于：

```
package com.mycompany.hello;
public class Main {
  public static main(String[] args) {
    System.out.println("Hello World!");
  }
}
```

　　如果编译器没有自动导入 java.lang.* 包，上例将是：

```
package com.mycompany.hello;
import java.lang.*;
```

```
public class Main {
  public static main(String[] args) {
    System.out.println("Hello World!");
  }
}
```

除了封闭的 Main 类，上述代码看起来更像 Go 版本。

注意，在 Go 代码中，不需要封闭类（Main）来创建可以运行的程序。这可以减少基本程序所需的行数，但确实有一个明显的缺点。main 函数必须位于 main 包中，并且程序（或源代码树）中只能有一个 main 包。在 Java 中，每个具有 main 方法的类都可以作为不同的程序。

3.1　简单的 Go 程序示例

下面介绍的是一个输出命令行参数的简单 Go 程序的示例，考虑这组示例变量，将 Java 与 Go 进行对比。这些示例可以帮助读者更深入地了解 Java 和 Go 编程风格之间的异同。这些示例中使用 Go 的 if 和 for 语句。虽然它们与 Java 的等效语句非常相似，但提前了解一下是有必要的。

在 Go 中，第一个程序参数（Args[0]）是程序名称（始终存在），后跟在命令中输入的任意个由空格分隔的参数。注意，在 Java 中，args[0] 不是像 Go 中一样的程序名称（可以是"java"或正在运行的类的名称），但是简单起见，我们在这些示例中将假装它是。

在下面的 Go 示例中，我们使用了表达式 <variable> := <expression>，通常称为短声明。形式如下：

```
var <previously undeclared variable> <type of the expression>
<variable> = <expression>
```

注意，前面是两个不同的代码行，而不是一个单独封装行。

短声明通常可以嵌入其他语句，例如 if 和 for。如果新声明了至少一个变量，则可以声明和赋值多个变量。

首先在 Java 中：

```
package com.mycompany.args;

class Main {
  public static void main(String[] args) { // 或 String... args
    var index = 0;
    for (var arg : args) {
      if (index++ == 0) {
        System.out.printf("Program: %s%n", arg);
      } else {
        System.out.printf("Argument %d: %s%n", index, arg);
      }
    }
  }
}
```

然后在 Go 中：

```go
package main
import "fmt"
import "os"

func main() {
    for index, arg := range os.Args {
        if index == 0 {
            fmt.Printf("Program: %s\n", arg)
        } else {
            fmt.Printf("Argument %d: %s\n", index, arg)
        }
    }
}
```

在 Windows 系统下运行：`...\go_build_main_go.exe 1 2 3`
得到如下输出：

```
Program: ...\go_build_main_go.exe
Argument 1: 1
Argument 2: 2
Argument 3: 3
```

请注意，可执行文件名称可以是（并且通常是）不同的。这里，它由所使用的集成开发环境（Integrated Development Environment，IDE）定义。

例中导入了多个 Go 包。`os.Args` 顶级变量用于获取命令行参数。

考虑以下略有不同的代码（从现在开始仅显示 `main` 函数）：

```go
func main() {
    for index, arg := range os.Args {
        if index == 0 {
            fmt.Printf("Program: %s\n", arg)
            continue
        }
        fmt.Printf("Argument %d: %s\n", index, arg)
    }
}
```

此代码的格式是较惯用的 Go 风格，其中很少使用 `else` 子句，取而代之的是短路操作（如 `break`、`continue` 或 `return`）。Go 风格是尽可能左对齐代码（或避免代码块嵌套过深）。

在 Java 中：

```java
public static void main(String[] args) {
    System.out.printf("Program: %s%n", args[0]);
    for (var index = 1; index < args.length; index++) {
        System.out.printf("Argument %d: %s%n", index, args[index]);
    }
}
```

在 Go 中:

```
func main() {
    fmt.Printf("Program: %s\n", os.Args[0])
    for index := 1; index < len(os.Args); index++ {
        fmt.Printf("Argument %d: %s\n", index, os.Args[index])
    }
}
```

两种 for 循环都很常见, 作者推荐第一种形式。

还有另一种备选方式, 在 Java 中:

```
public static void main(String[] args) {
  for (var index = 0; index < args.length; index++) {
    switch (index) {
      case 0:
        System.out.printf("Program: %s%n", args[index]);
        break;
      default:
        System.out.printf("Argument %d: %s%n", index, args[index]);
    }
  }
}
```

在 Go 中:

```
func main() {
    for index, arg := range os.Args {
        switch {
        case index == 0:
            fmt.Printf("Program: %s\n", arg)
        default:
            fmt.Printf("Argument %d: %s\n", index, arg)
        }
    }
}
```

或

```
func main() {
    for index, arg := range os.Args {
        switch index {
        case 0:
            fmt.Printf("Program: %s\n", arg)
        default:
            fmt.Printf("Argument %d: %s\n", index, arg)
        }
    }
}
```

其中任何一种都可以被认为是最好的形式。第二种 Go 代码的形式更类似于 Java 代码。

注意 Java 和 Go 代码之间的强烈相似性。大多数差异在于语句语法。Go 通常使用较少的分隔符。并且，Go 的 `switch` 语句中不需要 `break`。

另一个示例是一个完整但简单的 Web 应用程序，如清单 3-1 所示。一个等效的⊖Java示例，尤其是仅使用标准的 JSE 库（与 JAX-RS 框架相比）的示例，将非常大，因此不包含在清单中。

注意，在 Go 声明中，类型位于声明的名称（或多个名称）之后，而不是之前。通常，变量的类型由初始值的类型隐含决定，因此被省略。

清单 3-1　完整但简单的 HTTP 服务器示例

```go
package main
import (
    "net/http"
    "log"
    "math/rand"
)

var messages = []string{
    "Now is the time for all good Devops to come the aid of their servers.",
    "Alas poor Altair 8800; I knew it well!",
    "In the beginning there was ARPA Net and its domain was limited.",
    // 假设更多
    "A blog a day helps keep the hacker away.",
}

func sendRandomMessage(w http.ResponseWriter, req *http.Request) {
    w.Header().Add(http.CanonicalHeaderKey("content-type"),
        "text/plain")
    w.Write([]byte(messages[rand.Intn(len(messages))]))
}

var spec = ":8080"  // 意味着 localhost:8080
func main() {
    http.HandleFunc("/message", sendRandomMessage)
    if err := http.ListenAndServe(spec, nil); err != nil {
        log.Fatalf("Failed to start server on %s: %v", spec, err)
    }
}
```

上例将启动一个 HTTP 服务器（通过 `ListenAndServe`），该服务器为每个 `"/message"` 路径的请求返回一条随机消息（对于任何 HTTP 方法，这并不常见）。服务器在用户终止前将一直运行（`ListenAndServe` 不返回），并会自动返回许多错误（如 404）和成功（如 200）状态。浏览该网站的浏览器可能会显示图 3-1 和图 3-2 中的内容。

⊖ 没有直接 Java 等效项，因为 JSE JRE 没有为 HTTP 服务器提供标准支持。需要像 Spring 或 JAX-RS 服务器这样的第三方代码。

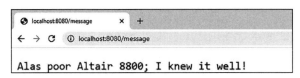

图 3-1　HTTP 收到的服务器随机消息 1

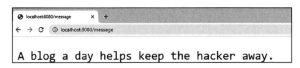

图 3-2　HTTP 收到的服务器随机消息 2

此示例很简短。服务器功能的核心代码只需要四行。对大多数 Java 库或框架来说，如此简短是不可能的。

在所有这些示例中，即使你对 Go 语言知之甚少，代码也通常是一目了然的。这证明了 Go 语言及其运行时库的简单性和透明性。

3.2　Go 包

Go 代码像 Java 代码一样被组织成包。在 Go 中，包不仅仅是类型（类、接口、枚举）的集合，也是变量、常量和函数的集合。Go 包可以为空。所有 Go 代码都必须位于某个包中。

Go 包类似于 Java 包：

❑ Go 包也表示物理结构，通常是文件系统目录。

在同一包目录中，所有声明同名包的 Go 源文件在逻辑上都合并到该包中，几乎就像源文件被串联一样。所有这些源文件都需要位于同一目录中，该目录通常与包名相同，特殊情况除外。

注意，包目录可能包含非 Go 文件。但必须至少存在一个 `.go` 源文件，才能将目录视为包。

❑ Go 包还可以包含子包。Go 使用正斜杠（"/"）来分隔导入路径中的包名，而 Java 使用句点（.）分隔。Go 引用名称，而 Java 不引用名称。与 Java 一样，每个子包都独立于其父包（即子包没有查看父包内容的特殊能力，反之亦然）。这种组织形式完全是为了方便。

❑ 包外的代码要使用包，需要先使用 `import` 语句导入包。不能像 Java 那样使用完全限定名称（例如，`java.util.List`）而不导入包。Go 没有 Java 自动导入 `java.lang.*` 的等效替代。

导入通常使被导入包的所有公有成员对导入包可见。包的私有成员不能导入其他包。Go 不支持导入包的单个标识符，始终导入包中的所有公有标识符。这不会造成冲突，因为要使用这些标识符，必须始终将包名用作限定符。

通常按导入路径中的最后名称对导入进行排序，但这是可选的。Go 的格式化工具
（gofmt）和一些 IDE 将自动排序。因此，下例中导入顺序将重新排列，rand 将被放在
最后：

```
import (
        "net/http"
        "math/rand"
        "log"
)
```

通常，Go 工具会在处理源代码时对其进行编辑。Java 工具通常不会这样。

Go 不允许同一导入在一个源文件中多次出现，也不允许源文件中存在不使用的导入。
这可能很烦人。有许多 IDE 能为你添加任何缺少的导入并删除未使用的导入。

包声明和任何导入必须放在每个源文件的开头，其他成员可以按任意顺序出现在同一
包的任何文件中，但结构声明应该出现在任何关联的（方法）函数定义之前。

在 Java 中，包中的类型可以分布在多个源文件中，但每个类型必须在单个源文件中完
成（对于任何类型的声明）。Java 源文件的一般结构是

❏ 包声明
❏ 导入
❏ 顶级类型（class、interface、enum）声明，包括所有成员

Java 源文件由一个或多个顶级类型定义和相关注释组成。Java 只允许每个源文件定义
一种公有顶级类型，但允许任意数量的默认可见性顶级类型。大多数源文件只有一个类型
声明。生成的类文件将在逻辑上合并到一个命名空间（也称为包）中。

Go 源文件由一个或多个顶级（公有或包私有）变量、常量、函数 / 方法或类型定义以
及相关注释组成。在 Go 中，包的内容（包括在包中定义的类型）可以分布在许多源文件中。
Go 源文件的一般结构是

❏ 包声明
❏ 导入
❏ 顶级变量（var）声明
❏ 顶级常量（const）声明
❏ 顶级函数（func）声明
❏ 顶级类型（type）声明

注意，顶级项目出现的顺序不限，并且可以交叉出现。

3.3　Go 注释

像 Java 一样，Go 允许在源代码中进行注释。Go 注释类似于 C，因此也类似于 Java。
Go 同 Java 一样有两种风格的注释：

❏ 行（又名备注）——从 "//" 开始，直到行结束。
❏ 块——以 "/*" 开头，以 "*/" 结尾。这种类型的注释可以跨行。不允许嵌套注释。

Go 没有 JavaDoc（/**...*/）注释。相反，Go 文档工具特别注意 `package` 语句或任何顶级声明之前的注释。由于一个包可以有许多源文件，因此通常会创建一个文档源文件（通常称为 `doc.go`），该文件只包含以包注释为前缀的 `package` 语句。

Go 中的最佳实践是对任何公开声明进行注释。例如：

```
// PrintAllValues 将格式化后的值写入 STDOUT。
// 将使用每个值类型的默认格式规则。
func PrintAllValues(values... interface{}) {
        :
}
```

或者写为：

```
/*
PrintAllValues 将格式化后的值写入 STDOUT。
将使用每个值类型的默认格式规则。
*/
func PrintAllValues(values... interface{}) {
        :
}
```

注意，左侧没有星号（*），其在 Java 中很常见。

Go 的"doc"服务器根据 Go 源代码中的这些注释创建 HTML 文档，就像 JavaDoc 工具对 Java 源代码所做的那样。此注释文本是纯文本（而不是 Java 中的 HTML）。在此文本中，缩进文本按原样获取（如 HTML 中的 `<pre>...</pre>`）。左侧对齐的文本被换行。

每个注释的第一句（或唯一一句）是特殊的，因为它包含在摘要文档中。这应该足以确定注释项的用途。

Go 代码文档的一般样式和详细信息的示例参见 Go 包文档。

3.4　Go 构建 / 运行过程

Go 开发体验与所有编译（相对解释）语言非常相似，与 Java 也类似。通常包括以下步骤：

1. 编辑源文件——使用一些编辑器。
2. 编译源文件——使用 Go 构建器。
3. 修复任何编译器错误——使用一些编辑器。
4. 构建可运行文件——使用 Go 构建器。
5. 测试更改——使用 Go 构建器或第三方测试工具。
6. 发布代码。

步骤中可能出现许多内部循环。整个步骤可以重复。如果假设没有发生编译器错误，则步骤 2、4 和 5 可以通过一个命令完成。

注意，就构建而言，Java 是一种编译语言。生成的字节码通常在运行时被解释，本书不做具体介绍。

有许多工具可以帮助开发人员完成每个步骤。最基本的方法是在步骤 1～3 中使用文本编辑器和命令行编译器。然后在步骤 4 中使用某种程序构建器。步骤 5 可以使用调试器或测试用例运行程序完成。

这些工具经常会被组合到 IDE 中。通常，步骤 1～3 由 IDE 代码编辑器承担（即在代码输入时交互式编译，并立即显示错误）。

Go 有众多的 IDE 供选择。包括 IntelliJ IDEA（或同等但独立的 IntelliJ Goland IDE）和一些基于 Eclipse 的产品。一些编辑器，如微软的 Visual Studio Code（VS Code），在某种程度上也可以充当 IDE。使用 IDE 很方便，因为它们通常将编辑器、编译器、格式化程序、审查工具、构建器、调试器和部署工具集于一身。IDE 通常可以降低命令行工具的使用，这通常很有帮助。

注意，本书中几乎所有的代码都是使用 IDEA 开发的，而不是通过编辑器和 Go 命令行工具开发的。尽管如此，只需使用 Go 运行时工具和编辑器，也可在没有 IDE 的情况下成功开发 Go 代码。

因为开发 Go 代码的方法多种多样，所以本书不会在这方面提供太多的指导。每个工具通常都提供了有关如何设置和使用它的良好指导。Go 本身提供有助于执行步骤 2、4 和 5 的工具。

3.4.1 Go 集成开发环境

IDE 可以提供更丰富的体验，如下面的 IntelliJ IDEA 屏幕截图。例如，它允许在不同的窗口中同时打开多个源文件。注意，此示例展示了来自 capstone 项目的源代码。通常，IDE 中的错误报告效果更好。

此 IDEA 屏幕截图有多个视图（选项卡），包括控制台和导航层次结构。它有一个内置的调试器，并直接集成了 Git（可能还有其他）源代码控制系统（SCCS），可以执行很多 "go..." 等价命令。因此，在使用 IDE 时，我们很少直接使用 "go..." 命令。

图 3-3 右上角的按钮栏（在图 3-4 中放大显示）中有一个面向右侧的三角形箭头，它就是 "Run" 按钮，用于构建并运行程序。"Run" 按钮旁边有一个 {de}Bug 按钮，用于在调试器中构建和启动程序。两者的行为都非常类似于使用 "go run" 命令。

Visual Studio Code（VS Code）是类似 IDE 的替代工具。图 3-5 展示了经典 Hello World 示例的变体及运行后创建的输出。

VS Code 使用的是 Go 1.16 运行时，因此（默认情况下）需要一个 **go.mod** 文件。该程序在 **BAFGoPlayground** 目录中有一个简单版。

```
module hellogophers
go 1.16
```

Java 开发人员也有类似的体验，如图 3-6 所示。因此，如果使用 IntelliJ IDEA、Eclipse 或任何其他主流的 IDE，那么从 Java 迁移到 Go 应该很简单。

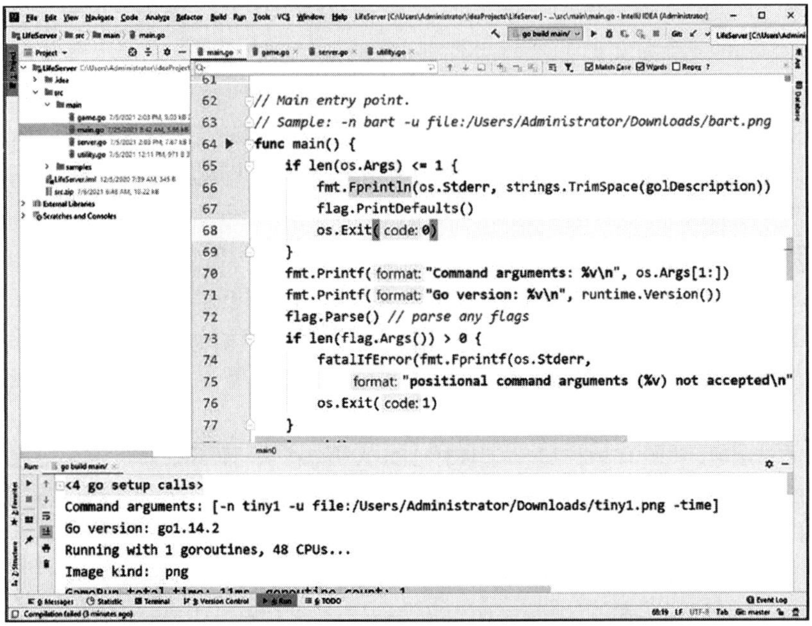

图 3-3　Go 的 IntelliJ IDEA 视图

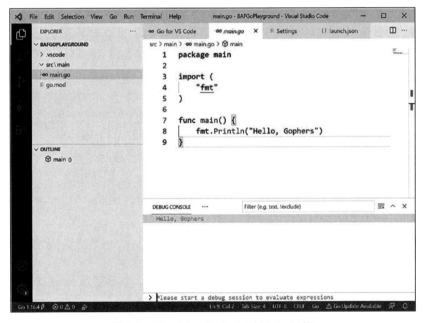

图 3-4　IDEA 工具栏的放大图

图 3-5　Visual Studio Code 运行 Go 示例

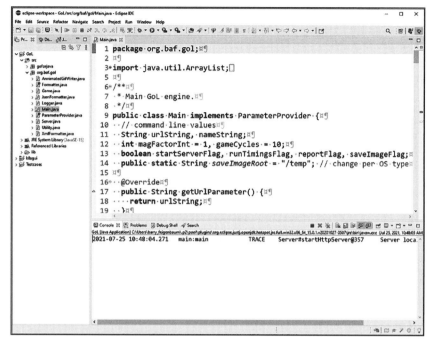

图 3-6　Eclipse IDE Java 视图

一些 IDE 会在输入代码时检测并在源视图中显示所有编译时错误。如果未显示任何错误，则将启动代码。还有一些 IDE 只能检测错误中的一部分，只有在启动代码时，才会检测到其他错误。

该情况是因为每个 IDE 都有自己的 Go 编译器（或只是 Go 解析器），这与 **go** 命令使用的编译器不同。这些不同的编译器可能会以不同的方式检测错误。通常，运行的是 Go 编译器在启动时生成的代码（不是来自 IDE 编译器的代码，如果有的话）。

在深入研究 IDEA 中启动的 Go 程序（如图 3-7 所示）时，你可以看到 IDE 控制台如何显示 Go 环境、用于构建程序的命令（由 IDE 用 **#gosetup** 标记，不是实际值的一部分），以及在显示任何程序输出之前构建的程序。这是由"调试"按钮启动的：

```
GOROOT=C:\Users\Administrator\sdk\go1.14.2 #gosetup

GOPATH=C:\Users\Administrator\go #gosetup

C:\Users\Administrator\sdk\go1.14.2\bin\go.exe build -o C:\Users\
Administrator\AppData\Local\Temp\2\___go_build_main_.exe -gcflags
"all=-N -l" . #gosetup

C:\Users\Administrator\.IntelliJIdea2019.3\config\plugins\intellij-go\
lib\dlv\windows\dlv.exe --listen=localhost:58399 --headless=true --api-
version=2 --check-go-version=false --only-same-user=false exec C:\Users\
Administrator\AppData\Local\Temp\2\___go_build_main_.exe -- -n tiny1 -u
file:/Users/Administrator/Downloads/tiny1.png -time #gosetup

API server listening at: 127.0.0.1:58399
```

```
Command arguments: [-n tiny1 -u file:/Users/Administrator/Downloads/tiny1.
png -time]
Go version: go1.14.2
:
Starting Server :8080...
```

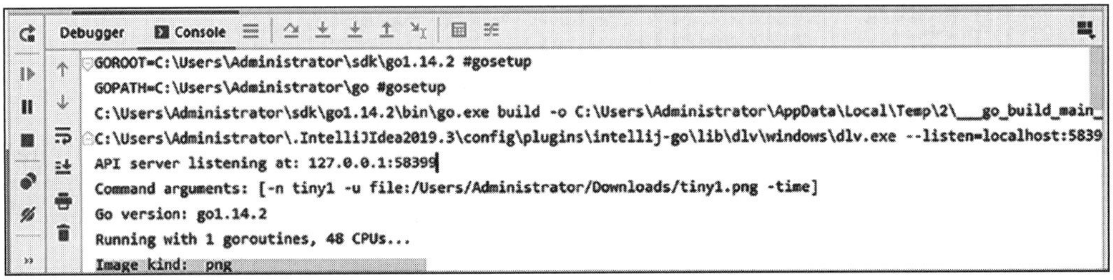

图 3-7　IntelliJ IDEA 控制台视图

前面的粗体行来自程序本身。它们来自下列源：

```
fmt.Printf("Command arguments: %v\n", os.Args[1:])
fmt.Printf("Go version: %v\n", runtime.Version())
:
fmt.Printf("Starting Server %v...\n", spec)
```

3.4.2　构建 Go 程序

通常，任何 Go 代码都是从源代码构建的，包括所有需要的源文件（编写的源代码和任何其他库）。这可确保任何源文件的所有更改（编辑）都包含在生成的 EXE 中。它还允许进行潜在的跨源文件优化。

在 C/C++ 中，通常需要 Make 工具来确保重新编译与更改相关的其他文件中的所有代码。Java 编译器会有条件地（基于源文件时间戳）重新编译其他类所依赖的类。Go 和 Java 都依赖包结构来查找所有引用的源文件。

虽然 Go 的方式可能看起来效率较低且可能速度较慢，但 Go 编译器通常速度非常快，除了大型程序之外，人们很少注意到每次编译所有源代码所需的时间。编译器可以创建类似于 Java JAR 文件的预编译包归档，以便在它检测到包的源文件自上次编译以来未发生更改时，缩短构建时间。

一些开发环境可能包括将某些源（特别是库类型）预编译为"目标"文件以缩短构建时间的方法，但 Go 应用程序开发人员通常不使用这种方法。社区开发人员通常对库使用这种方法。" go install"命令可以做到这一点。它创建包含预编译代码的存档文件（扩展名为".a"）。通常，这些存档文件放在"pkg"目录中。

与 Java 和大多数编译（相对解释）语言一样，所有 Go 源代码都由 Go 编译器按以下步骤进行处理：

1. 词法分析——逐个字符读取源，并识别 token。

2. 解析和验证——逐个 token 读取源，并生成抽象语法树（Abstract Syntax Tree，AST）。

3. 可选（但一贯的）优化——重新排列 AST 以使结构更好（通常执行速度更快，但生成的代码可能更少）。

4. 代码生成——创建机器码并将其保存到目标文件中，在 Java 中，字节码（JVM 的机器码）被写入类文件中。

注意，在第一步中，没有以分号结尾的语句都将添加上分号。

Go 构建器的行为与第三方 Java 构建工具 Maven 或 Gradle 非常相似，因为它解析依赖库（适用于 Go 编译器和代码链接器）并创建完整的可运行代码集（在 Java 中，通常以一个或多个 JAR/WAR 文件的形式，在 Go 中以 EXE 文件的形式）。Go 构建器添加了以下步骤：

1. 外部引用链接——代码中使用的所有刚刚编译的源代码和外部库都会被解析并集成在一起。

2. 可执行文件构建——构建特定于操作系统的可执行文件。

3. 可选执行——在生产或测试环境中启动可执行文件。

构建的源代码可以是应用程序代码或任何依赖项（或库）。依赖项获取通常作为前序的手动前置步骤（即使用 `go get` 或 `go install` 命令），获取为源文件或更常见的存档文件。Go 模块可以使依赖项版本的选择更具可预测性。

Go 构建器可以说比 Java 编译器（`javac`）更完整。Java 编译器假定程序在运行时由 JVM 实时（JIT）汇编，因此不存在静态链接和程序构建阶段。在 Java 中，这种运行时链接可能会导致在编译时与运行时使用不同的库，这可能会出现问题。Go 无此现象。

Go 允许为多种操作系统和不同的硬件架构构建代码。随着时间的推移，确切的集合会随着 Go 版本的变化而变化。某些操作系统或硬件架构可能未包含在标准 Go 安装包中。

3.4.3 运行 Go 程序

Go 编译器（名义上通过"go build""go run"或"go test"命令运行）创建可执行二进制文件（EXE$^{\ominus}$）。生成的 EXE 可以从操作系统（OS）命令行运行。与 Java 不同，Java 必须有 Java 运行时环境（JRE）及其 Java 虚拟机（JVM）才能运行程序。

Go EXE 是独立的，只需要标准的操作系统功能，所有其他必需的库都嵌入在 EXE 中。EXE 中还嵌入了 Go Runtime（GRT）。这个 GRT 类似于 JRE，但比 JRE 小得多。GRT 没有正式定义，但它至少包括内置的库函数、垃圾收集器和对 go 协程（类似于轻量级 Java 线程）的支持。

这意味着 Go 没有与包含源代码字节码（目标代码）的 Java `.class`（对象）等价的文件，也没有包含这些类文件集合的 Java 归档（JAR）文件。

给定一个构建成 EXE 的 Go 程序（本例中在 Windows 环境下），名为 `myprog.exe`，要运行它，只需执行：

⊖ EXE 是可执行文件在微软 Windows 环境下的名称（基于所使用的文件扩展名）。其他操作系统使用不同的术语。

```
$>myprog arg1 ... argN
```

其中 $> 是操作系统命令提示符。但在 Java 中，假设该类已编译到当前目录中的 **MyProg.class**，仍需要执行以下操作：

```
$>java -cp .;<jar directory>... MyProg arg1 ... argN
```

在这里，我们启动了必须包含在操作系统路径中的 JVM（**java.exe**），并向其提供了任何必需的类目录或 JAR 文件的位置。与 Python 和其他语言解释器一样，JVM 将开发的程序（**.class**）作为参数并运行它，而不是操作系统来完成。

3.4.4 字节码与实码

Go 方法与 Java 方法形成了鲜明的对比，Java 的编译器生成与操作系统和硬件无关的字节码对象文件。JVM 负责解释字节码或将字节码转换为与操作系统或硬件相关的代码。这种转换通常是在运行时（相对编译/构建时）由 JIT 或 Hotspot（根据使用情况优化）字节码编译器完成的，这些字节码编译器是 JVM 的一部分。

这种差异体现了 Go 相对于 Java 的一个优势。生成 Go 程序时，所有代码都以可运行的形式解析到其映像中。操作系统只需要将文件读入内存，就可以立即开始执行。在 Java 中，代码以增量方式（读取许多较小的文件）构建在内存中，并且代码在运行时需要进行 JIT 即时编译和链接。这种增量读取和 JIT 行为会显著降低程序启动速度。但是一旦启动完成，Java 代码就可以像 Go 代码一样快速运行。此外，在 Java 中，一些必需的类文件可能不可用，将导致程序突然崩溃。这在 Go 中不可能发生。

所以，人们可能会问：哪个更快？ Java 还是 Go ？

答案是，正如生活中的许多事情一样：这得看情况！

基于上述原因，Go 程序往往启动得更快。加载后，区别就不是那么明显了。

Go 是静态编译的，这意味着它也是静态优化的。所有优化都是由 Go 编译器仅基于源代码自身的信息完成的。使用 Java JIT 编译器时，情况类似，但优化是在运行时完成的。但是 Java 还有一个 Hotspot 编译器，它使用运行时信息来改进优化。当运行时条件随时间而变化时，它甚至可以重新优化代码。因此，从长远来看，可以期望 Java 代码得到更好的优化，从而有可能运行得更快。

但是，程序运行时并不总是依赖于它自己的代码。很多时候，第三方服务（如数据库系统和远程服务器）可以主导程序的执行时间，再多的优化也无法弥补这一点。但是，更好地使用并发编程模式可能会有帮助。

与 C/C++ 等早期语言相比，Java 最初的优势之一是它相对易于使用，并且内置了对操作系统线程的支持。凭借 Go 协程，Go 本质上比 Java 做得更好。因此，在可以进行高度并发编程的情况下，可以预期 Go 在一般情况下优于 Java。

Java 提供对 Java 编译器（**javac**）的运行时访问。这允许 Java 代码创建 Java 源代码，然后对其进行编译。因为 Java 可以在运行时加载类，所以这允许一种自扩展的 Java 程序形式。

Go 有一些类似的支持，可以通过各种 **go** 标准库子包来处理 Go 代码，但 Go 无法在运行时可靠地扩展程序。

Go 确实对动态插件（可能有动态代码）的支持有限（依赖于操作系统），库支持也不完整。动态插件是否最终会成为完全受支持的功能尚待确定。Go 代码可以动态编译和构建，然后可以启动生成的可执行文件（作为单独的操作系统进程）。这与 Java 方法有一些相似之处，但插件必须在不同的进程中运行。

Java 的 **javac** 编译器还允许在编译期间运行一些外部代码，允许修改抽象语法树（AST），AST 是编译器对解析的 Java 类的内部表示。这允许编译时处理注释。例如，Lombok⊖工具使用了此功能，该工具可以自动执行一些常见的 Java 编码操作。

Go 也有类似的支持。例如，该支持用于内置的 Go 格式化和 linting 工具中，但任何开发人员都可以利用它来构建功能强大的 Go 语言处理工具。

虽然 Go 通常与操作系统无关，但基于操作系统类型，它不一定是无偏见的。与 Java 一样，Go 被设计为在基于 Unix 的系统上运行。Go 支持微软 Windows（和其他 OS），但不将其作为主要的操作系统类型。这种偏见体现在几个方面，例如命令行处理和文件系统访问。Go 提供对运行时操作系统类型和硬件架构的访问，以便代码可以根据需要进行调整。

Java 和 Go 都可以在运行时给代码添加测量功能（测量/配置文件）。Java 管理扩展（Java Management Extension，JMX）通常允许添加静态和动态测量。Go 的选项更加静态（但可以在运行时启用/禁用）。两者都允许远程访问这些测量值。有关此特性的更多详细信息，参见 Go 文档。也有第三方提供此支持。例如，Prometheus（用 Go 编写）可用于检测 Go 代码。

3.5 Go 命令行工具

有点像 Java，Go 可以构建成模块。Java 模块允许包显式声明公开供其他包使用的类型，并显式控制可见的要导入的包。现在开发的大多数 Java 代码都没有显式使用 Java 模块，但因为所有的 JRE 库都是模块化的，因此它隐式地使用了 Java 模块。Java 模块使生成独立的 EXE 形式（如 Go 程序）的 Java 程序成为可能，但仍然不常见。

注意，从 Go 1.16 开始，模块的使用（即 go.mod 和相关库解析）已成为默认设置（一个小的突破性变化）。为了获得先前的行为，正如本书中通常采用的那样（因为任何示例都倾向于小且独立），需要将 GO111MODULE 环境值设置为 **auto** 来显式地禁用模块。未来的 Go 版本可能会完全删除 **auto** 模式。

Go 有一个类似的选项，开发人员可以控制导入哪些包以及包的哪个版本。就像在 Java 中一样，如果不使用模块会更简单一些，但是当包含来自第三方的库时，这变得很重要。除非你要创建供他人使用的库，否则通常可以忽略自己代码的模块。模块可以让你更好地控制自己使用的库，并且更易于日后将代码以库的形式公开，因此建议使用模块。

如果不使用模块，Go 会假设要构建在一起（即生成单个 EXE）的所有源代码都包含在

⊖ https://projectlombok.org/。

一组源代码树中（由 GOROOT 和 GOPATH 环境值设置）。如果使用模块，还可以在 Go 构建器维护的本地缓存中找到下载的依赖项。

　　Go 只允许每个 EXE 有一个入口点（`main` 函数），因此每个程序都需要自己的源代码树（如果要构建多个 EXE，则需要主包分支）。相比之下，Java 允许每个类型（类）都有自己的入口点（`main` 方法），因此每个类型都可以是自己的独立于包结构的程序。在 Go 中，通常将多个可执行文件放置在 `cmd`（按照惯例，`src` 的替代方案）目录中，该目录包含每个独立程序的多个子目录，每个子目录通常包含该可执行文件的 `main` 目录和 `main` 包。

　　许多 Go 工具都采用这种结构。带有模块的 Go 允许每个模块有自己独立的源代码树。这可能更容易管理（例如，因为源代码位于不同的源代码存储库中）。本书后面将详细讨论模块。

3.5.1　捆绑在 Go 命令中的工具

　　"go" 命令在各种 "build" 操作之外还有许多选项。这个命令取代了一大堆不同的 Java 构建工具。下面是通过 "go" 命令提供的关键操作的摘要：

- ❑ bug——打开浏览器查看新的错误报告。
- ❑ build——编译代码（按包）和任何依赖项，并生成可执行文件。
- ❑ clean——删除任何生成的对象文件（通常自动完成）。
- ❑ doc——类似于 "Javadoc" 命令，它创建包 API 文档的 HTML 形式。
- ❑ env——显示 Go 构建器和其他工具使用的操作系统环境值。
- ❑ fix——重写 Go 源代码，将旧版本代码修正为新版本代码。由于 Go 现在承诺完全向后兼容，因此很少需要该工具。
- ❑ fmt——重写 Go 代码以符合标准（惯用）Go 源代码格式规则。通常，IDE 会在输入 / 保存代码时执行此操作。
- ❑ generate——通常用于根据 Go 源代码中的指令（特殊注释）生成新的 Go 源代码。可用于通过泛型和注释替换 Java 提供的函数。它被用作 "go build" 之前的预处理。
- ❑ get——（通常）从公共仓库（如 GitHub）获取（下载和安装）依赖项（导入的内容）并构建它。
- ❑ help——显示有关可用操作的帮助。
- ❑ install——与 get 相关，安装和编译通过导入引用的代码。
- ❑ list——列出已安装的软件包。
- ❑ mod——下载、安装和管理模块。它有几个子命令。
- ❑ run——构建并运行 Go 程序（EXE）。
- ❑ test——构建并运行 Go 测试。测试就像程序一样，但可以在单个源文件中定义多个测试，Go 测试很像 Java JUnit 测试。
- ❑ tool——列出可以运行的工具（操作）。
- ❑ version——显示生成的 EXE 的 Go 版本或其自身版本。
- ❑ vet——在 Go 代码中查找可能的问题。就像 Unix Lint 工具和各种 Java 代码质量检查器一样，这可以避免运行时的错误。Java 审查工具的例子包括 Checkstyle 和 FindBugs/SpotBugs。通常，IDE 会在输入 / 保存代码时执行此操作。

可以使用"go"（无参数）命令以获取最新列表。

"go build""go run"和"go test"经常被使用。更多信息请参见 Go 文档。

3.5.2 其他工具

还有一些独立工具未在前面列出。下面列出了一些实用性高的。此外，上述许多操作都可以作为独立工具运行。通常，独立工具的范围更广，区别就像整个源代码树与单个 Go 源代码或包一样。

"cgo"命令可以在 Go 代码和其他编程语言（通常为 C）代码之间创建链接。它的用法很像在 Java 代码中使用 Java Native Interface（JNI）调用其他编程语言（通常是 C）的代码。

如今，JNI 风格的代码很少见。大多数 Java 函数都是由纯 Java 实现的。cgo 代码在 Go 世界中更常见，作为连接现有非 Go 产品的桥梁。在作者看来，随着时间的推移，Go 会在这方面效仿 Java，cgo 代码会逐渐消失。

"cover"命令可用于分析"go test-coverprofile"运行期间生成的统计信息来获取代码覆盖率报告。在 Java 中，必须使用第三方（例如在 IDE 中）工具来获得代码覆盖率。

还有其他 Go 工具。更多信息详见 Go 文档。

3.6　Go 运行程序而非类

Go 没有 Java 虚拟机（JVM）或 Java 运行时环境（JRE——JVM 加上标准 Java 类库）的直接对应项。Go 有运行时，它提供了支持 Go 语义所需的函数。这包括其集合类型和 Go 协程的库。它还包括一个垃圾收集器，用于管理堆内存分配。Go 运行时（通常为几 MB）比 JRE（通常为几百 MB）小得多。

Go 的代码、任何库和运行时都被构建（链接）到操作系统（OS）运行的单个可执行文件中。这与 Java 程序汇编和链接的 JIT 方式形成了鲜明的对比。Go 在构建时使用早期（静态）链接。Java 则在运行时做后期（动态）链接。

Go 方法类似于 C/C++ 语言中使用的方法。它更传统但灵活性较差。特别是，它不能轻松地在运行时将新代码添加到 EXE 中，而 Java 服务器经常这样做，即在运行时通过网络下载代码。

Go 方法生成的可执行文件是独立的（无须安装其他必备组件，如 JRE）。这使得它部署起来比典型的 Java 更容易。这就是 Go 在容器化（如 Docker、Kubernetes）环境中如此流行的原因之一。其他用例也可以从这种更独立的特征中受益。

Go 正变得更加独立。例如，Go 1.16 增加了将文字内容（例如 HTML、CSS 或 JavaScript 文件等文本目录）嵌入 EXE 主体的功能，在过去，这需要交付独立的文件。如果充分利用，完整的解决方案（如 Web 服务器）可以作为单个二进制文件提供。此嵌入是通过在声明前面添加前缀来完成的，如下所示：

```
//go:embed <path to file>
var text string  // 字符串数据
```

或

```
//go:embed <path to file>
var bytes []byte  // 二进制数据
```

或

```
//go:embed <path to directory>
var fs embed.FS  // 文件系统
dirEntries, err := fs.ReadDir("<path to directory>")
⋮
```

或

```
//go:embed <path to file>
var fs embed.FS  // 文件系统
bytes, err := fs.ReadFile("<path to file>")
⋮
```

`<path to...>` 的值可以包含通配符。更多信息详见 `embed` 程序包说明。

这种独立具有额外的好处，那就是只有在运行时才有可能发现丢失的库或数据。这确实意味着可执行文件可能比仅作为归档文件（JAR）交付的 Java 程序大得多，这些 Java 程序假设已经存在可用的 JRE。即使是最小的 Go 可执行映像也可能有几兆字节。虽然可以通过在构建代码时不使用调试信息来减少代码量，但不建议这样做。

因为 Go 程序是预汇编的，因此它通常比典型的 Java 程序加载和启动得更快（通常只需几秒钟）。这在容器化环境和无服务器云环境中有利。

Go 方法要求为每个目标操作系统构建可执行文件。在 Java 中，类文件可以跨操作系统移植（它们在运行时被即时编译为本机代码）。这形成了 Java 著名的"一次编写，到处运行"（WORE）特征，这是 Go 所没有的。在 Java 中，依赖于操作系统和硬件架构的是 JVM，而不是程序本身，Java 为每个受支持的组合构建一个版本的 JVM。

幸运的是，Go 语言本身通常与操作系统和硬件架构无关，它的大多数库也是如此。很少有库依赖于架构。少数依赖于操作系统的标准库也适用于一组流行的操作系统，如 Linux、iOS 和 Windows。通常，依赖于操作系统的第三方库（一小部分）也是如此。因此，大多数 Go 程序都可以跨多个操作系统移植，代价是需构建多次——每个操作系统一次。

3.7 Go 内存管理

Go 可以为多个位置的值分配空间：

代码映像——用于顶级值

调用栈——用于许多函数或块局部变量

堆——用于动态值，或可通过闭包访问的值，或动态大小 / 长度

在使用动态内存分配的计算机程序中，最大的错误源之一是内存管理不当。许多故障，

如内存泄漏、内存块重用不当、内存过早释放等，往往会导致灾难性的程序故障。与 Java 一样，Go 通过提供自动内存管理来避免这些问题。

与 Java 一样，Go 提供了自动（也称为托管的或垃圾收集）堆内存管理功能，可提供下列关键功能：

1. 为对象分配空间（Go 中任何数据类型的实例）。

2. 自动回收任何未引用（通常称为死的或不可访问的）对象的空间。

对象在函数调用栈上动态分配，或者像在 Java 中那样在堆中动态分配。与 Java 一样，Go 提供了垃圾收集（GC）堆内存分配 / 释放。

所有基于堆的对象都是 GC 的。当所属函数返回或拥有块退出时，将释放所有基于栈的对象。无论是堆还是栈，都没有程序员可访问的方式来释放。与 Java 一样，Go 对堆对象的唯一控制是将指向不需要的对象的指针设置为 `nil`。

Java GC 实现将对每个即将被回收的对象调用 `finalize()` 方法。对于许多类型，此函数不执行任何操作，但它可以执行清理活动。Go 提供了类似的功能，但并非所有分配都通用。任何在 GC 时需要清理的已分配对象都必须用 Go 运行时显式注册，以便清理。为此，可以使用：

```
runtime.SetFinalizer(x *object, fx(x *object))
```

其中 `object` 是任何类型，`x` 为这种类型的指针，并在 Go 协程中对其运行 `fx`。`x` 值将自动取消注册，并且可以在下一次 GC 中释放。

与在 Java 中一样，Go 通常使用 `new` 函数分配堆对象。还可以通过获取对象文本或变量的地址将对象放在堆上。

与 Java 一样，Go 具有 GC 机制，当 GC 运行时，代码会暂停。GC 可能发生在任何堆分配上，并且发生时间通常是不可预测的。这是使用垃圾收集的主要缺点。

Java 有几个 GC 实现的原因之一是试图根据程序的性质（批处理 / 命令行、交互、服务器等）调整这些暂停。注意，Go 和 Java 一样，有一个 API，即 `runtime.GC()`，允许在能更好地容忍暂停时强制执行 GC，这可以创造更多的可预测性。

Go 实现可以使用，并且通常使用的最简单的 GC 方法称为 mark-sweep。它有两个阶段：

1. mark（标记）——所有对象都标记为不可访问，然后从每个引用根访问的所有对象都标记为可访问。

根是在任何活动调用堆中具有指针字段以及任何类似指针和结构体的任何顶级指针或对象（结构体）。从每个根目录进行参考树遍历。

2. sweep（清除）——释放（或回收）仍标记为无法访问的所有对象。

更多 mark-sweep 收集器的信息，详见附录 D。

为了防止 GC 期间这些根的任何变化，可能需要暂停所有活动的 Go 协程。这通常被称为 stop-the-world（STW）。因此实际上 Go 程序在这段时间内没有做任何工作。Go 团队一直在努力减少 STW 暂停时间。在现代机器上，暂停时间大多数都在一毫秒以内，因此通常是可以接受的。

Go 算法的评级依据：

❑ 最大 stop-the-world 时间——应该尽可能小。

❑ GC 消耗的总运行时的百分比——应该尽可能小。

❑ 通常，很难同时优化这两个值。

应该注意的是，Go GC 使用的机制与 Java GC 使用的几种机制（随时间和运行时上下文而变化）不同。因为 Go 支持指针（而不是像 Java 那样支持引用），所以它不能轻松地在堆中移动对象。因此，Go 不使用 Java 中常见的清理（又名压缩）收集器。Go 的方法会导致更多的堆碎片，从而降低内存的使用效率。

如前所述，Java 允许在几个 GC 实现中进行选择。Go 没有。因为 JVM 用例随着时间的推移而发展，所以 Java GC 选项随着时间的推移而发展（删除和添加收集器），表明 JVM 似乎无法提供"一刀切"选项）。

Go 堆上的对象通常有两个部分：

❑ 头——至少包含 mark-sweep 指示器，通常还包含数据的大小，还可能存在其他值，如类型或调试 / 分析信息。

❑ 数据——实际数据。

由于存在对象头，因此大多数系统中所有堆对象都有一个最小大小，通常为 8 或 16 个字节，即使数据较小，例如单个布尔值。通常以这个最小大小的块分配内存。因此，为了获得最佳的堆使用率，应避免在堆上单独放置许多小值（例如标量值），而不是将它们作为大数组的一部分。

在 Java 中，数据的栈与堆的位置是显而易见的。new 操作符创建的任何内容都在堆上。其他所有内容都在栈上。通常，这意味着所有原始标量变量都在栈上，并且所有对象都在堆中。

注意，由于需装箱，因此对于集合中的基元类型，Java 的内存效率通常可能低于 Go。

在 Go 中，数据生命可能并不总是显而易见的。数据可以位于[⊖]栈上或堆中，这具体取决于它们的引用方式以及 Go 运行时的工作方式。栈对于函数局部变量（即，仅在创建它们的函数生命期内存在的，没有指向它们的外部指针，或未被闭包使用）是最佳选择。其他数据通常需要堆。大数据值也需要堆分配。

注意：Go 从堆中分配 Go 协程调用栈。每个 Go 协程都有自己的调用栈。栈开始时很小，并根据需要增长。在 Java 中，线程调用的栈也来自堆，但它们开始时要大得多（通常为几兆字节）。这严重限制了可以存在的线程调用栈数（相对于 Go 协程调用栈数）。

栈与堆的混合分配会影响 Go 程序的性能。Go 提供了分析工具来帮助确定该比率并指导任何调整。

Go 和 Java 管理内存使用的方式（尤其是堆）是完全不同的。由于细节通常取决于实现并可能会发生变化，因此它们没有很好的文档记录。这些差异可能意味着具有相似数据结构的类似的 Go 和 Java 程序，可能会消耗明显不同的运行时内存量。这也意味着内存不足的情况可能会以不同的方式发生。目前，JVM 具有比 Go 更多的选项来管理内存使用。Go 较高的内存碎片也会影响这一点。

⊖ https://dougrichardson.us/2016/01/23/go-memory-allocations.html。

许多对象由 Go new 函数分配，该函数分配空间来保存值（通常，但并非总是，在堆上，就像在 Java 中一样），并将其初始化为二进制零（根据类型解释为"零"值）。new 函数总是返回指向所分配值的指针，如果内存不足，则会导致 panic。

许多标量值（例如，数字和布尔值）和仅标量的结构体在栈上分配。大多数集合（如切片和映射）都分配在堆上。

通常，任何已获取地址的值也必须分配在堆上。这是因为在声明值的块返回很久之后，该地址可以保存和使用。例如：

```go
func makeInt() *int {
    var i int = 10  // 本地，可以在栈上
    return &i       // 现在可以超越这个函数，在堆上
}
```

或下列等效代码：

```go
func makeInt() *int {
    var pi = new(int) // 在堆上
    *pi = 10
    return pi
}
```

考虑这个结构体示例：

```go
type S struct {
    x, y, z int
}
```

以及：

```go
func makeS() *S {
    return new(S)  // x, y, z = 0
}
```

或等效的：

```go
func makeS() *S {
    return &S{} // 或 &S{1,2,3}，如果字段被初始化
}
```

Go 还使用 make 函数创建内置的结构体、映射和通道类型。内置的 make 函数与 new 函数的不同之处在于，它们基于其参数初始化（有点像 Java 中的调用构造函数）值，并且返回值本身，而不是指向它的指针。例如，考虑一个类似切片的结构体，它可以被定义为（概念上，不是真正的 Go 切片，不是合法的 Go）：

```go
type Slice[T any] struct {
    Values *[Cap]T // 实际数据，可以被共享
    Len, Cap int   // 当前和最大长度
}
```

这里（比如）make（new（Slice[int]），10，100）将创建并返回此结构和支持数组，并设置所有字段。

3.8 Go 标识符

Go 和 Java 一样，使用标识符来标记编程结构。与 Java 一样，Go 标识符具有一组语法规则。Go 的规则与 Java 的规则类似，因此可以使用已有的 Java 经验（编译器将报告任何问题）。有关详细的规则，可参阅《Go 语言规范》。

在 Go 中，可以标记的命名结构是：

❑ 包（Package）——所有顶级类型、功能和值都包含在某些包中。

❑ 类型（Type）——所有变量都有某种类型，所有函数都有某种类型的参数和返回值。

❑ 变量（Variable）——变量是具有存储位置且可随时间变化的命名值。

❑ 字段（Field）——是包含在结构（结构体）中的变量。

❑ 函数（Function，声明或内置）——函数是独立的代码块，或是结构或接口（仅原型）成员。函数可以由其他函数调用。

❑ 常量（Constant）——常量是值不能改变的命名量；编译器知道它们，但通常运行时不存在⊖。

❑ 语句关键字（Statement keyword）——语句是指语句的声明或嵌套分组，或表示可以用 Go 语言表达的动作。大多数语句（赋值除外）都是用关键字引入的。

注意，在 Go 中，与在 Java 中一样，每个变量都必须有一个声明的静态类型。这意味着该类型在编译时是已知的，并且不能随着代码的运行而更改。与 Java 一样，Go 允许接口类型的变量的动态（运行时）类型更改为符合（实现）接口类型的任何类型。Go 没有等价的可设置为子类实例的类类型变量。

Java 有一个 Go 只部分支持的功能，即变量可以被分配实现变量类型的任何类型（或子类型）。这通常被称为继承多态性（一个关键的面向对象编程的特性）。这适用于类和接口类型。

在 Go 中，这种多态性仅适用于接口类型。Go 中没有结构体类型继承的概念。因此，如果 Go 变量具有接口类型，则只能为其分配实现该接口的所有方法的任何类型的实例。通常，这比 Java 的多态性更灵活，但不那么严格。

3.9 Go 作用域

Java 和 Go 都是块作用域的语言。标识符在声明它们的块中、在任何词法嵌套块中、以及基于其可见性的其他潜在块中可见。通常，特别是在 Go 中，封闭块是隐含的，而不是显式编码的。嵌套块可以重新声明（从而隐藏）包含块的声明。

注意，作用域是编译时的概念。生命期（稍后讨论）是一个运行时的概念。

块可以充当命名空间，这些命名空间有时是标识符的命名集合（通常在命名空间中是唯一的，但不一定在不同的命名空间中是唯一的）。虽然块是嵌套的，但命名空间通常可以重叠。在 Go 中，就像在 Java 中一样，命名空间是隐含的。在其他一些语言（如 C++）中，可以显式声明它们。

⊖ 一些 Go 实现可能将常量转换为等效的只读变量。

Java 支持多个标识符作用域。通常，标识符在下列作用域中声明：

❑ 包——类型的命名空间。

❑ 类型（类、接口、枚举）——嵌套类型、字段或方法的命名空间。

❑ 方法或块——嵌套（也称为局部）变量的命名空间（一个方法创建一个块）。

Go 支持多种作用域。通常，标识符在下列作用域内声明：

❑ 包——全局变量、常量、函数或类型声明的命名空间，又名顶级命名空间。

❑ 结构体——嵌套字段或方法（与结构体关联的函数）的命名空间。

❑ 接口——方法原型（又名签名）的命名空间。

❑ 函数或块——嵌套变量的命名空间（一个函数创建一个块）。

一个关键的区别是 Go 允许全局（未包含在 Java 所需的某些类型中）变量声明。Java `static` 字段类似于全局变量。此外，在 Go 中，而不是在 Java 中，函数、类型或常量可以全局声明。

为了更完整，Go 具有以下概念块作用域：

❑ 通用块，包含一起编译的所有 Go 源文件。

❑ 每个包创建一个包块，其中包含该包的所有 Go 源文件；这就是顶级声明的所在。

❑ 每个 Go 源文件作为包含该文件中所有 Go 源文本的文件块。

❑ 每个 Go 结构体或接口创建自己的块。

❑ 每个 `if`、`else`、`for`、`switch` 或 `select` 语句都是自己的隐含块。

❑ 每个 `switch`、`select case` 或 `default` 子句都是自己的隐含块。

内置（或预先声明的）标识符位于由多个文件块组成的通用块中。包规范（不是声明）位于文件块级别（每个文件块都有自己的一组导入）。包块不跨越不同的目录。顶级声明位于包块中。任何局部变量（包括函数接收器、参数和返回名称）都在其包含块（可以是函数体）中。局部声明从声明点开始，而不是从包含块开始。同一标识符在同一块中只能声明一次。

通用块中的预声明（通常认为是保留的，特别是 IDE 的——有些可以重新声明，但这是不明智的）标识符是：

❑ 类型——`bool byte complex64 complex128 error float32 float64 int int8 int16 int32 int64 rune string uint uint8 uint16 uint32 uint64 uintptr`

❑ 常数或零值——`false iota nil true`

❑ 函数——`append cap close complex copy delete imag len make new panic print println real recover`

Go 支持在块的自己的命名空间中使用语句标签。它们可由 `break`、`continue` 和 `goto` 语句使用。标签位于函数块（但不是嵌套函数）作用域内。标签必须是唯一的，并且在该块内使用，不允许跨函数控制流传输。

与 Java 一样，Go 包是声明的命名空间。与 Java 一样，Go 包映射到文件系统中的一个目录。与 Java 不同，Go 中包名必须始终用于限定导入的声明。Go 中没有下列语句的等价语句：

```
import java.util.*;
```

Go 中，等效操作如下（概念性的，在 Java 中不允许）：

```
import java.util;
⋮
util.List l = new util.ArrayList();
```

或：

```
import java.util as u;
⋮
u.List l = new u.ArrayList();
```

Go 具有类似于 Java **static** 字段导入的功能，其中导入的名称将合并到导入的命名空间中。例如：

```
import . "math"
```

当前包将包含 **math** 包中的所有公用名称，因此可以不受限制地使用它们。不鼓励使用此功能（它是一种被反对使用的语言功能），因为，（例如）可能会发生导入的名称与包内名称冲突的情况。更多详细信息，可参阅《Go 语言规范》。

在 Java 中，包目录保存类型（类、接口、枚举）源代码，通常（但非必须）一个顶级类型对应一个源（**.java**）文件。包中可以有任意数量的类型。任何此类类型对同一包中的其他类型具有特殊的特权可见性（称为默认可见性）。在 Java 中，一种类型的所有方法都必须在该类型的定义内（因此在同一源文件中）。

Go 的私有可见性几乎与 Java 的默认可见性相同。Go 没有办法将某个类型（比如结构体）的成员定义为该类型私有。

Java 支持嵌套类型声明（例如，定义为类成员的枚举，由该类限定、区分）。这些嵌套类型可以是命名的（具有开发人员指定的名称），或者，如果是类或接口，则可以是匿名的（具有编译器生成的名称）。

公共嵌套命名类型可由其他类型使用。这些嵌套类型被编译成单独的类文件（具有编译器构造的名称），并且对 JVM 来说是不同的（就像来自不同的源文件一样）。Go 不允许这种嵌套，但单个 Go 源文件可以定义任意数量的类型。

Go 作用域与 Go 源文件

在 Go 中，包目录包含一个或多个 Go 源文件（**.go**）。每个文件的文本在逻辑上（按源文件名字典顺序）连接，构成包的内容。对于贯穿于源文件的包内声明组织形式有少量限制。这意味着 Go 源代码的组织性较差，但比 Java 源代码更灵活。

此外，与 Java 一样，生成的二进制代码（在 Java 中 **.class**）通常放置在与源代码不同的目录中。在 Java 中，二进制文件是持久的，可以管理的（比如放在 JAR 中）。在 Go 中，生成的二进制文件通常是临时的（可能仅在内存中），通常在构建目标 EXE 后被删除。

一个要求是 Go 包中的每个源文件的第一条语句都是 **package** 语句。在 Go 中，没有默认包。第一条语句声明包的名称。同一包中的文件应位于同一目录中。通常，目录名称与包名称匹配。例如，**main** 包通常位于名为 "main" 的目录中。Go 允许主包位于不同名称的目录中，如果程序是在包含主包的目录中启动的，则可能使用来自不同包的代码，但不建议这样做。

通常，每个 Go 程序的源代码都植根于一个目录（称为 GOPATH），该目录构成了任何包路径的起点。库包也可以通过 GOROOT 路径定位。GOROOT 可以是一个目录列表（很像 Java CLASSPATH）。包可以驻留在此根目录的某个路径中。在导入本地包时，程序将使用来自此根目录的路径。

图 3-8 的左上角展示了项目目录集。LifeServer 项目使用 GOROOT（下面的 Go SDK 目录）来访问 Go 编译器和运行时以及标准库。该目录下是所有 Go 标准包（以源代码形式，这有助于调试代码）。它使用 GOPATH 访问项目使用的任何其他库（通过"go get..."访问）。

图 3-8 中还演示了如何轻松访问几个 Go 命令选项。有些（如 Go 编译）会自动启动，因此不会列出。

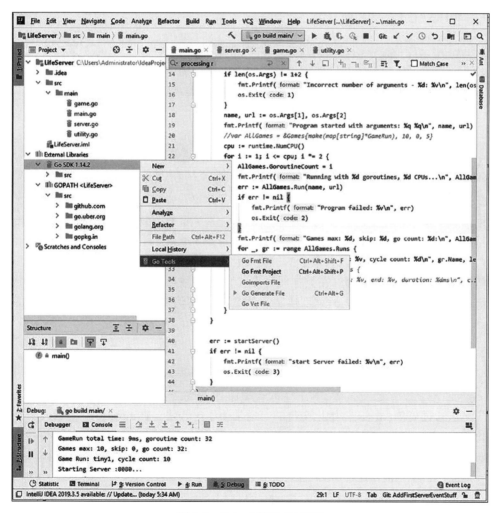

图 3-8　Goland 的 Build 工具

可以直接在远程仓库（例如 GitHub）中导入包（通过先执行等效的"go get"，IDEA 有助于自动化）。在这种情况下，将使用存储库的 URL（省去协议前缀）。例如：

```
import "github.com/google/uuid"
```

从 GitHub 将 uuid 包导入当前文件命名空间中。

默认情况下，路径中的最后名称用作本地包引用。它可以重写（例如，如果两个不同的导入以相同的名称结束或仅通过首选项结束），如下所示：

```
import guid "github.com/google/uuid"
```

通常，我们使用本地（例如 Git）仓库以及一个或多个远程仓库来提供一组完整的可导入代码。

3.10　初始化 Go 变量

在 Java 中，变量在声明时被初始化。除块局部变量外，所有类型的变量都有一个默认值，如果未显式提供初始值，则使用该值。局部变量在首次读取之前，必须显式初始化或赋值，否则会生成编译器错误。以下字符串（例如作为类字段）的默认值为 `null`：

```
String name;
```

大多数变量由声明提供的表达式值进行初始化。例如：

```
String name = "John Smith";
String name2 = name;
```

此处，变量 `name` 设置为引用文本字符串值（存储在常量池中）。然后将 `name2` 设置为引用同一字符串。注意，在 Java 中，`object` 类型（或子类型）的所有变量都含有引用，而不是值。

在 Java 中，类型字段可以在单独的"初始化"块中初始化。一个类型中可以有任意数量的初始化块。对于静态变量（在类加载时设置），这些块可以是 `static`，对于实例变量，这些块可以是非静态的（通过 `new` 创建实例时设置）。实例初始化块是定义构造函数的替代方法。例如：

```
String name;
{
  name = "John Smith";
}
```

当无法通过简单表达式初始化变量时，通常使用这些块。在 Java 中，变量或字段只能初始化一次。

Go 具有类似的行为，只是所有变量（局部变量也是如此）总是被初始化。如果省略某个值，则使用"零"值，这与 Java 的默认值非常相似。例如：

```
var name string
```

此处，`name` 字符串具有空（不是 `nil`）字符串值，即字符串的零值。在某些方面，这种类型的初始化使 Go 比 Java 更安全。

顶级值也可以由函数初始化（与 Java 中的块相比）。为此，使用了特殊的无参数 void 函数 `init()`。包内和包间可以有任意数量的这种初始化函数。

这些函数仅用于顶级变量。这些函数应放置在它们初始化的变量的声明附近和之后。当无法使用简单表达式初始化变量时，通常使用这些函数。这些函数由 Go 运行时在程序启动时（在调用 `main` 函数之前）调用，而不是由开发人员代码调用。每个 `init()` 函数只调用一次。例如：

```
var name string

func init() {
        name = "John Smith"
}
```

在 Go 中，`init` 函数可以重置在声明时或其他 `init` 函数中初始化的变量。最后一个称为 wins。这可能会引起一些意外。Go 有一种机制，可以根据代码的依赖关系对程序中的 `init` 函数的调用顺序进行排序。

跨源文件的 `init()` 函数的排序基于导入的包。首先初始化没有导入的源文件，然后初始化直接导入这些源文件中的包的文件，依此类推，直到到达主包。文件以及 `init()` 函数按这些依赖进行排序。包中的这种排序可以部分地由包中 Go 源文件名的字母排序顺序控制，以便对源文件的处理进行排序。

这是包导入中不存在循环 [即，A 导入 B 而 B 导入 A（直接或间接）] 的原因之一。Java 没有这样的限制。有时，防止（或删除）导入循环可能是一个挑战。可能需要在包之间移动代码段或定义的数据类型（即重新打包），从而更改导入列表以解决任何循环导入。通常，Go 编译器会提供信息来帮助定位循环导入。

在 Go 中，如果零值不能满足需求，则实例初始化需要创建构造函数（即 `NewXxx`）。

一些 Gopher 不喜欢使用 `init()` 函数，因为它们无法获取参数，并且不能显式控制函数运行的时间。你可以创建自己的初始化函数，并在需要时显式调用它们。

注意：包必须由某些代码导入才能运行其 `init()` 函数。因此，在导入中允许使用空白标识符。例如，下例 `import` 语句不导入任何符号，它只运行包（以及包中包含的包）中可能存在的任何 `init()` 函数：

```
import _ "github.com/google/uuid"
```

与任何函数一样，`init()` 函数中的代码可能会导致 panic。这类似在 Java 的初始化块中引发异常一样。由于 `init` 函数在程序流中运行，因此它引起的 panic 可能需要与其他地方引起的 panic 稍有不同。处理它们有两种主要方法：

1. 忽略它们，并允许程序在 `main()` 启动之前失败。

2. 在 `init()` 函数内的 `defer` 函数中捕获它们，并进行恢复以允许程序继续执行 `main` 函数。

3.11　Go 标识符的生命期

生命期是变量保存的值处于活动状态的运行持续时间，变量本身存在作用域内。

Java 变量具有以下基本生命期：

静态——如果在 JVM 中加载了与它们关联的类型（即其 **static** 字段，类、接口或枚举），则这些值存在。这些值存在于堆上（在某些类型中，因为 Java 运行时的类型是对象）。

大多数开发人员认为它们在 JVM 的生命周期内是持续存在的，但事实并非总是如此。类型会延迟加载（在第一次引用时），并且在没有剩余的实例时可以随时卸载它们。Java 程序员也倾向于认为 **static** 值是唯一的，但事实并非总是如此。由不同类加载器加载的同一类将具有不同的静态值集。

实例——当这些值所关联的对象（即其实例字段）存在时，这些实例会持续存在。这些值存在于堆（实例内部）上。由于 Java 中的对象是垃圾收集的，因此至少存在一个对实例的引用时，实例才会存在。

方法 / 块——只要声明局部值的块位于调用堆栈上，局部值就会持续存在。

Go 变量具有相似的生命期：

顶级或包——这些值作为 Go 可执行文件的一部分进行分配，因此在可执行文件的生命期内都存在。

实例——当与之关联的对象（即，实例字段）存在时，这些值将持续存在。这些值存在（在结构体内）于堆或调用堆栈上。由于 Go 中的堆对象是垃圾收集的，因此至少存在一个对实例的引用时，实例才会存在。

方法 / 块——只要声明局部值的块位于调用堆栈上，局部值就会持续存在。

闭包——当某个闭包（函数文本）中存在对局部值的至少一个引用时，即使分配块已结束，块局部值也会持续。这些值通常存在于堆中。Java 没有类似的方法，但对只读（**final**）局部变量，它有类似的行为。Java 通过创建变量的副本来实现这一点。

3.12　Go 模块摘要

Go 包可以分组到模块中。模块是向其他开发人员提供代码以供使用的重要结构。它们通常对单个应用程序不太重要。

来自 Go 网站的解释："模块是一起发布、版本控制和分发的包的集合。"Go 模块是源代码树中包的集合。这里没什么新东西。但是要成为一个模块，源代码树的根目录中需有一个名为 **go.mod** 的附加文件。此文件设置模块路径，用于标识源文件的导入根位置，以及可选的模块版本。

注意：未来的 Go 版本即使在 **go.mod** 不存在时，仍可能会启用模块。

通常，模块路径是托管已发布模块的服务器（例如 GitHub）的 URL（减去协议标头、地址和端口）。例如，**xyz.com/libraries/library/v2** 是其他代码导入模块的路径。**go.mod** 文件还指示任何依赖包及其模块的路径和所需的版本。它还指示构建模块时使用的 Go 版本（或所需的最低版本，Go 构建器并不总是强制执行）。

注意，仅使用库包路径导入标准库，不需要 URL 的主机名部分。这些包通常从 GOROOT 或 GOPATH 解析。

注意，在 Go 1.16 版本（及更高版本）中，默认情况下使用模块。启用模块行为不再需要 go.mod 文件（如果需要，可以激活旧版本的行为）。

通常，Go 模块以源代码形式导入（代码通常在首次引用时自动从任何托管位置复制／下载到本地计算机）。然后，模块随自己编写的代码一起进行编译，就像你自己编写它们一样。因此，通常没有正式构建库代码。模块定义也可以驻留在本地（或远程）文件系统上。这在模块发布之前的开发和测试期间是典型的方式。

在 Java 中，这通常是不同的。很少以源代码形式提供 Java 依赖项，而是提供已编译的 Java 类的 JAR。JAR 通常由库开发者预先构建，并托管在某个仓库上（例如 Maven Central[⊖]）。JAR 有时是按需下载的。因此，Java 代码只能以二进制形式发布，所以隐私性更好。Go 代码通常更开放。

使用模块允许开发人员的源代码位于另一个名为模块路径的目录中。因此，每个模块可以并且经常放置在不同的源树中，其中一些可以是远程的。

Go 模块可以有语义化版本，字段及含义如下所示：

```
<major>.<minor>.<fix>
```

字段的含义

❑ 主要（Major）——任何增加都表示与过去相比发生了突破性更改，不向后兼容。

❑ 次要（Minor）——任何增加都表示与过去相比发生了不间断的变化（通常是新增）。

❑ 修复（Fix，又名补丁）——任何更改都表示一些小的更改（例如错误修复）。

当发现更新的版本时，Go 构建器可以升级依赖模块。这有助于使依赖模块保持最新状态，但它也可能会导致意外或不必要的更改。从 Go 1.16 开始，默认情况下不再自动升级，需要通过更新 go.mod 文件和显式 go get（或等效）命令来显式完成对依赖模块版本的更新。这能显式控制所使用的依赖模块版本以及何时或是否更新依赖模块。

随着更多地使用 go.mod 文件，在依赖项导入路径中显式指定版本（如下所示）的需求已经减少，但一些包可能仍然使用此方法。使用模块时，仅导入模块路径（不含版本信息），使用的版本来自 go.mod 文件。这使得 Go 行为与使用 Maven 或 Gradle 进行 Java 构建时的行为更加匹配。go.mod 文件的行为有点像 Maven POM 文件的依赖项部分。

要在使用 Go 1.16+ 版本时获得先前版本的行为，你需要使用以下环境选项构建代码：

```
GO111MODULE=auto
```

在 Go 1.11 中引入，此选项的默认值在 Go 1.16 中从 auto 更改为 on。本书中的某些示例要求将此选项设置为 auto 才能正确生成。这代表了 Go 1.16 中的一个小的（但合理的）突破性更改。

导入时使用版本参数以控制使用的版本，如下所示：

```
import {<alias>} "<path>{.v<version>}"
```

⊖　https://search.maven.org/。

其中

`<alias>` 是可选的导入别名。

`<path>` 是包的本地或远程名称。

`<version>` 是要使用的包版本。默认情况下，它表示第一个。一般形式为：

`<major>{.<minor>{.<fix>}}`

例如：

import xxx **"gitworld.com/xxx/somecoolpackage/v2"**

这指明使用第二版本。版本上的“v”前缀通常识别为版本规范。通常，当提供新版本（例如 v2）时，还会保留所有（或至少几个修订版）旧版本，以允许选择要使用的版本。这允许跨主要版本进行升级，尤其是有一些重大更改时。通常，如果未提供版本指示符，则会选择 v1 或第一个版本。

也可以通过 **go get** 获取包的任何版本，然后在没有版本限定符的情况下在本地使用它。通过这种方式，开发人员可以完全控制使用哪个版本以及何时（如果有的话）进行升级。同样，如果有 **go.mod** 文件来显式声明所需的依赖项版本，则执行此操作的频率较低。

每个 **go.mod** 文件都以模块语句开头，如下所示：

`module <module path>`

其中，路径是模块代码的名称，它通常（非一定）是以包含 **go.mod** 文件的目录为根的目录树。此文件通常使用 **go mod** 命令创建，如下所示：

`go mod init <module path>`

无论模块中有多少个包，每个模块使用一次该命令。模块路径中通常包括：

`<source>/<name>`

其中 `<source>` 通常是仓库或目录的定位，`<name>` 是模块名。例如：

`mycompany.com/example`

构建该文件时使用或需要的 Go 版本也包含在 **go.mod** 文件中。

从外部（例如远程）仓库导入包（例如，**mycompany.com/example**）时，Go 构建器可以解析导入并将其作为依赖项添加到 **go.mod** 文件中。在 Go 1.16 及更高版本中，默认情况下不再自动执行，需要通过（比如）**go get** 进行显式更新。可以选择导入库的任何可用版本。Go 构建器可以（并且通常确实）在本地缓存此远程模块的内容，以提高构建性能。如果需要，可以添加可传递依赖项。

也可以手动添加依赖项，这允许你选择不同版本的依赖项。例如，一旦使用添加的依赖项重新生成代码，**go.mod** 文件可能如下所示：

```
module mycompany.com/example
go 1.16
require xyz.com/utils v1.1.3
```

通常，将列出多个依赖项。**require** 关键字可以分解如下：

```
require (
  xyz.com/utils v1.1.3
  abc.com/common v2.2.3
   ⋮
)
```

"Go"命令中的版本向 Go 编译器指示代码的目标语言版本。这可能会导致编译器拒绝使用在该版本之后定义的功能的代码。它还可能导致代码编译方式的细微差异。如果依赖库需要不同的版本，则可能不会导致错误。更多详细信息，可参阅 Go 网站。

go mod 命令提供了随时间管理（通常是升级）下载的依赖项的选项。

在模块根目录中有一个名为 go.sum 的文件。此文件包含依赖项校验和，由 Go 工具管理。不要更改或删除它。

本书不会更深入地探讨如何使用模块。更多信息，详见 Go 文档。Go 还提供了一种称为"vendoring"（复制项目依赖的第三方包，放在项目的 vendor 目录中的行为）的依赖关系解析方法。更多信息，详见 Go 文档。

Java 中类似的模块描述，放在 module-info.java 文件中，看起来像：

```
module com.mycompany.example {
  requires com.xyz.utils;
  requires com.abc.common;
}
```

Java 模块还允许开发人员通过 exports 语句限制 Java 模块公开的包。Go 模块没有类似的功能，但 Go 构建器有一个约定，即模块根目录下 /internal 目录下的任何包都不能通过使用库的代码导入。这使得代码实际上为模块私有的代码。使用模块时，按照惯例，公有程序源代码通常被放置在 /pkg 目录中（类似于 /internal）而不是 /src 中。在这种情况下，pkg 的含义与它在模块之前的用途略有不同，如下所述。

Go 不需要上述结构。例如，本文中列出的一些程序是在如图 3-9 所示的目录结构中定义的。

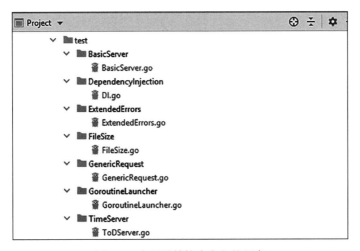

图 3-9　在目录结构中定义的程序

每个 .go 文件包含了一个 package main 语句、任何需要的导入、任何特定于程序的代码和一个 main() 函数。因此，该 .go 文件都是一个可执行程序。

在模块出现之前，大多数开发人员编写的代码都位于 GOPATH 列出的目录中，通常位于 /src 目录下。第三方二进制代码（通常带有 .a 扩展名）通常安装在 /pkg 目录下。一些本地构建的软件包也将出现在这里。随 Go 或其他第三方发布的代码通常放置在 GOROOT 集合中的目录中。典型的结构如下所示：

```
<GOPATH>
        /src
                /main - your application and associated packages
                /xxx - some third-party packages (in source form)
                /yyy - some third-party packages (in source form)
                /zzz - some third-party packages (in source form)
        /pkg
                /ggg - some third-party packages (perhaps binary only)
        /bin - executable results
```

可以将 <GOPATH> 下的目录视为 Go 程序的工作区。可以更改 <GOPATH>（例如通过 CHDIR 或 EXPORT 命令）以访问不同的工作区。

本书中最常用的是这种前模块结构。通常，显示代码时不引用代码所在的目录。

3.13 Go 赋值和表达式

计算机最基本的功能是计算（即计算机是编程计算器的一种形式）。在 Java 和 Go 中，使用表达式进行计算。在许多情况下，表达式的结果被赋值给变量，从而存储在某些变量中（以便以后可以访问）。赋值（在 Go 和 Java 中，= 操作符）记住变量中的某些值。这就是命令式编程的本质。

表达式可以很简单，例如单个字面量（literal[⊖]）:

```
x = 1
```

或单个变量值（术语）:

```
x = y
```

或值交换:

```
x, y = y, x
```

或者，它们可能通过混合文本、术语、操作符和函数调用而变得复杂:

```
c = 1 / (math.Sqrt(a * a + b * b) + base )
```

注意：在 Go 中，仅当 a、b、c 和 base 都是 float64 类型时，前面的表达式才是合法的。例如，声明如下：

```
var a, b, c, base float64
```

⊖ 在形式语言理论中，literal 也是一个术语。

在 Go 中，与在 Java 中一样，表达式具有类型，并且只能存储在兼容类型的变量中。Go 在这方面比 Java 更严格，类型必须完全匹配（接口类型除外，值可以是符合接口的任何类型）。

这包括使用数值的情况。在 Go 中，`int16` 不会自动转换为 `int32`，并且 `int32` 也不会自动转换为 `int64` 或 `float64`。任何此类转换都必须由"强制转换"（cast）函数显式完成。这可能很不方便，但由于类型可以从内置类型派生，因此这是有必要的。例如：

```
var x int16
var y int32
var z float64
z = float64(x) + float64(y)
```

方便起见，Go 将自动调整字面数值（例如 1）的类型以匹配目标 [例如 `float64`（1.0）或 `complex128`（1.0+0.0i）]。Go 可以执行此操作，因为字面值是"无类型"的。任何类型都由使用字面量的上下文分配。数字字面量的大小基本上是无限的，并且至少可以与最大的正式数字类型一样大。

注意，Go 编译器通常使用 `math` 包中的 `Int` 和 `Float` 类型来实现数字字面量。

与标识符一样，Go 的数字、字符串和字符字面量也严格遵循 Java 语法。因此，你可以使用 Java 经验（编译器将报告任何问题）。有关具体规则，可参阅《Go 语言规范》。

Go 为字符串文本提供了扩展语法。如果使用反引号（`）而不是双引号（"）字符作为分隔符，则字符串可以跨越行。这些字符串称为"原始字符串"。字符串中的任何字符都被视为文本值，因此不需要（或识别）转义。任何回车符都将从原始文本中删除。带双引号的字符串称为"解释字符串"。这两种字符串都编码为 UTF-8 字符。

注意 Java 15 提供了多行字符串，当用三重引号分隔时允许转义（""""..."""）。

与在 Java 中一样，Go 解释字符串支持转义值：

Octal（\###）——转换为 byte（# 是八进制数字——01234567）

Hexadecimal（\x##）——转换为 byte（# 是十六进制数字——0123456789abcdef|ABCDEF）

Unicode（\u#### 或 \U########）——转换为 16 位或 32 位值（# 是十六进制数字）

ASCII（\a、\b、\f、\n、\r、\t、\v、\\、\'、\"）——类似于 Java 转义

使用数字转义时必须小心，因为它们必须表示 UTF-8 编码字符。

Go 有一个称为 `rune` 的字符类型，长度为 32 位（与 Java 的 16 位 `char` 类型相比）。rune 字面量类似于字符串字面量，但只允许一个字符。与 Java 中一样，rune 字面量被撇号（'）包围。rune 字面量以 32 位 Unicode 编码。

3.14　Go 中的文本格式设置

除非结果可以呈现给用户，否则能够计算并不有趣。通常，这意味着向用户展示或者格式化打印或写入某些持久性存储。大多数操作系统都有两条路径（通过控制台）向用户展示纯文本：

❑ 标准输出（STDOUT）——正常输出
❑ 标准错误（STDERR）——错误输出

在 Java 中，文本以打印流的形式提供：

❑ System.out

❑ System.err

Java 允许使用 `print()` 或 `println()` 方法通过默认格式将值写入这些流，或者使用 `printf()` 方法通过开发人员指定的格式将值写入这些流。还可以使用 `String.format()` 方法（`printf` 在后台使用）来格式化为字符串。

Go 与 Java 类似。默认情况下，Go 支持打印到 STDOUT、任何输出流（包括 STDOUT、STDERR、文件等），以及通过格式（`fmt`）包中提供的函数打印到字符串。更多详细信息，请参阅本书第三部分。

以下是一些说明性示例：

```
fmt.Print(1, 2, 3)          // 类似 System.out.print(1 + " " + 2 + " " + 3)
fmt.Fprintf(os.Stdout, 1, 2, 3)   // 类似上面的明确标准
fmt.Print(1)                // 类似上面，但只有 1 个值
fmt.Fprintf(os.Stderr, 1)   // 类似上面，但有标准误差
fmt.Println(1)              // 与 fmt.Print(1); fmt.Print("\n") 一样
fmt.Printf("%v\n", 1)       // 类似上面
```

输出（假设标准输出和错误都到控制台）：

```
1 2 31 2 3111
1
```

格式化形式（名称以“f”结尾）接受格式字符串和零个或多个值（格式字符串中每个“%”一个）进行格式化。文件格式（名称以“F”开头）采用 `io.Writer` 作为第一个参数。结果将写入该输出流，该输出流可能是一个打开的文件。字符串形式（名称以“S”开头）返回一个包含格式化文本的字符串。`fmt.Sprintf()` 函数经常用于设置值的格式。

由于 Go 允许开发人员创建自定义类型，因此需要为这些类型提供自定义字符串格式化程序（如 Java `toString()` 方法）。这是由 `fmt.Stringer` 接口完成的。许多 Go 库类型都这样做。

给定自定义类型，可以通过这种方式完成：

```
type MyIntType int

func (mt MyIntType) String() string {  // 符合 Stringer 接口
    return fmt.Sprintf("MyType %d", mt)
}
```

可以按如下方式使用：

```
var mt MyIntType = 1
formatted := fmt.Sprintf("%s", mt)  // 也可以使用 "%v"
fmt.Println(formatted)
```

输出：MyType 1

请注意使用 `"%s"`（而不是 `"%v"`）以确保使用字符串接口。

通用的（**%v**）说明符提供的格式随要格式化的实际数据类型的变化而变化。其他说明符应与值的实际类型匹配。表 3-1 列出了标量数据类型的有效格式。

表 3-1　基本类型的格式选项

类型	有效格式符
Bool	%t
int types	%d
uint types	%d, %#x when formatted via %#v
float and complex types	%g
String	%s
Chan	%p
&above (pointer)	%p

对于复合数据类型，使用表 3-2 中列出的规则对元素进行格式化（可能以递归方式）。

表 3-2　复杂类型的默认格式选项

类型	有效格式
struct types	{field0 field1 ...}
array, slice types	[elem0 elem1 ...]
map types	map[key0:value0 key1:value1 ...]
&above (pointer)	&{}, &[], &map[]

注意：在 Java 中，通常用逗号（,）而不是空格分隔元素。此外，Java 格式设置通常会在非基本数据前面加上数据的类型名称。

如前所述，Go **fmt**（格式）包具有很大的实用性。它是将 Go 值格式化为字符串的主要方法，通常用于将其打印出来，并将来自用户、文件或字符串的文本输入转换为值。

基本格式设置是通过 **Print** 系列函数完成的。**Print** 可用于：用户、文件或字符串。一般形式是：

```
func Printf(format string, args ...interface{}) (n int, err error)
```

调用时，参数与嵌入格式字符串中格式说明符（**%x**）一一匹配，并返回格式化计数或返回某些错误。调用时通常不会检查返回的计数和错误值。这是一个经常违反"总是检查错误"规则的地方。因此这样的输出可能会丢失。仅当输出定向到文件或通过网络时，这才可能有影响。参阅 Capstone 项目的 **utility.go** 文件，了解可用于克服此问题的函数。

可以输出多个值，每个值具有不同的格式规范：

```
fmt.Printf("Value 1: %d, value 2: %s, value 3: %q\n", 1, "2", "3")
```

使用 **Scan** 系列函数接受输入。一般形式是：

```
func Scanf(format string, args ...interface{}) (n int, err error)
```

与 **Printf** 一样，调用时来自输入源的文本与格式字符串匹配，并一对一地放入带有扫描计数的 **args** 值中，否则返回一些错误。**args** 值必须是指向要设置的正确类型的变量的指针。

可以输入多个值，每个值具有不同的格式规范：

```
var one int
var two, three float64
fmt.Scanf("%d %e %v\n", &one, &two, &three)
```

格式字符串是嵌入了格式规范的任何字符串。扫描时，规范中格式符以外的文本必须完全匹配。打印时，此类文本将按原样输出。与 Java 一样，任何此类字符串都是在运行时解释的，而不是编译的。这意味着在运行时可能会发生故障。对这种类型的错误，Go 通常比 Java 更宽容（不会引起 panic）。这些规范丰富，下面进行总结介绍。与 Java 一样，规范以百分比（%）引入，并以区分大小写的格式代码字母结尾。修饰符和宽度可以修饰格式代码。一般格式为：

%{[<index>]}{<modifier>}{<width>}{.<precession>}<code>

表 3-3 列出格式代码。

表 3-3　.fmt 包格式代码

代码	用途	适用类型
%	一个 % 字面量	
v	通用数值	任何值（类似 Java 的 %s）
b, t	布尔	布尔或二进制整数
s	字符串	字符串
d	十进制	十进制整数
f	十进制浮点数	数字
g, G	通用浮点数	数字
e, E	科学计数法表示的浮点数	数字
o, O	八进制	八进制整数
x, X	十六进制	十六进制整数
u, U	转义 Unicode	字符或字符串
q	带引号和转义字符串	字符串
c	字符	rune
p	指针	任意指针类型
T	值的类型	任意

允许使用表 3-4 中列出的修饰符（因代码而异）。

表 3-4　.fmt 包格式符修饰符

修饰符	用途	备注
+	总是输出数值的正负号	
-	在右边（而不是默认的左边）填充空白	
#	使用更详细的格式	在整数上添加一个基本指标；结构体上的字段名称
<space>	在正值上添加前导空格	
0	使用 0 而不是空格填充	

`<width>` 值设置宽度最小值。`<precision>` 值设置小数点右侧要显示的位数或要显示的最小字符数。

如果存在 `<index>` 参数，则应位于第一个参数。这允许格式重用参数或对参数重新排序。

3.15 Go 协程（并发执行单元）

Java 最重要的特性之一是支持相对简单（相对 C 和 C++）的多线程，它通过标准库中提供的线程类型（例如线程）和语言特性（例如同步方法 / 块）内置于语言。Go 使用 Go 协程提供了类似特性，Go 协程是一种轻量级的类似线程的方法，用于运行与通道（稍后将在本书中讨论）相结合的代码。

3.15.1 并发问题

在讨论在 Go 中执行并发编程的机制之前，让我们先介绍一下并发编程可能导致的问题。Java 和 Go 都使用共享内存模式（所有线程都可以访问相同的内存位置），因此临界区（Critical Section，CS）很常见，当访问变量时，并行访问可能会影响代码区域。Java 语言具有 `synchronized` 块以帮助控制对 CS 的访问。Java 允许任何对象成为此类 CS 上的门（又名条件）。

举个例子：

```java
public class Main {
  public static void main(String[] args) {
    int N = 10;

    var sum = new int[1];
    var rand = new Random();
    var threads = new ArrayList<Thread>();
    for (var i = 0; i < N; i++) {
      var t = new Thread(() -> {
        try {
          Thread.sleep(rand.nextInt(10));
        } catch (InterruptedException e) {
          // ...
        }
        sum[0] += 100;
      });
      threads.add(t);
      t.start();
    }
    try {
      for (var t : threads) {
        t.join();
      }
```

```
            System.out.printf("Sum result: %d%n", sum[0]);
        } catch (InterruptedException e) {
            // ...
        }
    }
}
```

注意 sum 是一个 int 数组，因此它在线程正文中是可写的。这是必要的，因为 Java 没有闭包。

这里，预期结果是 sum 等于 N * 100。有时（也许大多数时候）它会是这个值，但也可能更小。例如，N = 10。

Sum result: 900

这是因为语句：

sum[0] += 100; // 与 sum[0] = sum[0] + 100 一样

是一个（隐藏的）关键（CS）部分，由于 += 操作不是线程之间的原子操作，因此在获取 sum 并添加 100 以及设置新的 sum 值之间可能会发生线程切换。任何这样的读取 – 修改 – 写入序列没完成前会自动创建 CS。

可以通过如下修改来解决此问题：

```
synchronized (threads) {
    sum[0] += 100;
}
```

这可确保一次只有一个线程执行此语句。在这种情况下，可以使用 threads 以外的其他值。更简单的方法是使用原子值：

```
var sum = new AtomicInteger(0);
    ⋮
sum.addAndGet(100); // 替换同步块
```

与 Java 一样，Go 也具有内存访问顺序特性。Java 用有点复杂的 happens-before（HB）关系来解释这一点。Go 内存访问也有一个 HB 关系。必须小心，特别是当涉及多个 Go 协程时，以确保代码尊重所有 HB 关系。可以使用 Go 通道，原子访问和锁定函数实现这一目标。

3.15.2 Go 并发

Go 通过 Go 协程特性支持并发编程，该特性使异步或并行处理相对容易（对于 Java）。Java 中最相似的概念是线程，如前所示。Go 协程可以引入相同的临界区问题。稍后我们将讨论在 Go 中如何处理临界区。

注意，并行性和并发性不是一回事。并发意味着能够并行运行。这并不意味着代码始终并行运行。并发通常意味着代码的行为与是否并行无关。通常，这是代码设计的一个功能。

在多处理器（或核心）系统上，代码可以真正并行（同时）运行，但前提是其设计支持并发。有时，可以通过在单个处理器上多路复用不同的代码执行线程（通常称为多任务或分时处理）来模拟并行行为。

注意，大多数现代计算机至少包含两个内核，因此并行处理是可能的。服务器级计算机通常包含数十个（甚至数百个）内核。

Go 协程只是一个普通的 Go 函数。使用 **go** 语句创建并启动一个 Go 协程。**go** 语句立即返回，Go 协程函数与调用方异步运行，并可能与调用方并行运行。

Go 协程与通道（后面介绍）相结合，提供了通信顺序进程（CSP）的实现。CSP 的基本概念是独立的执行路径（在 Java 中称为线程，在 Go 中称为 Go 协程），可以在受控的方式（通常是先进先出，如通过通道）下相互传递数据来交互。这通常比管理 CS 更容易、更安全，是 Java 同步方法的替代方法。

使用 CSP，每个线程不会同时共享数据（注意，Go 中没有任何内容可以阻止这种情况，但通常不需要），而是使用一种消息传递形式。数据由源 Go 协程"发送"（传输），并由目标 / 处理器 Go 协程"接收"。这可以防止出现临界区的可能性。通过缓冲此类消息，发送方和接收方可以异步工作。

CSP 就像 Actor 系统。Actor 系统也在 actor 之间发送消息。actor 通常是具有特殊方法的对象，该方法在分配的线程上运行并接收任何消息。actor 本身通常不是线程，而是共享由某些 actor 运行时管理的线程。这使 actor 系统具有比 Go 协程更好的实例规模。actor 运行时负责向 actor 路由 / 传递消息。在 Go 中，通道扮演着这个角色。

Java 社区提供了几个很好的 actor 库 / 框架，例如 Akka。Go 默认提供此功能；在 Java 中，它是一个附加组件。

CSP 和 Actor 都通过按顺序（不间断）地处理消息来简化编程。处理器在准备好接收之前不会收到新消息。它们还允许一次只允许一个线程访问任何数据。

与 Java 线程相比，Go 协程是轻量级的（使用更少的资源）。Go 协程就像 Java 中的 Green$^{\ominus}$Threads（绿色线程，由运行时而不是操作系统创建的类似线程的函数，通常比本机操作系统线程更轻，并且提供更快的上下文切换）。

通常，每个操作系统线程可以有许多绿色线程。Go 协程也是如此。实际上可以使用的最大 Java 线程数$^{\ominus}$通常在几千个左右，而通常可以使用成千上万（在大型系统中，甚至数百万）个 Go 协程。

如何实现 Go 协程的细节可能会随 Go 版本的变化而变化，因此本书没有深入介绍。值得注意的一个方面是，每个 Go 协程都有自己的调用堆栈（它占了 Go 协程消耗的大部分资源）。

与 Java 线程不同，Java 线程的堆栈通常只会增长且通常为几兆字节，而 Go 协程堆栈可以根据需要随时间增长和收缩。因此，一个 Go 协程消耗的堆栈正是它所需要的，仅此而已。这是 Go 协程是轻量级的原因之一，尤其是相对 Java 线程而言。

⊖ 在操作系统线程不可用时使用的早期 Java 实现。Java 的早期版本被命名为橡树，然后是绿色，最后绿色被选中了。

⊖ Java 线程通常需要几兆字节的内存来支持其状态。相比之下，Go 协程通常只需要几千字节的内存。这是一个三个数量级的差异。

另一个方面是，在 Go 操作系统中，线程是按需创建和终止的，并保留在池中以供重用，因此通常只有所需的线程来支持活动的 Go 协程。

考虑一下，如果所有 Go 协程都是 CPU 绑定的（即它们不执行太多的 I/O 操作），则只需要有与处理器内核一样多的线程（其他线程，如果不采用多任务处理，则必然是空闲的）。由于代码完全与 CPU 绑定（至少在很长一段时间内）很少见，因此需要额外的线程来支持并发 CPU 和 I/O 密集型 Go 协程。

在 Go 中，Go 协程调度程序通常维护一个线程池，如图 3-10 所示。它将 Go 协程分配给池中的非活动线程。这种关联不是静态的，而是会随时间而变化。它根据需要添加新的 I/O 线程，但通常会根据计算机中处理器（内核）的实际数量来限制 CPU 线程。一般来说，Go 协程与线程的比率可能很大（例如 >>100）。

如果 Go 协程做了一些事情来阻止其继续执行（或自愿放弃其线程），则其线程将被分离并提供给另一个 Go 协程。如果 Go 协程阻塞操作系统调用（如执行文件或 socket I/O 操作）的问题，则 Go 调度程序也可以分离线程。因此，调度程序可能有两个线程池：一个用于 CPU 绑定的 Go 协程，另一个用于 I/O 绑定的 Go 协程。

Go 提供了有限的方法来控制用于执行 Go 协程的操作系统线程。可以使用 GOMAXPROCS 环境值和等效的 `runtime.GOMAXPROCS（nint）`函数设置运行 Go 协程的最大可用的 CPU（或内核）。

Go 通过使用 Contexts 提供了以编程方式取消或超时长时间运行的异步进程（如 Go 协程中的循环以及网络或数据库请求）的能力。Context 还提供了一个通道，用于通知侦听器此类长时间运行的进程已完成（正常或通过超时）。书中稍后将详细讨论 Context。

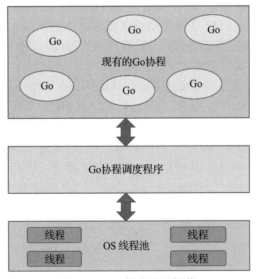

图 3-10　Go 协程处理概览

`runtime.Goexit()` 函数在运行所有延迟函数后终止调用 Go 协程。注意，`main` 函数在 Go 协程上运行。当 `main` 函数的 Go 协程退出（返回）时 EXE 结束。这就像所有非守护进程线程结束时的 JVM 结束。

　　`runtime.Gosched()` 函数使当前 Go 协程自愿放弃其线程，但保持可运行状态。这就像在 Java 中使用 `Thread.yield()` 一样。在长时间运行的代码段（如循环）中放弃是好的选择。

　　由于 Go 协程比 Java 线程更轻量级，因此相比 Java 支持，Go 对池和重用的支持较少；通常根据需要创建新的 Go 协程。Go 协程不像线程那样提供身份，也没有类似的方法来管理它们。通道通常取代了 Java 中使用的线程局部变量。

3.15.3　Go 协程示例

　　与 Java 一样，没有语言手段来测试 Go 协程的完成，但是确实存在标准的库函数可完成此目的。Java 使用 `Tread.join()` 方法来执行此操作。在 Go 中，执行此操作的常用方法是通过 WaitGroups（WG）。WG 实际上是一个递增 / 递减计数器，客户端可以等待它递减到零。通常做法如下：

```
var wg sync.WaitGroup
    ⋮
wg.Add(1)
go func() {
    defer wg.Done() // 惯用的 . Done() 相当于 Add(-1)
        ⋮
}()
    ⋮
wg.Add(1)
go func() {
    defer wg.Done()
        ⋮
}()
    ⋮
wg.Wait()
```

在每个 Go 协程启动之前，WG 将递增。此增量必须位于 Go 协程主体之外才能正常工作。当 Go 协程结束时，WG 会递减（通过 `Done`）。然后，启动中的 Go 协程等待（暂停）所有（可以有任意数量的 Go 协程）已启动的 Go 协程结束。

　　以下是 Java 中的类似解决方案：

```
var threads = new ArrayList<Thread>();
var t1 = new Thread(() -> {
  ⋮
});
t1.start();
threads.add(t1);
  ⋮
var t2 = new Thread(() -> {
  ⋮
});
```

```
t2.start();
threads.add(t2);
⋮
for (var t : threads){
  try {
    t.join();
  } catch (InterruptedException e) {
    // ...
  }
}
```

Go 通道可以做类似的事情：

```
var count int
// 在任何阻塞之前最多支持 100
var done = make(chan bool, 100)
⋮
count++
go func() {
    defer sayDone(done)   // 必须是一个函数调用
    ⋮
}()
⋮
count++
go func() {
    defer sayDone(done)   // 必须是一个函数调用
    ⋮
}()
⋮
waitUntilAllDone(done, count)

func sayDone(done chan bool) {
    done <- true
}
func waitUntilAllDone(done chan bool, count int) {
    for count > 0 {
        if <- done {
            count--
        }
    }
}
```

清单 3-2 以一个完全可运行示例展示了前面方法的略有不同的表达。

清单 3-2 使用通道的完整示例

```
package main

import (
    "fmt"
)

var count int
```

```go
var done = make(chan bool, 100)

func sayDone(index int) {
    done <- true
    fmt.Printf("go %d done\n", index)
}

func waitUntilAllDone(done chan bool, count int) {
    for count > 0 {
        if <-done {
            count--
        }
    }
}

func main() {
    fmt.Println("Started")
    for i := 0; i < 5; i++ {
        count++
        go func(index int) {
            defer sayDone(index)
            fmt.Printf("go %d running\n", index)
        }(i)
    }

    waitUntilAllDone(done, count)
    fmt.Println("Done")
}
```

输出如下：

```
Started
go 4 running
go 1 running
go 1 done
go 0 running
go 0 done
go 4 done
go 3 running
go 3 done
go 2 running
go 2 done
Done
```

如果将完成的通道数量减少到 1，则会得到如下输出：

```
Started
go 4 running
go 4 done
go 3 running
```

```
go 3 done
go 1 running
go 1 done
go 0 running
go 0 done
go 2 running
go 2 done
Done
```

注意，工作的交叉较少。通道的容量会强烈影响使用它的 Go 协程的并行性。另外，如果将 "fmt.Printf(...)" 放在 sayDone(...) 中的 "done<-true" 之前，则输出模式可能不同。

Go 具有等效于前面在 sync/atomic 包中讨论的 Java 中的原子值：

var sum int32
⋮
atomic.AddInt32(&sum, 100)

Go 例程的行为可能无法预测，特别是当多个 Go 协程同时运行时。参见清单 3-3 中所示的简单示例。

清单 3-3　完整的串行输出示例

```
package main

import (
    "fmt"
    "time"
)

func printNum(id string, count int) {
    for i := 0; i < count; i++ {
        fmt.Printf("%s: %d\n", id, i)
        delay := time.Duration(rand.Intn(10)) * time.Millisecond
        time.Sleep(delay)  // 有点延迟
    }
}

func main() {
    printNum("one", 5)
    printNum("two", 5)
    printNum("main", 5)
}
```

输出如下：

```
one: 0
 ⋮
one: 4
two: 0
 ⋮
```

```
two: 4
main: 0
⋮
main: 4
```

稍稍改动一下：

```
func main() {
    go printNum("one", 5) // 现在是一个 Go 协程
    go printNum("two", 5) // 现在是一个 Go 协程
    printNum("main", 5)
}
```

输出什么？可能输出的行相同，但排列顺序不同（不太可能与前面顺序相同）。但有可能只有一些 one 或 two 的行出来。这是因为 Go 调度程序只能运行准备就绪的 Go 协程（而 Sleep 使它们没有准备就绪），运行顺序可以任意，并且可以随时在它们之间切换。此外，main 函数（也在一个 Go 协程中运行）可以结束，这导致程序在其他 Go 协程完成之前结束。因此，Go 协程的行为通常对应于 Java 中的守护线程。

下面是一个示例输出：

```
main: 0
one: 0
two: 0
main: 1
two: 1
one: 1
two: 2
main: 2
main: 3
two: 3
two: 4
one: 2
main: 4
one: 3
```

作为本章中使用 Go 协程的最后一个示例，该程序可以并行压缩所有名为命令行参数的文件。它使用在本书第三部分中定义的 CompressFileToNewGZIPFile 函数。其签名如下：

```
func CompressFileToNewGZIPFile(path string) (err error)
```

main 函数中使用虚拟版本的 CompressFileToNewGZIPFile 只是为了演示并发性。参见清单 3-4。

清单 3-4 并行文件压缩示例

```
package main

import (
```

```go
    "fmt"
    "log"
    "math/rand"
    "os"
    "sync"
    "time"
)

func CompressFileToNewGZIPFile(path string) (err error) {
    // 伪压缩码
    fmt.Printf("Starting compression of %s...\n", path)
    start := time.Now()
    time.Sleep(time.Duration(rand.Intn(5) + 1) * time.Second)
    end := time.Now()
    fmt.Printf("Compression of %s complete in %d seconds\n", path,
    end.Sub(start) / time.Second)
    return
}

func main() {
    var wg sync.WaitGroup
    for _, arg := range os.Args[1:] { // Args[0] 是程序名
        wg.Add(1)
        go func(path string) {
            defer wg.Done()
            err := CompressFileToNewGZIPFile(path)
            if err != nil {
                log.Printf("File %s received error: %v\n", path, err)
                os.Exit(1)
            }
        }(arg)  // 防止所有 Go 协程中的 arg 重复
    }
    wg.Wait()
}
```

将产生以下输出：

```
file1.txt file2.txt file3.txt file4.txt file5.txt

Starting compression of file5.txt...
Starting compression of file1.txt...
Starting compression of file3.txt...
Starting compression of file2.txt...
Starting compression of file4.txt...
Compression of file4.txt complete in 2 seconds
Compression of file5.txt complete in 2 seconds
Compression of file1.txt complete in 3 seconds
Compression of file3.txt complete in 3 seconds
Compression of file2.txt complete in 5 seconds
```

注意，Go 协程启动的顺序不可预测。

务必注意，Go 协程无法将结果返回给其调用方，因此必须以其他方式报告在 Go 协程中发生的结果（或错误）。在此示例中，它们被记录（并且程序被终止），但通常有一个通道将此类错误（或结果）报告给通道侦听器。

回到关键部分。与 Java 不同，在 Go 中没有同步的语句或块。通常使用锁接口（`Locker interface`）。它本质上是：

```go
type Locker interface {
        Lock()   // 更好的名称：WaitUntilAvailableAndLock()
        Unlock() // 更好的名称：UnlockAndThusMakeAvailable()
}
```

`sync.Mutex` 类型实现了此接口。它可用于控制对临界区的访问。它的用法基本如下：

```go
var mx sync.Mutex
⋮
func SomeAction() {
        mx.Lock()
        defer mx.Unlock()
        ⋮ 做一些关键的事情

}
```

注意：锁不允许同一个 Go 协程重新进入，就像 `synchronized` Java 线程那样。因此，需谨慎使用以防自锁。

通道可以执行类似操作：

```go
var ch = make(chan bool, 1)  // 一次只允许接收一条消息
⋮
func SomeAction() {
        ch <- true
        defer func() {
                <- ch   // 放弃该值
        }()
        ⋮ 做一些关键的事情
}
```

如果没有空间接受该值，则在顶部块发送。由于通道只有一个值的空间，因此只能允许一个用户。底部的接收将删除该值。通过增加通道大小，可以允许有限数量的 Go 协程同时进入操作。

Go 还有其他方法，可以避免在临界区周围锁定。通过通道（书中后面将详细讨论），通常可以消除锁定。数据是通过通道在消费者之间传输的，因此根本不存在临界区。通道通常是首选。

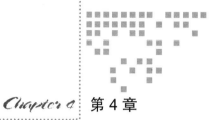

Go 类型

本章我们将详细介绍 Go 类型系统，以及其与 Java 类型系统的差异。读完本章，你将能够清晰辨别 Go 与 Java 类型系统的相似和差异。

4.1 基本 / 内置类型

Java 与 Go 有相似的基本类型。在 Java 中，基本类型不能放进集合（数组例外）。这与引用类型有很大区别。另外，基本类型不能有方法。Go 中的基本类型概念没有什么意义，因为任何类型都可以是集合的元素，并且任何派生类型都可以有方法。

Go 的布尔类型，类似 Java，是最简单的类型。只有 `true` 和 `false` 两种值。

两种语言都有字符、有符号整数和浮点型的数值类型。Go 额外增加了无符号整数类型和 `complex`。

Go 也有指针类型（有点类似 Java 引用）。两种语言有 `null`（Go 中称作 `nil`）值。在 Go 中，指针可被转换为无符号整数，也可将无符号整数转成指针。该用法不常见，本书不作介绍。多数情况，指针用于与 C 语言代码接口（又称 CGo）。

4.1.1 数值

内置数值类型：

❑ 有符号整数——`int8`、`int16`、`int32`（又名 `rune`）、`int64`、`int`
❑ 无符号整数——`uint8`（又名 `byte`）、`uint16`、`uint32`、`uint64`、`uint`
❑ 浮点型——`float32`、`float64`
❑ 复数（`real` 与 `imag` 对）——`complex64`、`complex128`
（如果有）后缀值表示值的位数。

非内置数值类型：

❏ 大整数——`Int`

❏ 大浮点数——`Float`

❏ 有理数——`Rat`（两个 `int64` 值）

注意，Java 有一套库函数，使用有符号整数来模拟无符号整数。Go 的方法更好，Go 无大十进制类型。

如同 Java，数值型数据可能有一个基础前缀：

❏ 0b，0B——二进制：0，1

❏ 0o，0O——八进制：0，1，2，3，4，5，6，7

❏ 0x，0X——十六进制：0，1，2，3，4，5，6，7，8，9，A，B，C，D，E，F（或 a，b，c，d，e，f）

如同在 Java 中一样，数值可能在数字之间包含下划线（`_`）。如同 Java，如果数值以"0"数字开启，无基指示符，则数值为八进制。

浮点型数值增加可选小数（`.`指示符）或可选有符号十进制指数（"E"或"e"是十进制指数，"P"或"p"是十六进指数，P 指数很少使用）。

与 Java 不同，数值字面量的值没有大小指示符或限制。如 C 语言一样，Go 增加了架构相关的类型（基于架构的，32 位或 64 位字长度的整数和指针）。Java 直接隐藏掉了架构相关的数值特征。

Go 增加了有虚部的复数浮点类型，虚部带有后缀"i"。Go 不支持复数的极坐标表示法。

Go 使用精度不确定的无类型数值字面量。这些字面量自动转换成表达式或者初始化所需类型。Java 的数值字面量有专门类型（`short`、`int` 等）的后缀。

4.1.2　字符和字符串

Go 的内置字符 Rune 是有符号的 32 位（`int32`）Unicode 整数。Java 使用名为 `char` 的无符号 16 位 Unicode 整数，较大字符需要 `char` 组（可能很困难）。二者都是整数数值。

Go 有内置 `string` 类型，实质是 `byte` 值的数组（`byte` 即 `uint8`），用来表示 UTF-8 格式的多个（0+）字符的字符串。Java 有字符串（JRE 库）类型，实质是 Java `char` 的数组。Java 与 Go 的字符串都是不可更改的。

Go 的字符串长度是字符串中 `byte`（不是字符）的个数，而 Java 的字符串长度是 `char` 值的数目。注意，如果使用了 ASCII 编码，字符和字节是同义的。字符串可通过索引提取字符。索引提取字节时，要当心可能包含 UTF-8（多字节）字符。有关 rune 的帮助，请参阅 `scanner` 包。

例如：

```
s := "Hello World"
firstByte, hello, world, copy, lenS :=
    s[0], s[:5], s[6:], s[:], len(s)
```

非常像 Java 的 `charAt()` 方法，单索引表达式 `[index]`。字符串式是不可更改的。

所以下面用法是非法的：

    s[0] = 'a'

很像 Java 的 substring 方法，范围索引表达式为：[{start}:{end+1}]，缺少 start，默认为从头开始，缺少 end，默认为字符串长度。

Go 也有类似字符串的字节切片类型，但不一定是 UTF-8。如果所有字节都是 ASCII，则可以将其视为字符串。

所有数值和字符串都可比较（==、!=、>、>=、<、<=），字符串是被看作字节数组进行比较的。

注意，字符串不能是 nil（但字符串指针可以）。给字符串变量赋 nil 值是非法的。使用 len(s) 函数（和 s=="")测试是否是空字符串。

注意：在 Java 中，大多数函数都是 String（或 StringBuilder/Buffer）类的静态或实例方法，它们被定义为 Go fmt、strings 或 strconv 包中的函数。

4.1.3　引用与指针类型

Java 基本上有两类变量数据：

1. 基本值——数字与布尔型。

2. 引用（或对象）——对象实例或 null 的定位值。

　　对象始终位于堆中。

Go 有类似的分类：

1. 值——任何（非指针）类型。

2. 指针——其他值的地址值，包含其余指针或者 nil 的地址值。

　　由指针定位的数据值通常在堆中分配。

注意，接口类型的变量的行为可像值或指针。

Java 引用选择一些对象（如为 null 则不选择）。引用具体实现机理取决于 JVM，如图 4-1 所示，其中每个引用是指向对象的指针数组的索引。变量（A、B 和 C）在左，引用索引表在中，引用对象在右。该方法轻松实现了垃圾收集，因为当删除未使用的对象并在内存中压缩剩余的对象时，只需要更新索引表。注意，同一索引可以有多个引用，这会创建别名。

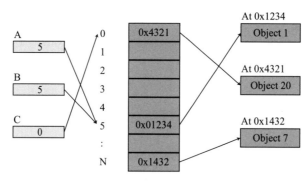

图 4-1　Java 引用可能的实现

如图 4 -2 所示，Go 中的指针是对数据（一个对象或一个任何类型的值）的直接引用。变量（Λ，B 和 C）在左，被引用对象在右边。注意，多个变量的地址可能相同，这会创建别名。这种方法使垃圾收集过程中的压缩变得困难，因此不经常进行压缩。

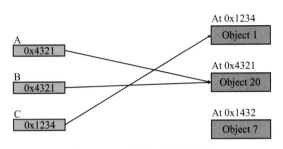

图 4-2　Go 指针可能的实现

Java 引用像指针，但通常是隐式间接引用（如前所示）。例如：

```
public class Xxx {
  public int x, y, z;
}
⋮
Xxx xxx = new Xxx();
int v = xxx.z;
```

此处，引用 **xxx** 指向堆上的 **Xxx** 实例，并通过 "**.**" 操作符间接引用。

类似地，在 Go 中，使用 struct 替代 class：

```
type Xxx struct{
    X, Y, Z int
}
⋮
var xxx *Xxx  // 创建一个 "零" 值（或 nil）指针变量
xxx = &Xxx{}  // 分配实例地址（隐含新地址）
v := xxx.Z
```

或：

```
var xxx = &Xxx{}  // 替代声明
```

此处，指针 **xxx** 指向 **Xxx** 实例。通过 "**.**" 操作符隐式间接引用。逻辑上相当于：

```
v := (*xxx).Z
```

其中间接引用是显式的。

注意，下面做法在 Go 中是非法的（但在 Java 中，**xxx** 将有一个 **null** 值，这是毫无意义的）：

```
var xxx Xxx // 创建一个 "零" 值变量
v := xxx.Z
```

在 Go 中，可以获取此实例的地址：

```
pToXxx := &xxx
```

Java 无对应项。Go 中可使用下面方式更新 xxx 实例：

```
pToXxx.Z += 10
```

也可以，获取字段的地址：

```
pToXxxZ := &(xxx.Z)
```

因此也可采用下面方式更新 xxx 实例：

```
*pToXxxZ += 10
```

这种获取对象地址的能力意味着 Go 必须提供真正的闭包。闭包是在函数调用历史记录中捕获一些值，这样函数就可以在生命期内获取或设置这些值。Java 有一种有限的闭包形式，闭包中的所有变量都必须是 final，因此不能更改。Go 允许改变闭包中变量的值。Go 程序经常利用该特性。

4.1.4 深入基本数据类型

如同 Java 一样，布尔型、整型、浮点型以及字符和字符串都是常用类型。

布尔类型

Java 与 Go 支持布尔类型。如表 4-1 所示。

表 4-1 布尔类型

Java 类型	长度（位）	Go 类型	Go 例子
boolean	未定义⊖	bool	true

整数类型

Java 与 Go 支持几种整数类型。如表 4-2 所示。

表 4-2 整数类型

Java 类型	长度（位）	Go 类型	Go 例子
byte	8	int8	10, −1
short	16	int16	10, −1
int	32	int32 或 int⊜	10, −1
long	64	int64 或 int⊜	10, −1
char	16	uint16	"A" 或 10（ASCII 值）
	8	uint8 或 byte	"A" 或 10（ASCII 值）
	16	uint16	"A" 或 10（ASCII 值）
	32	uint32	"A" 或 10（Rune 值）
	64	uint64	10
	32	rune⑳（int32 的别名）	"A" 和 Unicode 转义符

⊖ 通常占用一个字节。见 https://stackoverflow.com/a/383597/13103095。

⊜ 基于 32 位架构。

⊜ 基于 64 位架构。

⑳ Go 的 char 版本。

注
意　Java 有一个库，提供对有符号值的无符号操作。

Java 针对所有整数类型提供了对象包装器。因为 Go 不需要，故未提供对应项。

浮点类型

Java 和 Go 支持几种浮点类型。如表 4-3 所示。

表 4-3　浮点类型

Java 类型	长度（位）	Go 类型	Go 例子
float	32	float32	10.0, 1e10
double	64	Float64	10.0, 1e10
	64	complex64	10.1+3.2i
	128	complex128	−4.0i

Java 针对所有浮点类型提供了对象包装器。因为 Go 不需要，故未提供对应项。

注意，Go 允许使用非小数尾数的浮点字面量（指数仍为十进制）。

Go 中的 nil 错误

Java 程序员经常遇到可怕的 NullPointerException（NPE——应该被叫作 NullReferenceException，因为 Java 没有指针）。Go 没有解决此问题，多数 nil 指针的间接引用会导致类似的运行时灾难。但 Go 的函数调用风格有助于降低 NPE 发生概率。此外，Go 中的 nil 有时可以被用作值；例如，可追加 nil 切片，而 Java 中不能追加 / 增加 null 集合。相比 Java 的 NPE 这降低了 Go 中的 panic 发生率。

Java 的函数经常可以返回 null。程序员通常不测试返回结果是否是 null，从而带来了 NPE。在 Go 中，为避免故障测试返回结果是习惯用法，并通常都这样做。例如，考虑以下典型的 Java 模式，这可以得到 NPE：

```
⋮
var xs = getXxx().toString();
⋮
```

应该这样编码，但经常没做到：

```
var x = getXxx();
if(x != null) {
  var xs = x.toString()
    ⋮
}
```

在 Go 中应该是：

```
if x, err := GetXxx(); err == nil {
    xs := x.String()
      ⋮
}
```

上例中当 err 是 nil 时（相反情况也可能发生——如果 err 非 nil，x 是 nil），x

是 nil 的概率很低（在编码良好的 Go 代码中是 0）。Go 没有 Java Optional 类型的对应项，其可用来减少 Java 编码中的 NPE。另外，Go 中不能将指针类型声明为非 nil（例如一直指向某个对象）。

注意，如果在创建时没有专门初始化，则 Go 的所有变量都有"零"值。对于指针，是 nil 值。对非指针类型，它通常是可用值。

程序员定义类型

Go 与 Java 都允许程序员创建新的数据类型。Java 使用 class、interface，或者 enum 创建。Go 使用 type 语句，它基于已有或者直接（字面）的基础类型创建命名类型。Java 无此方法。

基础类型可能是基本类型、数组类型、结构体类型、映射类型、接口类型、通道类型或者指向类型的指针（包括其他指针）。也可是声明的类型。

这种方式声明的类型都是不同的，即使基础类型是相同的。例如：

```
type weight      float64
type temperature float64
type age         float64
```

以上三个是不同类型（不能直接相互赋值或者比较），即使共享了相同基础类型（float64）。前面例子也可写为：

```
type (
    weight      float64
    temperature float64
    age         float64
)
```

假如：

```
var w weight = 10
var a age = 10
```

下面代码因为类型不同（即使都是基于 float64），而不能被编译；这增加了 Go 的类型安全性：

```
var sum = w + a
```

但下面将被编译（即使无意义），因为此时类型相同：

```
var sum = age(w) + age(a)   // 不需要第二个 age(...)
```

当然，不应该使用此类方式，除非该方式有意义的。

Go 支持这样为现有类型创建别名：

```
type weight = float64
type temperature = float64
type age = float64
```

此时，新类型是相同的（但如果缺少了" ="，则不同）。这类似于 byte 是 uint8 的内置别名。该特性需小心使用。

考虑该例（摘自《Go 语言规范》）：

```
type TimeZone int
const (
    EST TimeZone = -(iota + 5)
    CST
    MST
    PST
    AKST
    _    // 空白值
    _    // 空白值
    HST
)
func (tz TimeZone) String() string {
    return fmt.Sprintf("GMT%+dh", tz)
}
func (tz1 TimeZone) Difference(tz2 TimeZone) int {
    return int(tz1) - int(tz2)
}
func Gap(tz1, tz2 TimeZone) int {
    return tz1.Difference(tz2)
}
```

这里，基于 `int` 类型的新类型 **TimeZone**[实际应该是浮点类型，因为一些时区与标准时间偏差是 30 分钟（或 0.5 小时）]，有相关常量（两个占位符）、方法和独立实用函数。也实现了 `fmt.Stringer` 接口。

从已有类型创建新类型的概念使得 Go 代码更安全、更清晰（因为类型名有助于使代码更清晰）。不可能意外地（没有显式转换）将一种类型的值指定给另一种类型，例如，将重量（`weight`）值指定给温度（`temperature`）变量。

这能防止 Java 中常见的缩放和精度损失。在 Java 中，变量命名方案可部分地提供更高的安全性，但 Go 在这方面做得更好。

为了使 Go 的聚合类型类似 Java 的类类型，应该采用下面方式：

```
type Person struct {
    Age          float64
    Name         string
    PlaceOfBirth string
    privateValue int32
}
```

Java 的方式是：

```
public class Person {
    public double age;
    public String name;
    public String placeOfBirth;
    private int   privateValue;
}
```

注意，Go 使用了字段（与类型）名称的大小写来确定私有与公有的可见性。

与 Java 一样，聚合成员和局部变量的声明也有所不同。

在 Go 中，带有"var""const"或"func"的语句声明本地和全局变量。结构体字段不使用"var"标注。接口函数不用"func"标注。

在结构体中，struct 的字段以下面方式声明：

```go
type S struct {
    s string
    x, y, z int
    f func(int, int) int
}
```

没有允许的初始化（非零值）字段值。必须使用结构体字面量初始化：

```go
var s = S{"abc", 0, 1, 2, nil}
```

或者使用构造函数初始化：

```go
var s = NewS("abc", 0, 1, 2, func(x, y int) int {
    return x * y
})
```

第二个 s 是（*S）类型的指针。NewS 函数必须由程序员自己实现，Go 编译器不能生成。所有具体类型（如结构体）的构造（也叫工厂）函数，类似 new 函数，应该返回指针。按照惯例，Go 中的工厂方法（主要功能是创建实例）以 New 开头，例如 New<typename>。如果包只定义了一种类型，那么按照惯例，名字只是 New。

例如：

```go
func NewS(name string, a, b, c int, f func(int, int) int) (s *S) {
    s = &S{}  // 或 s = new(S)
    s.s = name
    s.x = a
    s.y = b
    s.z = c
    s.f = f
    return
}
```

或者更简洁些：

```go
func NewS(name string, a, b, c int, fx func(int, int) int) (s *S) {
    s = &S{name, a, b, c, fx}
    return
}
```

注意变量名的差异（a 相对 x 等）。

注意在 S 结构体的定义中，未提供函数 fx 代码的实体内容。此时 fx 是保存函数（类似引用）的变量，不是函数本身。任何函数定义都是在结构体外完成的。

在接口中，方法采用下面方式声明：

```
type Openable interface {  // 或 Opener（特别是如果有 1 个函数）
    Open([]byte) (int, error)
    Close() error
}
```

与 Java 不同，Go 接口中只能定义函数签名。

注意，接口中的任何函数没有代码实体。如同 Java 中一样，接口方法总是抽象的。Go 没有接口中（**static final**）字段的对应项或具体（**default**）的方法。

如同在 Java 中一样，如果工厂（和类似的）函数返回接口而不是具体类型，效果会更好。这允许工厂函数返回符合接口的任意类型。Java 中，这意味着：

```
public <I extends Integer> List<I> makeIntegerList() { ... }
```

是比下述定义更好的选择：

```
public <I extends Integer> ArrayList<I> makeIntegerList() { ... }
```

类似地，Go 中最好采用下列方式：

```
type IntegerList interface {
    Len() int
    GetAt(index int) int
    SetAt(index int, v int)
}
func makeIntegerList() IntegerList { ... }
```

这种类似 new 函数的工厂函数应该返回指针。替换工厂名字，类似 Make<typename>（在不同的 make 函数后面）是允许的，如果它们可返回实例（而不是实例的指针）是最好的。考虑如下代码：

```
func NewIntegerList() *IntegerList { ... }
```

其可能返回任何实现了 **IntegerList** 的类型。或者：

```
func MakeIntegerList() IntegerList {
    return *NewIntegerList()
}
```

当没有传递和返回指针时要小心对待，因为值被复制到和复制出函数。这增加了开销，在某些情况可能导致行为问题。

工厂函数很少有接收器参数。一个例外可能是复制或者基于原型的方法，可能被命名为 Copy 或 Clone：

```
func (il *IntegerList) Clone() *IntegerList { ... }
```

数组

Go 和 Java 均支持任何单一（同类的）类型的密集数组（一维固定长度压缩列表）。二者都使用基于零的索引。二者都是在创建时设置固定长度，并且不能更改长度。两种语言均以类似的方式支持多维数组。如 Java 中一样，数组搜索时间复杂度 $O(N)$，访问是 $O(1)$。

所有 Java 数组位于堆。Go 也支持数组位于调用栈。

数组声明的语法格式：`[<length>]type`。例如：

```
var x [10]int          // 由 10 个 int 组成的数组，每个 int 设置为 0
var x [10]string       // 由 10 个 string 组成的数组，每个 string 设置为 ""
var x [10][10]int      // 由 10×10 个 int 组成的数组，每个 int 设置为 0
var x = [3]int{1,2,3}   // 由 3 个 int 组成的数组，每个 int 设置为提供的值
```

Java 对应的语法格式是：

```
var x = new int[10];
var x = new String[10];  // 需要 1 个循环来创建 10 个空字符串
var = new int[10][];     // 需要 1 个循环来创建 10 嵌套数组
var x = new int[]{1,2,3};
```

Go 中，数组长度是类型的一部分，所以 `[10]int` 与 `[20]int` 是不同类型。Java 与此不同。

同样类型的数组可以进行比较（`==`、`!=`、`>`、`>=`、`<`、`<=`）。

通过零起点的索引表达式访问数组元素：

```
a := [...]int{1,2,3}   // 隐含长度为 3
a[0] = a[1]
```

这里，根据数组定义，`len（a）`和 `cap（a）`都是 3。如 Java 中一样，数组的索引超限会导致 panic。

如 Java 中一样，数组有字面量。通常字面量暗示了数组的长度。例子如下：

```
var x [...]int{1,2,3}     // 由 3 个 int 组成的数组，每个 int 设置为提供的值
var x [10]int{1:1,5:5,6}  // 由 10 个 int 组成的数组，选择值集，其他为 0
```

注意，数组字面量可以有显式索引（`int` 类型的常量表达式）。所有或者部分条目可以有索引。如果存在所有索引，索引排序可以是任意的。任何缺失的索引是序列下一个值。所有提供的索引必须是唯一的。因此，前面例子相当于：

```
var x = [10]int{0,1,0,0,0,5,6,0,0,0}
```

也可被写为：

```
var x = [10]int{0,1,0,0,0,5,6}
```

其中后面的值默认为 0。

Java 与 Go 在复制数组时的最重要区别是 Go 另分配了一个数组。例如：

```
var a1 = [...]int{1,2,3}
var a2 = a1
a2[0] = 10
```

Go 中，`a1[0]` 仍旧是 1。Java 中，此时 `a1[0]` 也是 10。这是因为在 Java 中，`a2` 是 `a1` 的别名。发生这种情况，是因为 Java 中的所有数组都是堆对象。

`copy` 函数（类似 Java 中的 `System.arraycopy` 方法）可以轻易地将一个数组的元素复制到另外一个数组。源数组和目标数组可以相同，从而可以将元素移动到数组中不同

索引处：

```
array1 := [...]int{1,2,3,4}
copy(array1[N:], array1[N+1:])    // 下移（覆盖）元素
array1[len(array1)-1] = 0         // 设置零值（可选）
```

通过设置数组的元素范围，可以将数组转换成切片（接下来会介绍）：

var a1slice = a1[:]

注意，当通过函数参数或返回值传递数组时，数组是被复制的，类似赋值。传递数组指针（或最好是数组的切片），以便可以修改原始数组。

请注意，Go 中直接使用数组的情况比 Java 少，切片更常用些。

切片

类似 Java 的 **Vectors** 或者 **ArrayLists**，Go 使用一个称为切片的大小可变的类数组结构。切片是内置类型（而不是库）。切片像数组，但没有预定义大小。切片是泛型（不同实例中可保存不同类型，但每个实例只能包含一种类型）。特例 []interface{} 可保存任意类型（类似 Java 中 List<Object>）。与 Java 不同，Go 的 List 接口只有一种实现方式，没有可替代的实现方式。与 Java 中一样，切片的搜索时间复杂度是 $O(N)$，访问是 $O(1)$。

使用 []type 语法格式声明切片，例如：

var x []int   // int 切片
var x []string   // string 切片
var x [][]int   // int 切片的切片
var x []int{1,2,3}   // 3 个 int 的切片，每个 int 设置为提供的值

注意切片的声明类似数组的声明，但缺少长度值 <length>。

多数情况，Go 中应使用切片，而不是数组。切片隐式包装了数组。

通常使用 make 函数显式创建空切片。例如：

var x = make([]int, 0, 10)   // 最多 10 个 int 的切片
var x = make([]string, 0, 10)   // 最多 10 个 string 的切片
var x = make([][]int, 0, 10)   // 创建 10 个嵌套切片的循环

每个示例切片的初始长度 0，容量 10。如果只有长度（第一个数字），容量即为该长度。注意切片全被分配为零值：

var x = make([]int, 10)   // 10 个 int 的切片，每个是 0

另外一种方式是使用 make，但很少采用。切片可采用下面方式创建：

var x = []int{} // 或 []int{1, 2, 3 } 以初始化

注意 make 和 new 是相互关联的。下面例子是相同的：

var x = make([]int, 5, 10)
var x = new([10]int)[0:5]

这表明切片是数组的包装器。

前面例子也给出使用索引来选择数组子项（此处是前 5 个）的方法。Java 不能这样做，

但多数集合类型有对应方法。Go 中的 slice 是内置类型，所以可以这样做。

深入看，就像用下列语句定义了一个切片（实际不是这样实现的）：

```
type Slice[T any] struct { // 切片的行为就像是泛型
  data *[cap]T  // 切片（数组）"持有"的数据
  len int       // 当前长度；始终 ≤ cap
  cap int       // 最大容量；可以增加直到超出
}
```

如果切片需要保存多于当前容量的元素，则需要使用 append(…) 内置函数扩大。Java 的 List 实现不需要显式扩大。例如：

```
x = append(x, 100)      // x 加 100，长度加 1
```

如果 x 的容量用光，则将以更大的容量重新创建。因此，将结果赋值给 x 是必要的。append 可能返回原切片，或如果切片的容量（不是长度）需扩展情况则返回新的切片。因此，切片既有长度（实际元素个数）也有容量（最大元素个数），所以不是每次添加项时都需扩展。这是一个优化。

上面的结构给出了不同切片实例如何访问（共享）相同的数据。data 指针仅指向一些共享数组。另外，每个切片可能指向共享数组中的不同索引。例如：

```
slice1 := make([]int, 5, 10) // len: 5, cap: 10
slice2 := slice1[2:5]        // len: 3 (5-2), cap: 8 (10-2)
```

这里，slice1 和 slice2 共享了相同数组的数据（长度 10），但 slice1 指向数组的第一个元素，slice2 指向第三个元素。每个切片有不同的长度和容量值。slice2 的长度和容量值必须在 slice1 的限定范围内。

切片是对数组或者其他切片（即切片的切片）的包装器。如前所述，切片是数组或者切片的某一子范围的视图。通过任何切片更改元素会影响到其他切片。扩展切片可能会替换支持该切片的数组。

Java 的对应方式是：

```
List<Integer> x = new ArrayList<>(10);
List<String> x = new ArrayList<>(10); // 需要一个循环来添加 10 个空
                                      字符串
List<List<Integer>> x = new ArrayList<>(10); // 需要一个循环来添加 10 个
                                             嵌套列表
List<Integer> x = new ArrayList<>(10); // 需要一个循环来添加值
```

在 Java 中，如果列表是不可变动的，则可通过一种更字面化（带有值）的形式来实现：

```
List<Integer> x = List.of(1,2,3);
```

切片元素通过零原点索引表达式访问，如下所示：

```
a := []int{1,2,3} // 一个切片字面量
a[0] = a[1]
```

这里，len（a）与 cap（a）都是 3。如同 Java 中一样，超出切片长度的索引访问会导

致 panic。

考虑如下定义：

var x = []int{1:1,5:5,6} // int 的切片

注意切片字面量可以有显式索引（**int** 类型的常量表达式）。所有或一些条目可以有索引。如果所有索引存在，则索引顺序可以是任意的。任何缺失的索引都是序列中的下一个值。任何提供的索引都必须是唯一的。因此，前面的例子相当于：

var x = []int{0,1,0,0,0,5,6}

当切片被稀疏填充时，索引形式的初始化可能很有用。**copy** 函数轻松地将一个切片的元素拷贝到另外一个切片。源切片和目标切片可能是相同的，允许元素在切片中移动。例如，从一个切片中删除第 N 个元素，可用下面方法：

```
slice1 := []int{1,2,3,4}          // 要从中删除的切片
copy(slice1[N:], slice1[N+1:])    // 下移（覆盖）元素
slice1 = slice1[: len(slice1) - 1] // 删除（现在是 dup）最后一个元素
```

在 Go 中，如同 Java 的数组一样，切片包含切片的方式实现了多维切片。这导致存储效率低。为了使切片既规则又尽可能稠密，可使用一维切片并使用代码将其划分成行。比如下面代码：

```go
type PackedIntSlice struct {
    width, height int
    data []int
}
func NewPackedIntSlice(width, height int) (pas *PackedIntSlice) {
    if width <= 0 || height <= 0 {
        panic(errors.New("size must be positive"))
    }
    pas = &PackedIntSlice{width, height, make([]int, width * height)}
    return
}
func(pas *PackedIntSlice) Get(x, y int) int {
    pas.check(x, y)
    return pas.data[x * pas.width + y]
}
func(pas *PackedIntSlice) Set(x, y int, v int) {
    pas.check(x, y)
    pas.data[x * pas.width + y] = v
}
func(pas *PackedIntSlice) check(x, y int) {
    if x < 0 || x >= pas.width || y < 0 || y >= pas.height {
        panic(ErrIndexOutOfRange)
    }
}
var ErrIndexOutOfRange = errors.New("index out of range")
```

为了实现密集的 100x200 的整型切片，可采用下面方法：

```
var packed = NewPackedIntSlice(100, 200)
topLeft, topRight, bottomLeft, bottomRight :=
        packed.Get(0, 0), packed.Get(0, 199),
        packed.Get(99, 0), packed.Get(99, 199)
```

正如数学家和科学家经常使用的那样，这个概念可以扩展到更高的维度。其他类型，如布尔、浮点、复数甚至字符串类型都可使用。几个 Go 库就是这样做的。

映射

如同 Java 一样，Go 支持类似 Hashtable 或 Hash 映射的关联数组。为此 Go 有一个内置（非库）映射类型。映射是泛型（因为它们可以有键与任意类型的值，但每种映射实例只有一种类型）。如同 Java 一样，映射的搜索时间复杂度是 $O(1)$。

使用 `map[keyType]valueType` 的语法格式声明映射。例如：

```
var x map[string]int          // 带字符串键的 int 映射
var x map[int]string          // 带 int 键的字符串映射
var x map[string]interface{}  // 带字符串键的任何类型
```

每个不同的键，映射仅有一个条目。与 Java 一样，键值必须是可哈希和可比较（因此通常是基本）的类型。不像 Java，Go 中没有替代的映射接口实现，只有一个实现可用。Go 映射的枚举顺序是未定义的，可能是随机的。这可以防止程序员依赖任何预先确定的顺序。在 Java 中，特定类型和键集的映射的顺序是固定的（有时是键插入顺序），这可能是故意的。

注意，Go 在 `sync.Map` 类型中有一个相似的 `map` 类型。该类型用于安全并发访问，但并不完全等同（替代）内置 `map` 类型。

通常使用 `make` 函数显式创建映射。例如：

```
var x = make(map[string]int, 10)          // 容易为 10 的空映射
```

映射的容量自动扩展。初始化值是一个最优值，通常被省略，但应该被设置成大于等于最大可能项目数。

Java 的对应项是：

```
Map<String,Integer> x = new HashMap<>(10);
```

与 Java 不同，Go 使用任意顺序的键 / 值对生成映射字面量，每对键 / 值由冒号（:）分割。这样的映射是可变的。例如：

```
var m = map[string]int{"key1":1, "key2":2, "key3":3}
```

或

```
var m = map[int]string{1:"key1", 2:"key2", 3:"key3"}
```

此类映射字面量中的所有值都必须有一个键。键和值是表达式。除非只是单个项，否则应该以括号括起来。如果是常量表达式，则键必须是唯一的：

```
var m = map[int]string{(1 + 5):"key6", 2:"key2", (3*6):("key3"+"key6")}
```

通过键值可访问映射元素，键必须支持 == 和 != 操作符，例如：

```
a := map[int]int{1:3,2:2,3:1} // 一个映射字面量
a[0] = a[1]
```

此时，len(a) 是 3（映射不支持 cap()）。与 Java 不同，未定义的键返回值类型的零（而不是 nil）值。为了确定映射中是否包含某个键，需使用修改过的 get 表达式：

```
valueAt99, ok := a[99]
```

此时，如果键未定义，ok 值是 false，否则为 true，并设置值变量。这像 Java Map.contains() 方法。比较下面 Java 的例子：

```
var a = new HashMap<Integer,Integer>();
  ⋮
if(a.contains(99)) {
  var valueAt99 = a.get(99);
    ⋮
}
```

与

```
var valueAt99 = a.get(99);
if(valueAt99 != null) {
  ⋮
}
```

在 Go 中，使用内置的 delete（<map>，<key>）函数，可删除映射键。

与 Java 不同，Go 不支持集类型。但 Go 可模拟出该类型，例如使用映射类型模拟一个整数集：

```
s := map[int]bool{1:true, 20:true, 50:true}
```

键可以是任何可比较类型，但值一直是（按照惯例便于测试）布尔类型。成员资格测试方法如下：

```
if s[5] { // 在集中为 5 }
```

虽然没有在 Go 中明确说明，但映射类型在概念上（非合法 Go）由以下类型描述：

```
type map[K builtin, V any] struct {  // 映射是泛型的
  data      *[hashLimit][]mapEntry[K builtin, V any]
  cap       int
  hashLimit int   // 通常是质数
}

func (m *map) hash(k *K) (h int) { ... } // 0 ≤ h < hashLimit

type mapEntry[K builtin, V any] struct {
  key    K
  value *T  (or just T for a primitive type (say int, string))
}
```

cap 字段表示 data 的第一维的大小。随着键的增多或者减少，data 数组＋切片可被替换（重计算）。data 数组由键值的 hash 索引。大小基于可能的哈希值数量。键类型仅限于 Go 编译器能理解（可哈希）的数据类型，并且是不可改变的（例如数字或者字符串）。MapEntry 切片保存键／值对，其中键哈希为相同的值。

当映射被复制时，复制的是内存地址而不是 data 内容。因此，映射很像指针类型。

函数

在 Java 中，函数（叫作方法）是一种仅限源代码时的构造。它们不是运行时值。Java 有 Lambda 概念，看起来像函数字面量，但它实际是语法糖，它是编译器编写的类的实例，具有符合 Lambda 签名的单个方法（由 @FunctionalInterface 注解定义）。在 Go 中，函数是一个值，就像整数或者字符串。

Go 函数可以有 0 个以上参数和 0 个以上返回值。无返回值的函数像 Java 中的 void 方法。函数使用下面格式定义：

```
func <name>({<arg>{,<arg>}...}) {(<return>{,<return>}...)} {
    ⋮
}
```

其中 <arg> 和 <return> 的格式为 <name>{,<name>}<type>。

如果只有一个未命名的返回值，可简写为：

```
func <name>({<arg>{,<arg>}...}) <type> {
    ⋮
}
```

如果没有返回值，可简写为：

```
func <name>({<arg>{,<arg>}...}) {
    ⋮
}
```

作者建议养成命名所有返回值的习惯。这创建了可以在函数内赋值的本地变量，并允许无值的返回。

例如：

```
func xxx(x, y, z int) (result int, err error) {
    ⋮
    if err != nil {
        return
    }
    ⋮
    result = x * y * z
    ⋮
    return
}
```

其中，出现在函数体任何地方的 return，都将返回变量的最后一次赋值。通常是创建返回变量时使用的零值。

一些 Gopher 不推荐该模式，尤其是函数较长时，显式地返回值能够提供较多的局部上下文。如果函数是简短的，这就不是什么问题。即使没有使用命名变量（例如：return 后有值），它们也会为代码创建更好的自文档。

前面例子相当于：

```go
func xxx(x, y, z int) (int, error) {
    ⋮
    err := ...
    if err != nil {
        return nil, err
    }
    ⋮
    var result = x * y * z
    ⋮
    return result, nil
}
```

函数最后（或仅有）的 `<arg>` 可如下所示：

```
name... type
```

这意味着参数可被重复零或者多次。这称作可变参数（或者 vararg）。Java 有类似功能，例如：

```java
void xxx(String... strings) { ... }
```

与 Java 一样，任何可变参数必须是最后一个参数。

在实现细节上稍微有些差别。

在 Java 中，所声明类型的空（如果没有提供参数）数组可用来传递可变参数。从方法的角度来看，这意味着下面形式实际是相同的：

```java
void xxx(String[] strings) { ... }
```

在 Go 中，可变参数可以作为所声明类型的非空切片传递，或者如果没提供参数则传递 nil 值。

有时，需要将切片内容作为单个值发送给可变参数。为此，可使用下面格式：

```go
aStringSlice := []string{"123", "456", "789"}
xxx(aStringSlice...)
```

函数（但不是方法）的另外一种声明格式是：

```
var <name> := func({<arg>{,<arg>}...}) {(<return>{,<return>}...)} {
    ⋮
}
```

这创建了一个函数字面量（通常也是闭包，后续将讲解闭包）。这里，函数没有名字，`<name>` 只是设置为函数实例的变量。使用这种方式，这些函数字面量（但不是声明 / 命名的函数）可在函数体使用的上下文中调用的所有局部变量上创建闭包。这常见于传递给

defer 或 go 语句的函数中。

在一个函数中声明有名字的函数是不允许的，但声明函数字面量是允许的，见下面的例子：

```
func xxx() {
    func yyy() {              // 非法
    }
    yyy := func() {           // 合法
    }
}
```

这种通过赋值定义函数的方法部分解释了[一]Go 相比 Java 的限制。Go 和 C 一样，不允许重载函数。重载函数是同一作用域内的一组不同函数中，一个函数与另一个有相同的名字，但参数不同。

对于 Java（或 C++）程序员，这是巨大的损失。如不用重载，则必须调整名字（经常通过后缀方式）来保证唯一性。例如，在 Java 中可能这样定义函数（无视 Java 的泛型方法）：

```
int max(int... values) { ... }
long max(long... values) { ... }
double max(double... values) { ... }
```

但 Go 中应该是：

```
func maxInt(values ...int32) int32 { ... }        // 或 maxInt32
func maxLong(values ...int64) int64 { ... }        // 或 maxInt64
func maxDouble(values ...float64) float64 { ... } // 或 maxFloat64
```

同 Java 中一样，Go 通过函数参数和返回值传递值，这意味着值被复制进或者被复制出函数。调用方并不知道函数内对这些参数副本所作的更改。

对于大型（例如数组）或者复杂（例如结构体）的数据类型，这种复制方式可能代价高昂。通常，采用传输这些类型的指针的方式。注意，当传递切片时，被复制的是切片自身（自身很小），而不是备份数据数组（与切片共享），所以当切片不是可选参数时，多数情况以值传递。映射类型类似，只是很少通过指针传递它们，除非它们是作为函数输出而创建的。

在 Java 中为了传递可变值，必须传递函数可修改的对象（例如数组、集合或者封装对象）。在 Go 中，除了传入指向可变对象的指针，其余类似。

注意，Go 的映射类型事实上始终这样传递，函数内的映射的任何变动均可被函数外调用方看到。

在特定上下文中，可以将命名变量设置为具有相同的签名的不同函数。这种变量常称为函数适配器。这在一些语言中很常见，例如 JavaScript。在 Java 中，最常见的情况是使用 @FunctionInterface 类型的变量并将 Lambda 分配给它们。

Go 中，通常将函数签名定义为启用此功能的类型。例如：

㊀ 另外，如果 Go 编译器无须处理重载函数，则可能更快。

```
type MultFunction func(x... int) int
```

并按如下方式使用：

```
func DoFunction(f MultFunction) int {
    return f(1)
}
```

这里函数（注意，不是指向函数的指针）作为参数传递。

最重要的是，Go 中的函数实例能被传入或被其余函数返回。这意味着函数是 Go 的一等公民（在 Java 中不是）。这为 Go 提供了一个类似 Java 中 Lambda 的功能。该功能使 Go 也能够编写功能丰富的函数式编程。

使用函数做参数或者返回函数的函数叫作"二级函数"，这也可以（很少）延伸到"三级函数"以及更多。没有函数参数或者返回函数的函数叫"一级函数"。

Go 函数可以通过以下几种方式退出：

1. 返回结果——当设计不可能出现失败时。

2. 返回成功或者失败值——特殊值表示失败。

3. 返回一个值和一个成功 / 失败布尔值——布尔值经常命名为 ok。

4. 返回一个值和一个可能的 nil 错误——通常是最好的错误报告机制；错误值常被命名为 err。

5. 抛出一个 panic——只在出现罕见问题或者编程错误（比如被零除）时抛出；panic 类似 Java 的 Error 异常，被视为异常退出。

注意，前面的结果本身可能是多个值。按照惯例，任何专门的布尔值或错误返回值（如果声明）都应该是最后一个。

4.1.5　方法作为函数

在 Go 中，与类型关联的函数是方法。方法的声明类似带有特殊额外参数的函数，格式如下：

```
func (<receiver>) <name>({<arg>{,<arg>}...}) {(<return>{,<return>}...)} {
    ⋮
}
```

其中 **<receiver>** 采用 **<name><type>** 的格式。只能有一个接收器。

注意与下面的定义是不同的：

```
func <name>(<receiver>, {<arg>{,<arg>}...}) {(<return>{,<return>}...)} {
    ⋮
}
```

这种定义形式虽然合法，但不被视为接收器类型的方法。这种形式更像 Java 的静态方法。

接收器类型是函数作为方法的关联类型。方法可看到所有字段，甚至私有字段（假设该类型是结构体类型）。注意，这些方法不是在包含类型中声明的，而是独立声明的（甚至可能在同一个包的不同源文件中，这与 Java 完全不同）。例如：

```
type SomeStruct struct {
    x,y,z int
}
func (ss *SomeStruct) X() int {
    return ss.x
}
func (ss *SomeStruct) SetX(v int) {
    ss.x = v
}
func (ss *SomeStruct) Z() int {
    return ss.z
}
func (ss *SomeStruct) SetZ(v int) {
    ss.z = v
}
```

可公共访问私有值，类似 Java 的访问方法。Go 很少使用访问方法；通常所有字段都是公共的。与 Java 不同，Go 针对这种访问方法没有统一的命名规则。Java 遵从（**isXxx|getXxx**）/ **setXxx** 命名方式。一些 Gopher 使用 **Xxx**/**SetXxx** 方式。

<receiver> 可能是直接的接收器命名类型或者接收器命名类型（前面使用过的）的指针。它不能直接是指针或者接口类型。如果接收器需要在方法中改变，必须传递指针，否则传递值。

如果类型有多个方法，则建议所有方法都采用接收器或者指向接收器的指针，而不是混合使用。作者建议一直传递结构类型指针。

注意，Go 中没有 Java 等效的指向接收器的 **this** 和 **super** 引用。没有显式地使用 **this**。必须始终使用显式名称（类似 Python）。在 Go 中，接收器名字可能任意。不局限于 Java 的 **this**。针对此目的，一些 Gopher 使用名称 **self** 或者 **me**（就像在 Python 中一样），但更常见的是使用接收器类型的缩写。

4.1.6 任何被声明的类型都可以有自定义函数

基于基本类型的类型也可以有方法。这是 Go 与 Java 的巨大差别，也是一个强大的功能。例如，众所周知的温度换算（可相互转换）：

```
type Celsius float64
func (c Celsius) ToFahrenheit() Fahrenheit {
    return Fahrenheit(c * RatioFahrenheitCelsius + 32)
}
func (c Celsius) String() string {
    return fmt.Sprintf("%GC", float64(c))
}
type Fahrenheit float64
func (f Fahrenheit) ToCelsius() Celsius {
    return Celsius((f - 32) / RatioFahrenheitCelsius )
}
```

```
func (f Fahrenheit) String() string {
    return fmt.Sprintf("%GF", float64(f))
}
```

通常借助新类型，提供一些常量，例如：

```
const (
    FreezingPointFahrenheit Fahrenheit = 32.0
    BoilingPointFahrenheit Fahrenheit = 212.0
    FreezingPointCelsius Celsius = 0.0
    BoilingPointCelsius Celsius = 100.0
    RatioFahrenheitCelsius = 9.0/5.0
)
```

在 `fmt` 包中，有一个名为 `Stringer` 的标准接口，其定义如下：

```
type Stringer interface {
    String() string
}
```

这个接口是 Go 对实现 `toString()` 方法的所有 Java Object 子类型的替代。在 Java 中，总是提供一个 `toString()` 方法（默认继承自 Object），在 Go 中并不这样。即使没有提供 `String()` 方法，`fmt` 包也提供了各种格式化程序（如 `Sprintf`）可以格式化大多数类型。"`%#v`" 格式化程序将显示带标签的结构体字段。

`Celsius` 与 `Fahrenheit` 类型隐式实现这接口，因此都是 `Stringer` 类型，并可用于任何允许 `Stringer` 的地方。一个常见例子是：

```
fmt.Printf("Celsius: %s\n", Celsius(100.1))
```

将输出：

```
Celsius: 100.1C
```

4.1.7 函数作为值

在 Go 中，函数是值，就像数字和字符串一样，因此可以以类似方式被赋值和使用。每个函数有调用该函数的内置操作。当函数后面跟一个调用操作符（小括号）时，意味着该函数被调用，例如：

```
var identity = func(x int) int {
    return x
}
⋮
var fx = identity
var result = fx(1)   // fx 后面跟调用操作符
```

这里，函数被间接调用，如同调用 `identity(1)`。

声明的函数类型可以有其他操作。例如：

```
type MyFunction func(int) int
func (f MyFunction) Twice(x int) int {
```

```
        return f(x) + f(x)
}
⋮
var xf = MyFunction(identity)
var aCharm = xf.Twice(1) + xf(1)
```

可以使用函数指针，但很少见，例如：

```
var fp *MyFunction
```

```
var result = (*fp)(1)
```

注意，用 **nil** 值调用函数变量会导致 panic。

与 Java 不同，Go 支持返回多个值的函数，例如：

```
type Returns3 func(int) (int, int, int)
type Takes3 func(x, y, z int) int
⋮
var f Takes3 = ...
var g Returns3 = ...
```

可以这样使用：

```
a, b, c := g(1)
result := f(a, b, c)
```

针对返回值和参数个数及类型相匹配的函数组合，Go 有一个便捷的快捷方式：

```
result := f(g(1))
```

Go 函数提供了一个不完全适用于 Java 的功能。Go 函数字面量可看作一个闭包（一个代码块，捕获外部定义的变量，并确保其在块活动期间一直有效）。在 Java 中，只能以此方式捕获只读变量，但 Go 中读写变量都可被捕获。

这是一个强大的功能，但它有一个问题，经常会让开发人员感到困惑。看一下下面例子：

```
for _, v := range []int{1,2, ..., N} {
    go func() {
            fmt.Printf("v=%v\n", v)
    }()
}
```

这里，**func()** 捕获了 **v** 变量。将输出哪些 N 值？很多人以为随机输出 1 到 N。虽然是可能的，但可能性不大。

Go 协程中的 **v** 变量与 **for** 循环中的 **v** 相同（在 Java 中，如果支持，则它将是外部 **v** 的副本），它被 Go 协程捕获并最终输出。

最可能的情况（取决于 Go 协程实例相比 **for** 循环的执行启动多快）是打印 N 次 N 值。这可能发生，是因为一些 Go 协程直到 **for** 循环结束才开始，这可能性很高。

针对该问题有两种常见的解决办法：

（1）将 **v** 值作为 Go 协程参数发送：

```
for v := range []int{1,2,..., N} {
    go func(v int) {
        fmt.Printf("v=%v\n", v)
    }(v)
}
```

这里，当 Go 协程被调用（而不是运行）时，v 值被复制到参数，这样它就是当前迭代值。注意，Go 协程参数名称可以不同（应该是为了清晰起见）。

（2）以不同变量发送 v 值：

```
for v := range []int{1,2,..., N} {
    vx := v
    go func() {
        fmt.Printf("v=%v\n", xv)
    }()
}
```

这里，在 Go 协程被调用之前 v 值被复制到 vx 本地变量。由于 xv 是在 for 循环每次迭代时创建的，因此它在每个 Go 协程实例的捕获中对应了不同内存位置。

注意，更巧妙的方式也有效：

```
for v := range []int{1,2,..., N} {
    v := v  // 仅更改原始循环
    go func() {
        fmt.Printf("v=%v\n", v)
    }()
}
```

这里，块中的新局部变量碰巧与块外部变量名一样。它隐藏 for 循环的值。这是 Go 的习惯用法。

函数声明可能忽略实体。这表明函数是由其他语言定义的外部函数（常见的是 C 语言）。例如，以 C 语言编写二分法搜索可以通过以下声明访问：

```
// 在 float64 切片值中搜索 float64 值 v。
// 必须对值排序。
// 如果没有发现，返回索引或 <0。
func BinarySearchDouble(values []float64, v float64) int
```

使用其他语言编写外部函数超出了本书范围。具体参见 Go 的在线文档中的 CGo facility。外部函数常用于访问一些用 C 语言编写的已有函数，例如数据库系统。CGo 函数必须被特殊编码，才能使用或返回 Go 数据类型，以及在 Go 运行时环境中运行。

注意，单行函数可以以更简洁的方式输入，例如：

```
func square(x float64) float64 { return x * x }
```

这通常不是推荐的格式，除了可能将匿名函数传给其他函数。例如：

```
type Floater func(x, y float64) float64
func DoFloater(f Floater, x, y float64) float64 {
```

```
        return f(x, y)
}
```

可用作：

```
var v = DoFloater(func(x, y float64) float64 { return x * y }, 2.5, 3)
```

这更像 Java 的实现方式：

```
@FunctionalInterface public interface Floater {
    double op(double x, double y);
}
public double doFloater(Floater f, double x, double y) {
    return f.op(x, y);
}
```

可用作：

```
var v = doFloater((x, y) -> x * y , 2.5, 3);
```

或者更详细，但等效的，与 Go 版本非常相似的完整表示：

```
var v = doFloater((double x, double y) -> { return x * y; }, 2.5, 3);
```

为了使用，Java 为编写 Lambda 调用提供了非常简洁的选项，包括方法引用。Go 通常不那么简洁。

结构体

Go 与 Java 支持多（各种各样的）类型的聚合。在 Java 中，这些聚合是类（较少的是枚举）。Go 中，这些聚合是结构体。类在概念上是对结构体的延伸，支持所有面向对象编程（OOP）的特性。Go 没有 OOP 类的概念。

与类一样，结构体由针对数据/状态的 0+ 个字段和针对行为的 0+ 个方法构成。结构体不支持继承，但结构体可包含其他结构体，所以支持直接（而不是 Java 支持的引用）组合。结构体字段可能是任何类型，包含其他结构体类型。

缺少 OOP 可能是 Go 与 Java 语言之间的最大区别。这对 Java 和 Go 程序的编码方式有着深远影响。Go 不是 OOP 语言，尽管很多行家声称它是。

这不是说 Go 不如 Java，它只是有别于 Java。基于的视角不同，Go 对 Java OOP 的替代方案或正面或负面。例如，Go 的接口概念差异（例如 Duck 类型）可能相比 Java 的接口提供了更多的灵活性。

Go 的特性允许程序员模拟许多 OOP 语言特性，但 OOP 并不是语言内置的。Go 设计者认为几个 OOP 特性太复杂（可能运行时低效）。因此故意未包含。

结构体定义的例子（定义为类型，这是典型的——在允许自定义类型名的地方，也允许使用字面结构体）：

```
type Person struct {
        Name string
        Address string
        Age float32
```

```
        Sex int
}
const(
        UndeclaredSex int = iota
        MaleSex
        FemaleSex
        TransgenderSex
)
```

前面定义的常量为 Sex 字段提供了特定的值。这样使用常量很常见。前面的枚举（也称 iota 常量）集不是特定于类型的。可以创建特定于类型的枚举，如清单 4-1 所示。

清单 4-1　设置枚举值格式

```
package main

import "fmt"

type FileSize uint64
const (
        B FileSize = 1 << (10 * iota)
        KiB
        MiB
        GiB
        TiB
        PiB
        EiB
)
var fsNames = [...]string{"EiB","PiB","TiB","GiB","MiB","KiB",""}
func (fs FileSize) scaleFs(scale FileSize, index int) string {
        return fmt.Sprintf("%d%v", FileSize(fs + scale / 2) / scale,
fsNames[index])
}
func (fs FileSize) String() (r string) {
        switch {
        case fs >= EiB:
                r = fs.scaleFs(EiB, 0)
        case fs >= PiB:
                r = fs.scaleFs(PiB, 1)
        case fs >= TiB:
                r = fs.scaleFs(TiB, 2)
        case fs >= GiB:
                r = fs.scaleFs(GiB, 3)
        case fs >= MiB:
                r = fs.scaleFs(MiB, 4)
        case fs >= KiB:
                r = fs.scaleFs(KiB, 5)
        default:
                r = fs.scaleFs(1, 6)
        }
```

```
        return
    }
func main() {
        var v1, v2 FileSize = 1_000_000, 2 * 1e9
        fmt.Printf("FS1: %v; FS2: %v\n", v1, v2)
    }
```

注意，Go 社区有将该种枚举转换为字符串函数的库。这相当方便。

在执行时，它报告（四舍五入为整数）：FS1：977KiB；FS2：2GiB

4.1.8 结构字段

在 Java 中，常见的是将类字段设为 **private**，并提供访问方法来访问字段值。例如：

```
public class Data {
  private int value1, value2;
  public int getValue1() { return value1; }
  public void setValue1(int value1) { this.value1 = value1; }
  public int getValue2() { return value2; }
  public void setValue2(int value2) { this.value2 = value2; }
}
```

Go 没有这样强的命名约定，但通常使用这种方式（读取忽略 get，写入带有前缀 set）：

```
type Data struct {
        value1, value2 int
}
func (d *Data) Value1() int {
        return d.value1;
}
func (d *Data) SetValue1(value1 int) {
        d.value1 = value1
}
func (d *Data) Value2() int {
        return d.value2;
}
func (d *Data) SetValue2(value2 int) {
        d.value2 = value2
}
```

在 Go 中，将结构字段设置为公有字段比将其设置为私有字段并提供 Java 中典型的访问方法更常见。只有需要附加行为（比如判断 setter 中的值的有效性）时，才使用通常使用的方法。一些 Gopher 认为应该始终将字段设为私有并使用方法访问它们，如同 Java 的做法一样。

有时，甚至包含这些字段的类型也是私有的。参见该文档用例（一个返回匿名类型）[⊖]，

⊖ https://stackoverflow.com/a/37952786/13103095。

了解具有公有方法的私有结构体示例。当然，在接口类型中，访问函数是必需的，因为它们不能有数据字段。

这反映了 C 语言（其中结构体字段总是是公有的）对 Go 的强大影响。结构体不是 Java 意义上的类。因此，它们不提供类通常所提供的封装（或数据隐藏）。

假设下面定义：

```
type X struct {
    ⋮ 一些字段
}
func (x X) value(arg int) int {
    return arg
}
func (px *X) pointer(arg int) int {
    return arg
}
⋮
var x  X
var p *X
```

函数表达式 X.value 生成类型 func（x X，arg int）int 的结果。

该函数可以通过下面几种方式调用：

❏ x.value(1)   // 类似于 Java 实例方法
❏ X.value(x, 1)   // 类似于 Java 静态方法
❏ var f = X.value; f(x, 1)   // 作为函数值
❏ var f = x.value; f(1)   // 与上例类似

在最后一种情况中，f 变量是绑定到实例的函数。这称为方法（method value）值。该值是一等公民。这有点像柯里化（curried）函数。

类似地，函数表达式（*X）.pointer 生成类型为 func（px *X，arg int）int 的函数。

该函数通过以下面几种方式调用：

❏ (*p).pointer(1) // 类似于 Java 实例方法
❏ X.pointer(p, 1) // 类似于 Java 静态方法

任何结构体字段都可以有标签。标签是附着在字段上的字符串，经常（但不是必需的）表示一组键和字符串值。这种格式化的标签是代码的元数据，反射地查看结构体（在运行时）。标签是 Java 提供的注解的一种简单形式。标签的含义完全取决于执行字段自省的代码。标签的一般形式为：

<name>:"<CSL>"...

或

<name>:"<string>",...

更完整例子为：

```
StructField string `json:"aField" gorm:"varchar,maxLength:100"`
```

或

```
StructField string `json:"aField" gorm:"varchar","maxLength:100"`
```

注意 Go 反射库有 helper 函数来访问和解析标签。有两个标签集，一个用于 JSON 处理器，一个用于 GORM 处理器。处理器有唯一密钥（不幸的是，冲突是可能的，尤其使用短密钥时）。注意，使用原始字符串较易生成标签条目，带有嵌套引用的文本。

如果按位置划分的元素具有可比性，则可以比较相同结构的结构体（==、!=、>、>=、<、<=）。如果你这样做，则字段的顺序将变得重要。

4.1.9　结构体字面量

结构体字面量是可能的。考虑下面例子：

```
p := Person{Name:"Barry", Address: "123 Fourth St.", Sex: MaleSex,
Age:25.5}
```

或

```
p := Person{"Barry", "123 Fourth St.", 20.5, MaleSex}
```

注意，虽然命名值可以提供给结构体字面量元素，但函数参数不能这样。

当有一个字段名，所有的字段都需要名称，但顺序可以是任意的。但如果无字段名，值必须按照结构体定义时的顺序分配。任何忽略的字段都初始化为自己的零值。注意：添加、删除或者重排结构体中的字段可破坏此类位置结构体字面量，添加或删除字段会破坏命名的结构体字面量。

如果 Person 类有合适的构造函数，那么可以在 Java 中做类似的事情。没有字段名驱动的初始化的等效方式：

```
var p = new Person("Barry", "123 Fourth St.", 25.5, MaleSex);
```

前例的 Go 等效例子是：

```
p := &Person{"Barry", "123 Fourth St.", 25.5, MaleSex}
```

4.1.10　嵌套结构

Java 允许在一个类型的定义中定义另一个类型，例如在一个类的定义中定义另一个类。Go 不支持。Java 支持类字段引用类，包括类本身。Go 允许使用指向结构体类型的指针。例如：

```
type Node struct {
    Value interface{}
    Next, Previous *Node
    Parent *Node
    Children []*Node  //可能 *[]*Node 使 children 可选
}
var head *Node
```

结构体可能嵌入另一个结构体（作为定义的类型或者结构体字面量）中。这可能有字段名或者没有字段名。这像任何其他标量类型一样；结构体的字段被嵌入（可能是递归地）嵌套结构体中。结构体不能直接或间接地嵌套自身。

如果未提供字段名，则被嵌入结构体字段好像被复制到嵌入结构体中一样。如果多个被嵌入的结构体包含同名字段，则可能导致问题。这可以通过使用嵌入的类型名作为限定符来解决。因此，如果无标签，则同类型不能多次嵌入。

在Java中，标准对象方法由运行时实现。Go没有这种自动实现，但根据字段类型，==（与!=）操作符可能是允许的。

Java 16 最近引入了类似 Go 结构的记录类型，但实例是可不变的。记录的行为类似经典的 tuple 类型（一个通常不可变的异构的固定大小的值集合）。例如：

```java
public record Point(int x, int y) { }
⋮
var r = new Point(0, 0);
int x = r.x(), y = r.y();
System.out.printf("Point r: " + r + " " + x + " " + y);
```

输出：

```
Point r: Point[x=0, y=0] 0 0
```

考虑 Go 中的对应项：

```go
type Point struct {
    X, Y int
}

func (p *Point) String() string {
    return fmt.Sprintf("Point(%d  %d)", p.X, p.Y)
}
```

将以下面方式使用：

```go
var r = Point{0, 0}  // 或 &Point{0, 0}
x, y := r.X, r.Y
fmt.Println("Point r:", r, x, y)
```

输出：

```
Point r: {0 0} 0 0
```

注意，Java 中相应的 **toString** 方法是由编译器创建的。在 Go 中，必须显式创建。另外注意，字段是公共的，因此无须访问方法。

4.1.11　结构体字段对齐

在 Java 中，你无法知道有序类字段在内存中的布局（JIT 可能选择任意顺序）。Go 的结构体通常按照字段声明顺序在内存中布局。每个类型有自己的对齐需求，通常基于字节数，类型占据 16 字节边界。因此，最好首先摆放较大的字段，否则在结构中可能有内部间隙，需要重建对齐。可以使用特定大小的空字段（命名为"_"）强制对齐。例如：

```
type Xxx struct {
    i1 int64
    b  int8
    _  [3]byte  // 增加 3 字节
    i2 int16
    _  [2]byte  // 增加 2 字节
    i3 int32
}
```

对齐规则如表 4-4 所示。

表 4-4　结构体字段对齐

类型	大小（字节）
byte, uint8, int8, bool	1
uint16, int16	2
uint32, int32, float32, rune	4
uint64, int64, float64, complex64	8
complex128	16
int, uint	4 或 8，基于机器架构
*<any type>	4 或 8，基于机器架构

注意，多数现代计算机的字长是 64 位（8 字节），所以 **int**、**uint** 与指针的长度是 8 字节。

也可对字段排序，先排较大的（以所需字节数）。

接口

Go 与 Java 都支持接口，但实现方式不同。这是 Go 与 Java 之间的关键区别。

在 Java 中，接口（忽略 Java 8+ 扩展）是抽象方法签名的集合，如果实体类实现（符合）接口，则任何接口类都必须实现。在 Go 中也是如此，但 Go 中任何类型（不仅仅是结构体）都可实现（符合）接口方法。

最大区别是，在 Go 中无须正式声明类型实现了接口，任何具有接口所有方法（通过签名）的类型都隐式实现（或通常被 Gopher 称为"满足"，本文将使用"实现"，因为这是 Java 术语）接口。事实上，接口可能（且通常是）在类型创建之后创建，并且类型仍然可以符合接口。这经常被称为"鸭子"类型（如果它像鸭子一样走路，像鸭子一样呱呱叫，那它就是鸭子）。换句话说，是对象的行为而不是状态决定对象的类型。如果一个对象实现了某种类型的行为，即可看作该类型的实例。通常，Go 的接口方式相比 Java 方式更灵活。

在 Java 中，可声明任何类类型来实现任意数量的接口。如果 Java 类没有实现声明的接口类型方法，则必须使用 **abstract** 声明为抽象类。任何接口都可以被其他接口扩展，添加到扩展接口的方法中。

在 Java 中，所有接口都是抽象的。Go 中也是如此。Go 的规则是不同的。在 Go 中，如果某个类型没有实现某个接口的所有方法，那么该类型就不会实现该接口。反之亦然，如果一个类型实现了一个接口的所有方法，则该类型实现了该接口。

Java 通过 InvokeInterface[⊖]JVM 指令实现接口调用。该指令确定在实际接收方对象上实现接口签名并调用它的具体方法。Go 使用了类似处理。运行时，接口类型的任何变量概念上（非实际，非合法 Go）可表示为如下所示的结构体：

```
type InterfaceValue struct {
    Type  *type   // nil 或当前运行时具体类型
    Value *value  // nil 或当前运行时 ( 类型 *type 的 ) 值
}
```

所以，实际上所有接口类型都是指针类型（可被设置为指针值或者编译器自动取址的非指针值的形式）。任何引用都是通过 `Value` 指针的间接引用。任何类型断言都会测试 `Type` 值。字段在接口变量赋值时被设置。只有符合接口类型的类型才能被赋值给变量。

因为前面的设计，应该很少（如果有的话）声明变量或者类型作为指向接口的指针。接口类型更像隐式指针。

实际原理是：当每次对接口类型的变量赋值时，都会创建一个调度表，供接口类型的方法索引。指向赋值类型中匹配函数的指针被设置到调度表中，所以它们可以通过索引而不是名称调用（这更快些）。

注意，除了赋值给接口的功能外，赋值的类型还可以有其他功能。

通常，调度表惰性创建，因此，如果从未对该值调用接口方法，则不会生成调度表。也可能为了更好的性能被缓存。该过程会导致任何初始方法启动都稍微慢一些。

前面结构允许接口值有两种形式的 `nil` 值，每种形式的行为有轻微差异：

1. 类型和值字段是 `nil`（或未设置）——典型情况。

2. 如果类型是某种指针类型，只有值字段是 `nil`。

如果声明如下：

```
var xxx interface{}  // 零值是 nil
```

你得到了第一种情况。但如果你赋值如下：

```
var data *int  // 零值是 nil
xxx = data     // 动态类型现在是 *nil; 动态值是 nil
```

那么你得到了第二种情况，考虑下面定义：

```
type Xxx interface {
    DoIt()
}
```

```
type XxxImpl struct {
```

⊖ https://docs.oracle.com/javase/specs/jvms/se15/html/jvms-6.html#jvms-6.5.invokeinterface。

```
}
func (xi *XxxImpl) DoIt() {
    ⋮
}
⋮
func DoXxx(xxx Xxx) {
    if xxx != nil {
        xxx.DoIt()
    }
}
```

在前面的例子中，DoXxx 函数可接收 nil 的 Xxx 实例或者有类型但值为 nil 的实例。if 语句将仅检测第一种情况，但在第二种情况下，使用该值调用接口方法可能导致运行时 panic。

4.1.12 接口

在 Go 中，接口的方法通常很少（经常只有一个）。这类似 Java 中的 @FunctionalInterface 注解。当只有一个方法并且名字叫作 Xxx 时，接口习惯性命名为 Xxxer。例如：

```
type Stringer interface {
    String() string
}
```

与

```
type Reader interface {
    Read(n int) []byte
}
```

可能有多个接口具有相同的函数签名。例如：

```
type ToString interface {
    String() string
}
```

提供了 String() 方法的任何类型都实现了此类接口。

Go 运行时库广泛地定义和使用这种接口。很多 Go 类型实现了多个这种接口。这些类型的实例可以发送给任何接受此类接口作为参数或返回接口的函数。

例如，Go File 类型实现了 Reader 和 Writer 接口（除其他的外），因此文件实例本身可直接用来访问文件内容。在 Java 中，必须在文件实例上使用单独的访问类（实现 Java Reader 或 Writer 接口）。

接口例子（定义为类型，这是典型的，也允许使用字面量接口）：

```
type Worker interface {
    RecordHoursWorked(hours float32) (err error)
    GetPay() (pay Payment, err error)
}

type Payment float32
```

注意，在 Go 中，接口可能仅仅包含方法原型（抽象方法的签名）。不能有字段、方法实体或者嵌入类型。这是原型没有"func"前缀的原因。

另外注意，参数和返回值是可选的，如下面例子所示。定义的含义与上例相同，但难以理解，不推荐该定义形式。

```
type Worker interface {
    RecordHoursWorked(float32) error
    GetPay() (Payment, error)
}
```

在 Go 中，任意类型只要包含接口中定义的所有方法就能隐式实现该接口。与 Java 中不同，不需要 implements 子句。例如：

```
type HourlyWorker struct {
    HoursWorked    float32
    Overtime       float32
    Rate           float32
}
func (hw * HourlyWorker) RecordHoursWorked(worked float32) (err error) {
    hw.HoursWorked += worked
    return
}
func (hw * HourlyWorker) GetPay() (pay Payment, err error) {
    reg := hw.HoursWorked * hw.Rate
    ot := hw.Overtime * 1.5 * hw.Rate
    if hw.Overtime > 20 {
            ot = 20 * 1.5 * hw.Rate + (hw.Overtime - 20) * 2 * hw.Rate
    }
    pay = Payment(reg + ot)
    return
}
⋮
var worker Worker = &HourlyWorker{40.0, 10.5, 15.50}
var pay, err := worker.GetPay()
⋮
```

接口类型的特殊例子是空接口（即，它无方法）。看起来像：

```
interface{}
```

这意味着为了符合该接口，根本不需要实现任何方法。这是所有类型都可以做到的事情。因此，空接口类似全局类型（非常像 Java 中的 Object 作为全局引用类型）。任何类型，包括基本类型，都可分配给空接口。

例如：

```
var x interface{}
x = 10                      // 值 10（不需要像 Java 那样装箱）
x = "hello"                 // 值 "hello"
x = make([]string, 0, 10)   // 一个空切片
```

通常，空接口类型用作可变参数，其可以为每个参数传递不同的类型，如以下签名所示：

```
func Printf(format string, args... interface{})
```

注意，空类型可能是不同类型。如下例中的类型 any 与 all 是不同类型：

```
type any interface{}
type all interface{}
```

4.1.13　复合接口

同 Java 一样，Go 可从其他接口创建接口。在 Java 中，通过扩展（extend）实现。在 Go 中，通过嵌入其他接口来实现。例如在 Java 中：

```java
public interface A {
  void a();
}
public interface B {
  void b();
}
public interface C {
  void c();
}
public interface All extends A, B, C {
  void all();
}
```

在 Go 中则是：

```go
type A interface {
    A()
}
type B interface {
    B()
}
type C interface {
    C()
}
type All interface {
    A
    B
    C
    All()
}
```

All 接口拥有 A()、B()、C()、All() 方法。一个接口可能不直接或间接嵌入自己。与 Java 一样，如果在 Go 中多个嵌入的接口有相同方法（通过名称、参数、返回值），则嵌入接口只有一个方法。如果嵌入接口有相同的名称但不同的签名，则将出现编译错误。

如果动态类型是可比较的，则可以比较（==、!=、>、>=、<、<=）相同动态类型接口的实例。

Go 的鸭子类型的一个强大特征如下例所示，假设：

```
type XBytes []byte

func (x *XBytes) Write(bs []byte) (n int, err error) {
      n = len(bs)
      *x = XBytes(append([]byte(*x), bs...))
      return
}
```

执行

```
var b = make(XBytes, 0, 100)
xb := &b
xb.Write([]byte("hello - "))
fmt.Fprintf(xb, "this is a %s", "test")
fmt.Printf("%q\n", *xb)
```

自定义的 **XBytes** 类型实现了 **io.Writer** 接口。运行后输出 "hello - this is a test".

通道

Go 有通道类型，Java 无标准的对应项。通道结合 Go 协程，是 Go 最显著的、最强大的特性之一。

通道基本上是一个有序管道或先进先出（FIFO）队列，通过它可以发送或接收值。发送方和接收方通常在不同的 Go 协程中运行，因此彼此是异步的。一个通道只能保存一种类型的数据（但由于它可以是一个结构，所以数据可能很复杂，或者由于它可以是一个接口，所以数据可能是多态的）。通道可以用作单向或双向。通道声明如下：

```
chan <type>       // 双向（接收和发送）
chan <type> <-  // 只接收
chan <- <type>   // 只发送
```

其中 **<type>** 可以是任何 Go 类型（但通道的通道很少见）。

通道使用 **make** 方式构建，如下所示：

```
<chanVar> = make(<chan declaration>{, <cap>})
```

其中 **<cap>** 是通道的容量。默认是 0。容量决定了可以缓冲多少发送的项等待接收。容量为 0 意味着没有缓冲，发送方和接收方在锁定步骤中操作。对于通道，**cap()** 函数返回其容量，**len()** 函数返回当前缓冲的计数。

一些通道定义的例子：

```
var ichan = make(chan int)
var schan = make(chan string)
var roichan = make(chan <- int)
var woichan = make(<- chan int)
type Celsius float64
var cchan = make(chan Celsius)
```

通道可被打开或者关闭。当打开时，可以向通道发送更多值。关闭时，不能发送。接收操作符（<-）可测试通道关闭与否。close()函数用来关闭通道。

通常在关闭通道前，读取通道。最简单实现方式如下：

```
for <value> := range <channel> {
    ⋮ 从通道处理下一个值
}
```

前述逻辑通常放在 Go 协程中。如果通道当前为空，则循环被阻塞。在某个发送方关闭通道前，循环持续运行。

通道可用于帮助支持通用请求处理器。例如，清单 4-2 所列代码：

清单 4-2　请求处理和求和操作

```go
package main

import (
    "fmt"
    "time"
)

type RequestFunc func(arg interface{}) interface{}

type GenericRequest struct {
    Handler     RequestFunc
    Args        interface{}
    Result      chan interface{}
}

func NewGenericRequest(h RequestFunc, a interface{},
    r chan interface{}) (gr * GenericRequest) {
    gr = &GenericRequest{h, a, r}
    if gr.Result == nil {
        gr.Result = make(chan interface{})
    }
    return
}

func HandleGenericRequests(requests chan *GenericRequest) {
    for req := range requests {
        req := req
        go func() {
            req.Result <- req.Handler(req.Args)
        }()
    }
}

var Requests = make(chan *GenericRequest, 100)

func sumFloat(arg interface{}) interface{} {
    var res float64
    values, ok := arg.([]float64)
    if ok {
        for _, v := range values {
```

```
                res += v
            }
        }
        return res
}

func main() {
        reqs := make([]*GenericRequest, 0, 10)
        reqs = append(reqs, NewGenericRequest(sumFloat, []float64{1, 2, 3}, nil))
        reqs = append(reqs, NewGenericRequest(sumFloat, []float64{5, 6, 7}, nil))
        reqs = append(reqs, NewGenericRequest(sumFloat, []float64{7, 8, 9}, nil))
        for _, r := range reqs {
                // 接受 <100 个请求而不阻塞
                Requests <- r
        }
        go HandleGenericRequests(Requests)

        time.Sleep(5 * time.Second)  // 模拟做其他工作

        for i, r := range reqs {
                fmt.Printf("sum %d: %v\n", i+1, <-r.Result) // 等待每个完成

        }
        close(Requests)
}
```

执行结果：

```
sum 1: 6
sum 2: 18
sum 3: 24
```

通过改变输入值和匹配函数，可同时进行任何计算。

4.2　变量声明

　　类似Java，Go允许程序员定义不同类型的变量。Java将变量类型（**int**、**String**、**List**等）放在前面作为语句的导入符。Go有专门的声明语句。在Go中，变量声明使用**var**语句，非常类似最新的Java 10+版本可用于局部变量。在Go中，类型跟在变量名后面。下面是一些例子：

```
var x int              // x 是 int, 值为 0
var x, y, z int        // x, y, z 是 int, 值全为 0
var x, y, z int = 1, 2, 3   // x, y, z 是 int, 对应值 1, 2, 3
var x, y, z = 1, 2, 3   // x, y, z 是 int（由值导致），
                              //    对应值 1, 2, 3
var z *int = &x        // z 是 x（或 var x=&x）的地址
```

　　"var"可被提出。例如：

```
var (
    x int                    // x 是 int, 值为 0
    z *int = &x              // z 是 x 的地址
)
```

在 Go 中，如果类型可由所赋的值推导出，则类型可省。在 Go 中，如果省略赋值，则变量为"零"值。布尔值的零值为 `false`，数值为 0，字符串为空字符串，指针为 `nil` 指针。对于切片、映射、通道，零值类似 `nil`。但行为不像 `nil`。尽管它们有零值，作者建议不要依赖切片、映射、通道的零值；相反，一定要显式地 `make` 它们。

Java 对方法或者块局部变量有类似的形式，例如：

```
var x = 10;
var s = "string";
for (var i = 0; i < 10; i++)  {...}
```

与 Java 一样，Go 有大小写敏感的变量名（即标识符），并且通常（但不是要求）使用驼峰大小写（每个单词都有一个首字母大写）。Go 不鼓励名字中使用下划线。另外，不鼓励全部大写（如 **XXX_YYY**）。下划线本身用于命名可以忽略的特殊空白变量。

在 Go 中，声明没有可见性的修饰符。标识符的大小写决定了其可见性。如果标识符以大写开头，则它是公有的（在任何包中可见）；否则标识符是包私有的（仅对同包中的代码可见）。这种区别对于块本地声明并不重要；私有风格的命名是首选。

例如：

❏ `T - public`

❏ `t - private`

❏ `Bird - public`

❏ `aFriendOfAFriend - private`

与 Java 不同，嵌入式首字母缩略词通常都是大写（而不是大小写混合）。例如：

`MyURLPath (vs. MyUrlPath)`

表 4-5 给出了命名规则。

表 4-5　情景命名示例

角色	规则	例子
私有类型命名	camelCase	`myType`
公有类型命名	CamelCase	`MyType`
私有字段命名	camelCase	`myField`
公有字段命名	CamelCase	`MyField`
私有顶级命名（var, const, func）	camelCase	`packagePrivateValue`
公有顶级命名（var, const, func）	CamelCase	`PackagePublicValue`
任何角色的函数块/块/参数/返回值	camelCase	`ALocalValue`
包名	一个短语（或"/"分割词语）	`fmt` `net/http`

尽管不是语言标准，但我们推荐一些创建命名的软规则。名称应该是信息型的、一目

了然，尤其对类型、字段和函数命名时。它们是代码描述的基本形式，因此人们应该将精力集中到明确的、通常多词的命名，而不是使用等效的注释。

全局名称需要比局部名称更严格（因此长度更长）。避免使用缩写语（例如 length 的 len），但众所周知的缩写例外。局部名称（长的局部名称会导致代码阅读困难）可以更简洁，因此缩写更合适，例如名为 len、fmt、ctx 或者 err 的局部变量。

有限的上下文命令，例如循环索引，通常可以很短，例如一个字符或者（全部小写）缩写。出于历史原因⊖，循环索引通常使用"i"开头的单字母，嵌套循环使用下一个字母，比如"j"。

4.3 常量声明

与 Java 一样，Go 允许程序声明不同类型的常量。在 Go 中，常量是编译时的构造（类似 Java 的字面量），在 Java 中它最接近运行时中（在某些类中）存在的 **static final** 值。常量声明类似变量声明，除了使用了 **const** 关键字以及需要给定常量值。例如：

```
const x, y, z int = 1, 2, 3    // x, y, z 是 int, 对应值
                                  1, 2, 3
const x, y, z = 1, 2, 3        // x, y, z 是 int( 由值导致 ),
                                  对应值 1, 2, 3
```

"const"可被提出，例如：

```
const (
    x, y, z = 1, 2, 3          // x, y, z 是 int( 由值导致 ),
                                  对应值 1, 2, 3
)
```

值表达式必须是一个常量表达式（即编译器可对其求值）。每个值可以是不同类型的。

特例是为枚举集合定义标识符。与 Java 不同，Go 的枚举类型不是专门类型，应该是整型。使用"itoa"值，其值从 0 开始，赋值时依次递增。

```
const (
    v1 = iota    // 0
    v2 = iota    // 1
    v3 = iota    // 2
)
```

或更简形式：

```
const (
    v1 = iota    // 0
    v2           // 1
    v3           // 2
)
```

⊖ 早期的 FORTRAN 编译器将 I, J, …, N 开头的名称视为整数，其余名称视为浮点类型。

这里，所赋值隐含为前值的重复。值可以是表达式，例如生成 bit mask：

```
const (
    bit0mask = 1 << iota        // 1
    bit1mask                    // 2
    bit2mask                    // 4
)
```

前面的形式（带有隐值）是更简洁、更地道的形式。

```
const (
    bit0mask = 1 << iota        // 1
    bit1mask = 1 << iota        // 2
    bit2mask = 1 << iota        // 4
)
```

每个 `const` 组，`iota` 值都被重置。

另外一个例子：

```
const (
    Sunday = iota
    Monday
    Tuesday
    Wednesday
    Thursday
    Friday
    Saturday
)
const (
    FirstDay  = Sunday
    HumpDay   = Wednesday
    FunDay    = Saturday
    LastDay   = Saturday
)
```

用下列语句显示这些值：

```
fmt.Fprintf(os.Stdout, "%v %v %v %v %v %v %v %v %v\n",
Sunday, FirstDay, Monday, Wednesday, HumpDay, Friday, Saturday, FunDay, LastDay)
```

输出：

```
0 0 1 3 3 5 6 6 6
```

4.4　类型转换

在 Java 中，很多操作（例如赋值和比较）不能跨越类型。只允许兼容类型。Java 允许选定类型自动升级，以便与算术、比较和赋值兼容，如下所示：

❑ byte -> short -> int -> long

❏ byte -> char -> int -> long

❏ float-> double

❏ long -> double

❏ int -> double

❏ subclass -> superclass

❏ sub interface -> super interface

❏ class -> implemented interface

其他转换需显式转换。除了数值类型转换外，转换不改变值的实际类型，只是改变其外观。数值强制转换可能改变数据表示形式，如下：

double d = (**double**)anInt;

但下面转换未改变数据：

Object o = (Object)aString;

实际上，这些转换（称为向上转换）永不需显式编码，因为 Java 编译器可隐式实现。但反向（称为向下转换）必须显式执行，因为编译器认为其不安全，所以不会自动执行：

String s = (String)anObject;

这就像从 double 反向转换为 int，可能会导致数据（例如小数部分）丢失：

int i = (**int**)aDouble;

Go 有一个类似的强制转换（称为转换）策略，但所有不同的类型都必须显式强制转换；几乎没有自动转换。所以，对于数值，可用如下方式：

```
i := int64(aDouble)
d := float64(anInt)  // 这在 Java 中是自动的
```

注：转换常数会给它一个类型。例如：

var i = int32(1) // i 是 int32 类型，而 1 没有类型

一些有趣的特殊例子如下：

```
var s1 = string(123)                // s 是字符串 "123"
var s2 = string([]byte{48, 49, 50}) // s 是字符串 "123"
var s3 = []byte("123")              // s 是 []byte{48, 49, 50}
```

4.5　类型测试

与 Java 一样，对于任何非接口的强制类型转换，Go 在编译时可确定强制转换是否合法。为了将接口（抽象）类型转换为非接口（具体）类型，需转换表达式。在 Java 中，采用如下形式：

var x = (<concreteType>)<value>;

在 Go 中，采用如下的类型断言形式：

```
x := <value>.(<concreteType>)
```

其中 **<value>** 是接口类型表达式，**<concreteType>** 是预期类型。例如：

```
aString := couldBeAString.(string)
```

运行结果：**aString** 是 **string** 类型的值。但如果 **couldBeAString** 不是 **string** 值，则抛出 panic（类似 Java 的 ClassCastException）。为了避免该问题，Java 中采用如下方式：

```
if(couldBeAString instanceof String) {
    var aString = (String)couldBeAString;
    // 使用 aString
}
```

而在 Go 中，采用下面方式：

```
aString, ok := couldBeAString.(string)
if ok {
    // 使用 aString
}
```

或更简洁、更地道的做法：

```
if aString, ok := couldBeAString.(string); ok {
    // 使用 aString
}
```

类似 Java 中的 **instanceof** 测试，**nil** 值的类型断言总是 **false**。

Go 的 **switch** 语句也可实现该逻辑。对多类型测试，**switch** 比 **if** 语句更简洁：

```
switch <expr>.(type) {  // 这里 type 是关键字，而不是变量
  case <type> {, <type>}...:
    <statements>
  default:
    <statements>
}
```

其中 **<type>** 是目标类型，也可是 **nil** 值。

有用的扩展如下：

```
switch <v> := <expr>.(type) {
  case <type> {, <type>}...:
    <statements>
  default:
    <statements>
}
```

其中 **<v>** 是转换值，在每个 **case**，它将是匹配 **case** 类型的值。如果每个 **case** 都列出了多个类型，则转换类型是 **interface{}**；否则，它是 **case** 类型。例如：

```
func DoSomething(v interface{}) (err error) {
    switch xv := v.(type) {
```

```
        case string:
                ⋮    处理 string 值 xv
                return
        case int:
                ⋮    处理 int 值 xv
                return
                ⋮
        case nil:
                return errors.New("nil not supported")
        default:
                return errors.New(fmt.Sprintf("type %T not supported", v))
        }
}
```

注意，Java 的新 switch 表达式提供类似转换，无须使用前面提及的 instanceof。

在测试类型时，要特别注意，指针类型（*T）和非指针类型（T）被看作不同类型，必须要有自己的 case 测试。

4.6 派生类型声明

这是 Go 支持但 Java 不支持的特性。最接近的 Java 特性是使用继承以便声明子类型。在 Go 中，可从其他（称为基）类型派生新类型。

这些新类型不是基类型的别名。每个派生类型是不同的类型，即使派生自同一基类型（所以，未进行类型转换不能赋值）。甚至可以从派生类型继续派生。例如，可定义一些温度类型：

```
type Temperature float64
type Celsius Temperature
type Fahrenheit Temperature
type Kelvin Temperature
```

也可以定义如下派生类型：

```
type anything interface {}
```

或

```
type Person struct {
        ⋮
}
```

注意，在 Java 中类型通常是首字母大写。Go 中并不总是这样，像所有标识符一样，只有定义类型是公有的时才首字母大写。

Go 不支持继承（Java 中 extends 或者 implements）。最接近的对应项是组合。例如：

```
type Address struct {
        city  string
        state string
        zip   string
```

```go
}
func (a *Address) Format() string {
        return fmt.Sprintf("%s\n%s, %s", a.city, a.state, a.zip)
}
```

之后可以如下使用这种类型:

```go
type Person struct {
        ⋮
        Address
        ⋮
}
```

这表示 Address 实例(和所有它的状态)直接嵌入 Person 实例中(非常像 Java 的超类字段存在于所有子类中)。另外, Address 的所有方法隐式地添加到所有 Person (如果尚未为 Person 定义)。Person 的这些方法将工作委托给 Address 类型的方法。因此,用法如下:

```go
p := Person{...}
x := p.city
f := p.Format()
```

也可采用下面用法,其中嵌入类型用作限定符:

```go
p := Person{...}
x := p.Address.city
f := p.Address.Format()
```

这是实际形式,前面用法是简洁的缩写形式。

考虑下列形式:

```go
type Person struct {
        ⋮
        address Address
        ⋮
}
```

这意味着, Address 实例(以及它的所有状态)以字段 address 嵌入。因此,用法如下(此时需要 address):

```go
p := Person{...}
x := p.address.city
f := p.address.Format()
```

但考虑如下形式:

```go
type Person struct {
        ⋮
        address *Address
        ⋮
}
```

其中，通过 address 字段指向 Address 实例。Person 中没有嵌入 Adress 实例的数据，仅有实例的地址。也可用如下形式：

```
p := Person{...}
x := p.address.city
f := p.address.Format()
```

因为这里 p.address 被隐式处理为表达式 *(p.address)。

通常，作者推荐使用指向结构体的指针，而不是嵌入结构体来构造复杂类型。这通过组合（而非继承）模仿了 Java 中的实现方式。只有在没有被嵌入的类型，嵌入类型无法存在时，才应使用物理嵌入。

与 Java 不同，Go 没有嵌入的命名类型的方法的继承。但如果类型是匿名嵌入的（无名称），如前所述，如果嵌入类型还没有这样的方法，则被嵌入类型的方法会复制到嵌入类型中。这称为对嵌入方法的委托。

需要注意的是，当调用嵌入式结构体的方法时，即使是通过来自嵌入式结构体的委托，接收方也是被嵌入的结构体，而不是嵌入结构体。如果嵌入结构体继承了被嵌入的结构体（即，只有一个对象，而不是一个对象在另一个对象中的两个对象），像 Java 继承那样，接收方就是嵌入结构体。

还需要注意的是，被嵌入的结构体不知道嵌入结构体是否存在。此外，当给定字段名称时，可以获取被嵌入的结构体的地址，并将其用于操作独立于嵌入器的被嵌入的结构体。

当以匿名方式嵌入多个结构体时，它们都有可能具有相同名称的字段（如果相同的结构体类型多次以匿名方式嵌入，则肯定如此，因此这是不允许的）。如果是这样，就必须解决这个问题。必须在嵌入结构体中声明同名字段，才能解析（并隐藏被嵌入的名称）该名称。或者字段的引用必须由被嵌入的类型名称限定。对方法来说也是如此。只有当某些代码使用了字段或方法时，这才是一个问题。

错误与 panic

本章我们将深入讲解 Go 的错误检测和恢复特性，以及它们与 Java 方法的区别。在完成本章的学习后，你将能够清楚地识别 Go 和 Java 的错误处理方法之间的异同。

代码，尤其是函数中的代码，可能有以下几种退出情况：

1. 成功——功能如期实现。

2. 失败——由于某些可预测的情况，功能未如期实现。

3. 严重故障（亦称 panic）——由于某些意外的或者罕见的情况或错误代码，功能未实现。

在像 Java 这样的语言中，每个函数只有一个返回值，上述情况 1 和 2 经常混在一起，返回值本身决定了结果。例如，`String.indexOf` 函数要么返回目标索引，要么返回小于 0 的值来表示目标未找到。对于返回对象的函数，通常用返回 `null` 来表示故障（如果 `null` 是一个合法值，这样是有问题的）。这通常是很多空指针异常的原因。

5.1 Go 错误

Go 函数可返回零个或者多个值。很多 Go 函数会返回（至少）一个错误值。这是一个常见的例子：

```
func DoSomething() (err error) { ... }
```

这意味着 DoSomething 函数可返回一个 error（一个内置的 Go 接口类型），在本例中（便捷地、习惯性地）命名为 err。err 值可以是 nil 或者 error 实例。一个更复杂的例子如下：

```
func DoSomething() (err error) {
    ⋮
    err = DoSomePart()
```

```
    if err != nil {
        return
    }
    ⋮
    return
}
```

Go 有一种常用且不冗长的方式来编码这种模式，它结合了赋值和 `if` 测试：

```
if err = DoSomePart(); err != nil {
    return
}
```

每个可能失败的函数都遵循该模式。尽管相比运行异常以报告故障的经典 Java 代码烦琐了些，但这遵循了 Go 的更透明、更显而易见的风格。

注意，返回值没有明确值。因为返回值命名为 `err`，`err` 被赋值。另外的方式（个人不推荐）是：

```
func DoSomething() error {
    ⋮
    xxx := DoSomePart()  // 非常规名称
    if xxx != nil {
        return xxx            // 显式返回
    }
    ⋮
    return xxx
}
```

在大多数情况下，Go 更推荐使用第一种方式，从函数中返回错误值。在 Java 中该模式被看作不好的做法，因为它强制调用方测试返回的错误。在 Go 中，该模式被看作最佳做法，让程序员必须记着测试返回的错误。这是 Go 与 Java 在编程风格方面的主要区别。很多 Java 程序员刚接触 Go 时很难适应它。

对于一些简单的函数，一个成功/失败标志就足够了，返回的错误值由布尔值替代。这通常是 Go 的内置操作情况，例如映射查找和类型断言。

5.2 Go panic

在 Java 中，通过抛出异常来表明遇到了较严重的故障。对于何时应该抛出异常和何时应该返回错误（例如，当读取超过文件末尾时），通常会产生混淆，Java（和许多社区）库代码对此的选择也不一致。

Go 通过使用多值函数使这种行为更加一致，这些函数总是返回一个错误值作为最终（或唯一）返回值。然后将错误值与 `nil` 进行比较来确定是否发生了错误。通常，没有错误的情况下，其他返回值才是有意义的数值。只有当函数发生灾难性的故障（内存不足、被零除、索引超界、无效参数等）时，才会引发 panic。

Java 支持 Exception 的概念（从技术上讲，Throwable 是 Exception 的超类）。异常是发生意

外 / 不常见的情况时被抛出的对象。例如，当 0 被作为除数时，将由 JVM 抛出 DivideByZero-Exception。另外一个更严重的例子是，当 JVM 无法满足 new 操作时，将引发 OutOfMemoryError。Java 在 `try` 语句的 `catch` 块中处理 Throwable。在 Java 代码中，抛出和捕获 Throwable 实例很常见。

Go 的 panic 有类似含义，但很少使用。panic 非常像 Throwable，由代码（自写的或库中的）通过 Go 内置的 `panic(<value>)` 函数引发。该值可以是任何类型 [但通常是 `string` 或（首选）`error` 实例]，不应使用 `nil` 值。

Go 代码很少引发 panic。在大多数情况下，代码应该返回 `error`。只有在意外情况下，`error` 很难报告此类情况时，才使用 panic，例如对应 Java 的 OutOfMemoryError 情况。

Go 不像 Java 那样具有 Exception 类型。取而代之的是，它有 panic 参数（更像 Java 的 Error 与 RuntimeException 的混合）。Go 没有 Java 中对 RuntimeException 与 non-RuntimeException Throwable 的区分。所有的异常都被映射到单独的 panic 值。永远不要声明函数可能抛出的 panic 参数。

Java 有 `try/finally` 与 `try/catch/finally` 语句集，Go 没有。它使用延迟函数来达到 `finally` 的效果。Go 使用了一个不同但类似的机制来捕获 panic。

与 Java 很像，如果没被捕获，panic 通常导致程序在输出跟踪（错误和堆栈）信息后退出。要在 Go 中捕获 panic，可用使用内置的 `recover()` 函数，该函数返回最新的 panic（在特定的 Go 协程中）发送的值。为此，延迟函数中必须调用 `recover()` 函数。

就像 Java `catch` 子句可以检查抛出的异常一样，延迟函数可以检查值，进行一些更正，然后再次返回或引发 panic。与 Java 中一样，延迟函数可以在当前调用栈的任何位置。下面是一个简单的示例：

```go
func DoIt() (err error) {
    defer func() {
        p := recover()
        if p != nil {   // 发生一个 panic
            // 通过测试 p 值处理 panic
            err = nil   // 使包含函数不返回错误
        }
    }()
    ⋮
    // 任何可能引发 panic 的代码
    if err != nil {
        panic(errors.New(fmt.Sprintf("panic: %v", err)))
        // 或相当于
        panic(fmt.Errorf("panic: %v", err))
    }
    ⋮
    return
}
```

通常，Go 库和 Go 运行时会避免引发 panic。自己编写的代码也应如此。使用 panic 的一个常见情景是：如果函数的输入参数值非法，则此时应使用 panic 报告而不是使用错误返回。该情况被视为编程错误，而不是代码应从中恢复的情况。注意，不是所有 Gopher 都遵从此约定，可能会存在没有验证参数并生成 panic 的情况。这通常会导致后续发生一些其他问题，因为代码依赖于有效输入。

注意，通常应该避免在 panic 恢复的延迟函数中生成新的 panic。这就如同在 Java 中，应避免在 **catch** 或 **finally** 子句中抛出异常一样。

捕获 Go 协程中的 panic 是至关重要的。Go 协程中未处理的 panic 可能会摧毁 Go 程序。所以，最好是不让它们出现，这需要系统原则。为此，作者建议所有的 Go 协程都由辅助函数创建，类似清单 5-1。

清单 5-1　在 GoroutineLauncher 函数中捕获 panic

```go
package main

import (
    "errors"
    "fmt"
    "time"
)
var NoError = errors.New("no error")  // 特殊错误

func GoroutineLauncher(gr func(), c *(chan error)) {
    go func(){
        defer func(){
            if p := recover(); p != nil {
                if c != nil {
                    // 确保我们发送错误
                    if err, ok := p.(error); ok {
                        *c <- err
                        return
                    }
                    *c <- errors.New(fmt.Sprintf("%v", p))
                }
                return
            }
            if c != nil {
                *c <- NoError  // 也可以发送 nil 并测试
            }
        }()
        gr()
    }()
}

var N = 5

func main() {
    var errchan = make(chan error, N)  // N ≥ 1 基于最大活动 Go 协程

    // :
    GoroutineLauncher (func(){
```

```
        time.Sleep(2 * time.Second)  // 模拟复杂工作
        panic("panic happened!")
    }, &errchan)
    // :
    time.Sleep(5 * time.Second)         // 模拟其他工作
    // :
    err := <- errchan  // 等待结果
    if err != NoError {
        fmt.Printf("got %q", err.Error())
    }
}
```

注意，如果客户端不需要错误报告，则可以省略错误通道。运行结果如下：

```
got "panic happened!"
```

5.3　错误与 panic 演示

内置的 **error** 类型很简单。很多第三方包对其进行了扩展，例如 JuJu Errors。清单 5-2、清单 5-3 与清单 5-4 是一些演示如何扩展的例子。

清单 5-2　多原因错误

```
type MultError []error

func (me MultError) Error() (res string) {
    res = "MultError"
    sep := " "
    for _, e := range me {
        res = fmt.Sprintf("%s%s%s", res, sep, e.Error())
        sep = "; "
    }
    return
}
func (me MultError) String() string {
    return me.Error()
}
```

如果被下列代码调用：

```
me  := MultError(make([]error,0, 10))
for _, v := range []string{"one", "two", "three"} {
    me = append(me, errors.New(v))
}
fmt.Printf("MultipleError error: %s\n", me.Error())
fmt.Printf("MultipleError value: %v\n\n", me)
```

会输出：

```
MultipleError error: MultError one; two; three
MultipleError value: MultError one; two; three
```

或者当一个错误是由另一个错误导致的时（类似 Java 中的所有 Throwable 都可以有原因）。

清单 5-3　有原因的错误

```
type ErrorWithCause struct {
    Err   error
    Cause error
}
func NewError(err error) *ErrorWithCause {
    return NewErrorWithCause(err, nil)
}
func NewErrorWithCause(err error, cause error) *ErrorWithCause {
    if err == nil {
        err = errors.New("no error supplied")
    }
    return &ErrorWithCause{err, cause}
}
func (wc ErrorWithCause) Error() string {
    xerr := wc.Err
    xcause := wc.Cause
    if xcause == nil {
        xcause = errors.New("no root cause supplied")
    }
    return fmt.Sprintf("ErrorWithCause{%v %v}", xerr, xcause)
}
func (wc ErrorWithCause) String() string {
    return wc.Error()
}
```

如果被下列代码调用：

```
fmt.Printf("ErrorWithCause error: %s\n", ewc.Error())
fmt.Printf("ErrorWithCause value: %v\n\n", ewc)
```

会输出：

```
ErrorWithCause error: ErrorWithCause{error cause}
ErrorWithCause value: ErrorWithCause{error cause}
```

注意，下面的方法会使任何数据类型都能充当 error：

```
func (x <sometype>) Error() string
```

这是因为 error 类型实际定义为：

```
type error interface {
    Error() string
}
```

Go 的 errors 包有几个有用的功能函数：

❑ errors.Is(<error>,<type>)——拆开错误封装直到与提供的类型匹配，如果找到则返回 true。

❑ errors.As(<error>,<*type>)——拆开错误封装直到与提供的变量类型匹配，将错误强制转换为该类型，然后赋值给变量，如果找到则返回 true。

❑ errors.Unwrap(<error>)——返回任何被封装的错误（如 Java 异常的任何原因），实际错误类型必须具有 Unwrap(<error>) 方法。

可以在 Go 中模拟 Java 的异常行为。例如，为了引入类似 try/catch/finally 的行为，可实现类似下面的小型库。这里，Go 函数代替了 Java 的 try/catch、try/finally 和 try/catch/finally 语句。

每个函数子句都作为（通常）函数字面量提供。没有像 Java 中那样对每个异常类型进行捕获，因为 Go 对所有问题只有一个 panic。所有函数返回 try 子句的错误。既然 try 和 catch 子句可能有错误，因此有时会返回错误对类型 TryCatchError。

注意，直接在延迟函数中发布 recover() 函数很重要，而不是在 triageRecover(...) 函数中发布。

清单 5-4　try/catch 仿真例子（第一部分）

```go
type TryFunc func() error
type CatchFunc func(error) (rerr error, cerr error)
type FinallyFunc func()

type TryCatchError struct {
    tryError   error
    catchError error
}

func (tce *TryCatchError) Error() string {
    return tce.String()
}

func (tce *TryCatchError) String() string {
    return fmt.Sprintf("TryCatchError[%v %v]", tce.tryError,
    tce.catchError)
}
func (tce *TryCatchError) Cause() error {
    return tce.tryError
}

func (tce *TryCatchError) Catch() error {
    return tce.catchError
}

func TryFinally(t TryFunc, f FinallyFunc) (err error) {
    defer func() {
        f()
    }()
    err = t()
    if err != nil {
```

```go
            err = &TryCatchError{err, nil}
        }
        return
    }
    func triageRecover(p interface{}, c CatchFunc) (err error) {
        if p != nil {
            var terr, cerr error
            if v, ok := p.(error); ok {
                terr = v
            }
            if xrerr, xcerr := c(terr); xrerr != nil {
                cerr = xcerr
                err = xrerr
            }
            if terr != nil || cerr != nil {
                err = &TryCatchError{terr, cerr}
            }
        }
        return err
    }

    func TryCatch(t TryFunc, c CatchFunc) (err error) {
        defer func() {
            if xerr := triageRecover(recover(), c); xerr != nil {
                err = xerr
            }
        }()
        err = t()
        return
    }
    func TryCatchFinally(t TryFunc, c CatchFunc, f FinallyFunc) (err error) {
        defer func() {
            f()
        }()
        defer func() {
            if xerr := triageRecover(recover(), c); xerr != nil {
                err = xerr
            }
        }()
        err = t()
        return
    }
```

这可以如清单 5-5 所示使用。

清单 5-5 try/catch 仿真例子（第二部分）

```go
err := TryCatchFinally(func() error {
    fmt.Printf("in try\n")
```

```
        panic(errors.New("forced panic"))
    }, func(e error) (re, ce error) {
        fmt.Printf("in catch %v: %v %v\n", e, re, ce)
        return
    }, func() {
        fmt.Printf("in finally\n")
    })
    fmt.Printf("TCF returned: %v\n", err)

    err = TryFinally(func() error {
        fmt.Printf("in try\n")
        return errors.New("try error")
    }, func() {
        fmt.Printf("in finally\n")
    })
    fmt.Printf("TCF returned: %v\n", err)

    err = TryCatch(func() error {
        fmt.Printf("in try\n")
        panic(errors.New("forced panic"))
    }, func(e error) (re, ce error) {
        fmt.Printf("in catch %v: %v %v\n", e, re, ce)
        return
    })
    fmt.Printf("TCF returned: %v\n", err)

    err = TryCatch(func() error {
        fmt.Printf("in try\n")
        return nil
    }, func(e error) (re, ce error) {
        fmt.Printf("in catch %v: %v %v\n", e, re, ce)
        return
    })
    fmt.Printf("TCF returned: %v\n", err)
```

输出如下:

```
in try
in catch forced panic: <nil> <nil>
in finally
TCF returned: TryCatchError[forced panic <nil>]
in try
in finally
TCF returned: TryCatchError[try error <nil>]
in try
in catch forced panic: <nil> <nil>
TCF returned: TryCatchError[forced panic <nil>]
in try
TCF returned: <nil>
```

Go 语句

本章我们将详细讨论 Go 的各种语言声明。读完本章，你将能够清楚了解 Go 与 Java 语言在语句与函数上的相似与差异。

在 Go 中，计算基于命令式模型，这一点非常像 Java。计算按序执行，并保存在变量中。Go 几乎没有 Java 所支持的函数式编程计算风格。控制流只基于条件和循环语句，而不是嵌入在函数调用中——Java 可以用（比如）流库来支持该功能。有关 Go 中函数方法的尝试详见 `https://github.com/robpike/filter`。

Go 有几种条件语句：

❑ 单分支或双分支（也可用于多分支）条件语句——`if/else`

❑ 多路径值条件语句——`switch`

❑ 多路径通道条件语句——`select`

Go 有一种循环语句（`for`），有以下 4 种子形式：

❑ 无限循环

❑ 调整索引的循环

❑ 条件为 `true` 时循环

❑ 在集合上循环

Go 退出 / 迭代循环的几种方式：

❑ 循环条件测试失败

❑ 意外退出——中断或返回

❑ 进入下一次迭代——继续

同在 Java 中一样，所有 Go 代码必须分组进入可重用单元中，即函数中。在 Go 中，最好的做法是保持函数尽可能短（最多几十行），并根据需要生成更多的函数。Go 可使用名称调用函数或者通过函数值间接调用函数。Java 只能通过名称调用函数。一些函数 Java 通过名称调用，Go 通过内置函数调用。

　　Go 函数可返回零个或者多个结果。Java 只能返回零个或者一个结果。同在 Java 中一样，Go 函数中任何地方都可以设置返回值。

6.1　包与导入语句

　　类似 Java，每个 Go 源文件的开头都需要有包声明语句，该语句声明源文件所属包，例如：

```
package main
```

　　包中可有任意数量的源文件。Go 源文件名字不必匹配包名字（如果一个包有多个源文件，则通常不必），但建议这样做，尤其是对于包含 main 入口点的目录，匹配有助于更好地组织代码。例如，推荐使用 main.go 文件，以便包含 main 包源文件，其有 main() 函数。注意：main 包中必须有 main 函数，以便 Go 构建器能够识别必须构建一个可执行文件。

　　如果源文件使用另一个包中的任何公有声明，则必须导入该包，例如

```
import "math"
import "net/http"
```

　　或成组导入如下：

```
import (
  "math"
  "net/http"
)
```

　　源文件中可有多组导入。所有导入语句必须在包语句之后，且在其他语句之前。导入顺序不限，但通常以导入路径的最后一个名称排序，尤其是在同一个导入组中。如果源文件中未引用包中的公有项，则无法导入包（编译器将报告错误）。

　　导入必须在文件层级，而不是包层级中完成，因此每个源文件必须重复导入过程，同在 Java 中一样。同一个包中的不同源文件可以而且经常具有不同的导入列表。

　　在导入包中的所有公有名称的引用必须以为包名为前缀，如下所示：

```
r := new(http.Request)
```

　　默认情况下，任何导入的包路径中的最后一个元素都用作导入的前缀名。有时，可能希望对一个包使用不同的（比如更短的）名称。可以在导入过程中为包指定别名，如下所示：

```
import net "net/http"
```

　　Go 包可有几个 init() 函数。有时，可能需要运行 init() 函数，即使并不使用包的元素。为此，在导入时应使用空标示符（下划线），如下所示：

```
import _ "net/http"
```

　　不管多少个源文件导入该包，包的 init() 函数只运行一次。

6.2 赋值语句

可能 Go 中最基本的操作就是给变量赋值。类似 Java，Go 可以使用显式赋值语句，也可通过参数传递或者函数返回值完成赋值。所赋值可以是常量、其他变量或者由它们组成的表达式。

最基础的赋值形式是

`<variable> = <expression>`

尽管声明不是赋值，但也有一种方便的形式可以在声明的同时赋值，类似赋值语句：

`<variable> := <expression>`

另有增强型（即复合）赋值，如下：

`<variable> <binaryOperation>= <expression>`

被解释为：

`<variable> = <variable> <binaryOperation> <expression>`

类似 Java，Go 中不是所有二元运算符都可与赋值运算符组合。例如逻辑运算符（`&&` 与 `||`）不能用于复合赋值，因为它们有短路行为。

注意语句：

`<variable>++` 相当于 `<variable> += 1`
`<variable>--` 相当于 `<variable> -= 1`

Go 允许并行（亦称元组）赋值形式：

`<variable1>,<variable2>,...,<variableN> = <expression1>,<expression2>,...,`
`<expressionN>`

等号两边的数目 N 应相同。任何（但通常不是全部）`<variableX>` 可替换为下划线（`_`），来忽略对应位置表达式的值，这通常用于丢弃函数调用的某返回值上。

所有右侧值必须与左侧的相应变量兼容（能够赋值），无须任何隐式转换（除了一些数值文字值）。通常，这意味着左边变量和右边对应位置的值必须具有相同类型。

如果左侧的变量中至少有一个是新声明的，则允许使用下面声明形式：

`<variable1>,<variable2>,...,<variableN> := <expression1>,<expression2>,...,`
`<expressionN>`

前面的所有例子，`<variableX>` 是定义可赋值目标（亦称左值）的标识符。通常，这些是简单标识符（变量名称），但也可以是索引数组、切片、映射或者指针变量解引用。

6.3 声明变量

同 Java 一样，Go 可以一个一个地或批量声明变量。在 Java 和 Go 中，初始值都是可选的。注意，在 Java 中，块 / 方法的局部变量被创建时可无初始值。Go 则不同，如未指定，则所有被声明的变量都被赋予初始值（称为零值）。

Java 的声明形式：

```
{<vis>} {<mod>}... <type> <id> {= <value>} {, <id> {= <value>}}...;
```

类型可以是内置的或者已被声明的（类、接口、枚举等）。值必须可转换为类型。如果省略，则使用（块 / 方法局部变量例外）默认值。值可以是表达式。

`<vis>` 修饰符只能用于字段声明，可以是 `public`、`private`、`protected` 或者省略（代表默认或包 protected）。Java 的 `<mod>` 修饰符（例如 `abstract` 和 `final`）通常只用于字段声明，Go 中没有对应的修饰符。

Go 中变量声明的形式：

```
var <id> {, <id>}... <type>
```

或

```
var <id> {, <id>}... <type> = <value> {, <value>}...
```

或

```
var <id> {, <id>}... = <value> {, <value>}...
```

类型可以是内置的或者被声明的。值的类型必须相同。如果 value 是文字量，则必须可转换为类型。如果省略，则为零（初始）值。如果所有值均省略，则类型是必需的。如果存在一个值，它的类型将被用来推断所有缺少的类型。每个位置的推断类型可能不同。任何值都可以是表达式。id 和值的数量必须相同。

如前所述，Go 没有可见修饰符。如果 id 以大写字符开头，则为公有 id；否则，它就是包私有的（只在包中可见）。

Go 允许更简洁的声明形式：

```
var ( <xxx> {, <xxx>...})
```

其中 xxx 同前面一样是个声明，但没有"var"前缀。结束语")"通常单独占一行。这是声明变量的常规方式。

例如：

```
var (
    p = 1
    q = "hello"
    l int
    f float64 = 0
)
```

在顶级声明中，`var` 的任何注释都由组内成员共享。

针对块局部变量（非字段）声明，Go 另有一种声明格式：

```
<id> {, <id>}... := <value> {, <value>}...
```

其中，id 与值的数目必须匹配。另外，同一块中一个 id 不能重复声明。id 的类型可以不同，由值来确定。

元组赋值（或声明）有很多用途，一些常见的是：

❑ 无中间变量的值互换。例如：

```
var x, y = 1, 2
x, y = y, x // 在 x==2 之后，y==1
```

❑ 分割 `range` 操作的结果。例如：

```
for index, next := range collection { ... }
- or -
for _, next := range collection { ... }
```

❑ 分割函数或操作符的返回值。例如：

```
file, err := os.Open(...)
- or -
if v, ok := map[key]; ok { ... }
```

6.4 声明命名常量

Java 允许声明类似常量[⊖]（`static final`）的值。Go 有真正的常量。Go 支持一次一个或成组定义常量。在 Java 和 Go 中，常量必须有初始值。

Java 的声明格式（在一些类型内部）为：

`{<vis>} static final <type> <id> {= <value>} {, <id> {= <value>}}...;`

值必须转换为类型。值必须是常量表达式。

`<vis>` 只能用于字段声明，可以是 `public`、`private`、`protected` 或省略（这意味着默认或者包 protected）。

Go 对应的声明语句为：

`const <id> {, <id>}... <type> = <value> {, <value>}...`

或

`const <id> {, <id>}... = <value> {, <value>}...`

类型是内置的或已声明过的，且有字面初始值。值必须是相同类型的。如果值是字面量，则需将其转换为类型。值必须是编译时可以计算的表达式（例如，所有引用的标识符都指向没有循环引用的其他常量）。id 和值的数量必须相同。

Go 没有可见性修饰符。如果 id 以大写字符开头，则为公有的，否则为包私有的（只对同包内的代码可见）。

Go 允许更简洁的声明形式：

`const ( <xxx> {, <xxx>...})`

其中 `xxx` 是与前面一样的，但无 "const" 前缀的声明。结束符 ") " 通常单独占一行。

⊖ 这些不是真正的常量（只存在于编译时），而是不可变的值。

这是声明变量的常规做法。

例如：

```
const (
    p = 1
    q = "hello"
    f float64 = 0
)
```

6.5 if/else 语句

If/else 是最基本的条件测试方法，允许在代码序列中切换流程。

Java 的 if 语句为：

if(\<cond>**)** \<block>

或

if(\<cond>**)** \<block> **else** \<block>

除了 block，Java 还允许任意可执行语句作为 if/else 的目标代码。

Go 的 if 语句为：

if {\<simpleStmt>;} \<cond> \<block>

或

if {\<simpleStmt>;} \<cond> \<block>
else (\<ifStmt>|\<block>)

if/else 的目标代码是语句块（这也是 Java 的最佳实践）。else 语句中也允许出现其他 if 语句，这能够实现多重条件测试。在 Go 中，多重条件测试最好使用 switch 语句。

简单的可选语句可以是：

❑ 空（省略，无分号）语句

❑ 表达式语句

❑ 通道的发送数据语句（通道 <-）

❑ 递增 / 递减语句

❑ 赋值

❑ 短变量声明（最常见的选项）

if 语句生成了隐式块，因此任何声明都会对包含作用域的名称进行隐藏。

```
var x, y = 0, 0
if t := x; t < 0 {   //t 在新的作用域内
    var x = 1 // 一个新的 x 变量；隐藏上面的 x
    y = t + x
} else {
    y = -1
}
```

注意，如果有 else 子句，则必须与 if 块的结束 } 在同一行。

在地道 Go 中，else 要尽可能少用。因此，通常从条件（比如 if）块返回。这时使用 else 子句（这是多余的）是非常规的。例如：

```
if t < 0 {
    return true
} else {
    return false
}
```

更常规的写法是：

```
if t < 0 {
    return true
}
return false
```

也可以用下面更简洁的形式：

```
return t < 0
```

以这种方式，地道的 Go 代码倾向于对齐函数的左边缘，而不是深度嵌套。如果代码嵌套超过（比如说）两层，考虑使用 return、break、continue 语句重写来降低层级，或者将嵌套语句提取为一个新函数。

Go 有强制的源代码风格规则。其中一个是如何测试布尔值，见下例：

```
if v, ok := aMap[someKey]; !ok {
    return
}
```

与

```
if v, ok := aMap[someKey];  ok == false {
    return
}
```

相比于第二种（比较布尔值），第一种形式（直接使用布尔值）更地道、更常用。

Java 有三元表达式（?:），可进行（通常很方便）条件测试。例如：

```
int x = input < 0 ? -input : input;  // 一个简单的 abs（输入）
```

是下面语句的简短表示形式：

```
if(input < 0) x = -input; else x = input;
```

但作为表达式（而不是语句）。

Go 无该表达式的对应形式。要实现相同功能须使用如下形式：

```
var x int
if input < 0 {
    x = -input
} else {
    x = input
}
```

或

```
var x int = input // ( 或 x := input)
if input < 0 {
    x = -input
}
```

或者，对简单实体（比如变量或者常量）来说，下面形式更简洁：

```
var x int; if input < 0 { x = -input } else { x = input }
```

或

```
x := input; if input < 0 { x = -input }
```

注意，即使输入如前所示，大多数 Go 源代码格式工具也会以分号分割这些行。

6.6　switch 语句

类似 Java，Go 也有 switch 语句。通常，Go 的 switch 语句更灵活。Java 的 switch 语句遵循这种常规格式：

```
switch (<expr>) {
  case <value1>:
    ⋮
  case <value2>:
    <statements>
    break;
    ⋮
  default:
    <statements>
}
```

每组 statements 跟着一个或多个 case。expr 值匹配（测试是否相等）每个 case 值（它必须是唯一的），匹配后执行 case 后的代码。如果未提供代码，流程将继续执行随后的 case 内容，直到遇到 break 才停止。expr 可以是整数类型、字符串类型、枚举类型。如果无匹配 case，并且有 default 语句，则执行 default 后的代码。

上例在 Go 中的对应格式如下：

```
switch <expr> {
  case <value> {, <value>}...:
    <statements>
  default:
    <statements>
}
```

switch 语句和每个 case 都会生成隐含块，因此任何声明都会对包含作用域的名称进行隐藏。

在 Go 中，一个 case 后可有多个匹配值，而不是写多个 case。另外，在 Go 中，每组 statements 的末尾都有隐式的 break。如 Java，每个 value 必须唯一。另外，Go 的每个 case 是独立的块，好像输入了块分隔符 {} 一样（Java 需输入）。

```
case <value>: {
    <statements>
}
```

这意味着变量可在该组 statements 中声明为局部变量。

为了获取类似 Java 的无中断的继续执行，可在语句集合后附上 fallthrough 语句，如下：

```
switch <expr> {
  case <value1>:
    <statements>
    fallthrough
  case <value2>
    <statements>
  default:
    <statements>
}
```

Java 支持级联 if 语句，如下：

```
if(<expr1>) {
    ⋮
} else if(<expr2>) {
    ⋮
} ... else if(<exprN>) {
⋮
} else {
    ⋮
}
```

Go 也支持该方法，但更地道的方式是采用 switch 形式：

```
switch {
  case <expr1>:
    <statements>
  case <expr2>:
    <statements>
  ⋮
  case <exprN>:
    <statements>
  default:
    <statements>
}
```

表达式 expr 可以是任意形式，但结果必须是布尔型，case 语句（default 例外）按输入顺序由上至下进行判断。

所以，该 switch 语句：

```
var c, ditto rune = 'c', '\0'
switch c {
case 'a', 'b', 'c':
        ditto = c
default:
        ditto = 'x'
}
```

和下面的 switch 语句功能相同：

```
var c, ditto rune = 'c', '\0'
switch {
case c == 'a', c == 'b', c == 'c':
        ditto = c
default:
        ditto = 'x'
}
```

Java 最近新增了 switch 语句的一种表达式形式（增强型的三元表达式）。switch 可以是任何表达式中的一项。Go 无类似功能。这些 switch 表达式为 Java 增加了 Go 中的非 fallthrough 强制执行风格。另外，像 Go 一样，case 创建自己的块。与新 switch 相关的是返回 switch 值的新 yield 语句。

6.7　while 语句

while 是一种的基本循环方法，它允许在代码序列中有条件地（预测试）重复流。
Java 中的 while 语句为：

while (<cond>**)** <block>

Java 允许任意的可执行语句作为 while 的循环体语句。
Go 中与 while 对应的语句：

for <cond> <block>

语句的循环体是块（Java 中最好方式）。例如：

```
var x, y = 10, 0
for x > 0 {
  y++
  x--
}
```

6.8　do-while 语句

do-while 也是一种基本的循环方法。它允许在代码序列中有条件地（后测试）重复流。
Java 的 do-while 语句为：

do <block> **while (**<cond>**)**;

Go 没有 do-while 语句直接对应的语句。可以将条件测试放在 for 的循环体中，以达到类似的效果，如下所示：

```
var x, y = 10, 0
for {
    y++
    x--
    if x < 0 {
        break
    }
}
```

6.9 带索引的 for 语句

for 是基本的索引循环方式。它允许索引跨越一个范围，在代码序列中重复执行循环体。Go 的 for 语句提供了与 Java 的 for 语句类似的功能。

Java 的 for 语句为：

```
for({<init>};{<cond>};{<inc>}) <block>
```

Java 允许任意可执行语句作为 for 的循环体。

Go 的 for 语句为：

```
for {<init>};{<cond>};{<inc> <block>
```

与 Java 不同，Go 在 <init> 和 <inc> 子句中不支持逗号（,）分割表达式。

for 语句中的循环体是块（这是 Java 中的最佳实践）。<cond> 语句可选，如果省略则为 true。可选的 <init> 与 <inc> 可以是下列语句之一：

❑ 空（省略，没有分号）语句
❑ 表达式语句
❑ 发送语句（通道 <-）
❑ 递增 / 递减语句
❑ 赋值
❑ 短变量声明

for 语句生成隐式块，因此任何声明都会对包含作用域的名称进行隐藏。例如：

```
var x, y = 10, 0
for i := 0; i < 10; i++ {
    y++
}
```

6.10 遍历集合的 for 语句

for 是遍历（可能是空的）集合（或其他值流）的主要循环机制。它允许通过代码序列中的循环体一次处理一个集合的元素。处理顺序由集合决定。

Java 的 **for** 语句为：

```
for(<varDecl>: <iterable>) <block>
```

或者（更详尽些）说，可以这样做：

```
Collection<SomeType> c = <some collection>;
Iterator<SomeType> it = c.iterator();
for(; it.hasNext();) {  // 也可以在此使用 while
  <varDecl> = it.next();
  ⋮
}
```

在可索引的集合上也可采用（更详尽的）如下形式：

```
Collection<SomeType> c = <some collection>;
for(int i = 0, count = c.size(); i < count; i++) {
  <varDecl> = c.get(i);
  ⋮
}
```

Go 中遍历集合的 **for** 语句形式为：

```
for <indexVar>,<valueVar> := range <collection> <block>
```

语句的循环体是块（这是 Java 的最好方式）。**<indexVar>** 和 **<valueVar>** 是可选的，但至少需要一个，用于接收下一项的索引（或键）和下一项的值。**<collection>** 必须是某种集合或流类型，如数组、切片、映射或通道。

Go 要求所有声明的变量（左边的：=）均应在块中使用。为避免违反此要求，如果变量未引用，则可以用下划线（_）替换一些。

例如：

```
for _, v := range []string{"x", "y", "z"} {
    fmt.Println(v)
}
```

或

```
aMap := make(map[string]string)
⋮
for k, v := range aMap {
    fmt.Printf("%s = %s", k, v)
}
```

Java 的对应代码是：

```
Map<String,String> m = <some map>;
for(Iterator<String> it = m.keySet().iterator(); it.hasNext();) {
  var k = it.next();
  var v = m.get(k);
  System.out.printf("%s = %s", k, v);
}
```

for...range 循环迭代 map 的键值对的顺序是不定的，并且可能每个 map 实例都不一样。这是特意设计的，要按某种顺序处理键，必须首先对它们进行显式排序，即先排序。例如：

```
aMap := make(map[string]string)
⋮
keys := make([]string, 0, len(aMap)) // 注意创建为空
for k, _ := range aMap {
    keys = append(keys, k)
}
sort.Strings(keys)
for _, k := range keys {
    fmt.Printf("%s = %s", k, aMap[k])
}
```

注意，Java 的 TreeMap 类型实现这点更简单。

键的切片也可以这样创建：

```
keys := make([]string, len(aMap))  // 注意创建为完整长度
index := 0
for k, _ := range aMap {
    keys[index] = k  // 不支持 "keys[index++] = k"
    index++
}
```

前面的方法在时间上更高效。

6.11　无限循环

for 是实现无限循环的主要方法。在代码序列中允许无限重复。

Java 的 for 语句为：

for(;;) <block> // while (true) 也有效

Go 中对应的 for 语句为：

for <block>

循环体是块（这是 Java 中的最佳实践）。

例如：

```
var x, y = 10, 0
for {
    y++
    x--
    if x < 0 {
        break
    }
}
```

6.12 break 与 continue 语句

Go 的 break 与 continue 语句，基本用法同 Java 一样。break 退出一个循环，而 continue 开始循环的下一次迭代。通常，这些语句是在一些条件语句（如 if 或 for）的执行语句中。语法格式为：

break {<label>}
continue {<label>}

如果有 label，该 label 必须附到某些循环。这允许从多层嵌套循环中退出。如省略，则认为是嵌套最深的循环。任何循环均可被标记（但标记必须被 break 或 continue 引用），如下所示：

{<label> :}... <forStatement>

注意，Java 采用 break 从 switch 语句中退出 case，Go 中该退出过程是自动的。因此 Go 的 switch（或 select）语句不需要 break 来避免 fallthrough。可使用 break 或 continue（例如作为 if 执行语句）来提早退出 case。

6.13 goto 语句

Go 支持 goto（无条件跳转）语句，Java 不支持（尽管是保留字）。允许在相同块中跳转（但不能在块外或者嵌套块中）。不能使用 goto 跳过声明。同块中任何标签语句都可为跳转目标。格式是：

goto <label>

goto 可用来替代更结构化的形式。例如，下面常见的循环形式：

```
for cur:=0; cur < 10; cur++ {
    ⋮ 循环主体
}
```

可使用下面的语句替代：

```
cur := 0
L1: if cur >= 10 {
        goto L2
}
⋮ 循环主体
cur++
goto L1
L2:
```

注意，作者认为，永远不应使用 goto 语句，if、switch 和 for 提供了足够的局部流程控制。代码应遵从结构化编程原则，尽可能不使用 goto 方法。

6.14 return 语句

在 Java 中，每个方法都以 return 语句退出（可能隐式地在 void 函数的末尾 return）。

`return` 语句提供返回值，如下所示：

return {<value>} // <value> 仅在非 void 方法上存在

在 Go 中，`return` 除了可以返回多个值外，基本与 Java 等同：

return {<value>{,<value>...}} // <value>... 仅在非 void 方法上存在

返回值的数量必须与函数原型中声明的返回值数量匹配。如果返回值被命名，则返回语句可省略它们。

例如：

```
func threeInts() (int, int, int) {
    ⋮
    return 1, 2, 3  // 需要显式返回值
}
```

或

```
func threeInts() (x, y, z int) {
    ⋮
    return 1, 2, 3  // 显式返回值（忽略名称）
}
```

或

```
func threeInts() (x, y, z int) {
    x, y, z = 1, 2, 3   // 在返回前设置返回值
    ⋮
    return //  隐式返回值
}
```

作者推荐最后一种形式，其他形式稍次。

6.15 defer 语句

Java 有两种常见的资源清理方式：

1. `try/finally`（或 `try/catch/finally`）

2. 有资源的 `try`

`try/finally` 语法格式通常是：

try <block>
finally <block>

其中无论 `try` 子句如何结束（通常，通过 `return` 或者一些异常），`finally` 子句都会被执行。

有资源的 `try` 通常为：

try (<declaration> = <**new** Resource>{;<declaration> = <**new** Resource>}...) {
    // 使用资源
}

当 `try` 子句结束时（通常，通过 `return` 或者一些异常），在 try 子句中分配的任何资源均被自动释放（在编译器提供的 `finally` 子句中）。

Go 有一个类似于 `try/finally` 的功能，但没有类似于有资源的 `try` 功能。Go 使用延迟（`defer`）语句，其功能类似于 `finally` 子句。其格式如下所示：

defer ⟨function call⟩

每次执行 `defer` 语句时（即使在循环中），所提供的函数调用都会放在调用堆栈里。当包含 `defer` 语句的函数退出时，延迟函数按相反的顺序执行。可以有许多延迟函数。即使包含函数以 `return` 或 panic 结束，也是这样执行的。

通常应用方法如下：

```go
func someFunction() {
        // 获取一些资源
        defer func() {
                // 释放资源
        }()  // 注意函数被调用
        ⋮ 使用资源
}
```

在该模式中，当资源被获取后，立即注册延迟函数来释放资源。延迟函数延迟直至遇到 `return` 或者 panic 才被执行。

注意，被延迟的函数访问延迟函数（它是闭包）的局部变量（必须在 `defer` 编码前声明），并在延迟函数返回给调用方之前被调用。这允许它改变延迟函数的返回值。这很方便，尤其是在 panic（例如除以零）或者其他错误恢复中。例如：

```go
func someFunction() (result int, err error) {
        defer func() {
                if result == 0 {   // 默认值
                        result = -1
                        err = errors.New("bad value")
                }
        }()
        ⋮
        result = 1
        ⋮
        return
}
```

6.16 go 语句

`go` 语句开启一个 Go 协程。Go 协程就是一个普通 Go 函数，通常不返回任何值（如果返回，则被抛弃）。`go` 语句创建和开启一个 Go 协程方式如下

go ⟨func⟩({arg, {arg},...})

`go` 语句立即返回，且函数与调用方异步运行（可能并行）。在不同的 Go 协程中使用调

用方提供的任何参数调用该函数。

注意，Go 中的所有代码，包括 main() 函数都在某些 Go 协程中运行。

通常，使用函数字面量而不是预先声明的函数，例如：

```
go func(x int) {
    ⋮
}(1)  //注意函数被调用
```

注意，作者推荐使用"Go"（或类似）的后缀为 Go 运行的函数命名，以明确此用法。

6.17 select 语句

Go 有 select 语句，Java 无对应语句。select 语句用来处理通道上收到的项目或者发送项目到通道。在使用 select 前确保你已理解通道。select 语句看起来像 switch 语句：

```
select {
  case <receiver>{, <receiver>}... = <- <channel>:
    <statements>
  case <identifier>, <var> := <- <channel>:
    <statements>
  case <channel> <- <expression>:
    <statements>
  default:
    <statements>
}
```

<receiver> 是表达式（通常仅是标识符），用来指定变量来接收通道的值。select 语句和每个 case 创建一个隐含块，因此任何声明都会对包含作用域的名称进行隐藏。

当项目可从通道接收时触发前两个 case。第三个 case 在可以向通道发送项目时触发（如果接收通道有空间）。所有 case 被评估/测试。如果触发任何 case，则随机选择一个执行，并完成任何相关的赋值或语句。

第二个 case 有 <var>（通常命名为"ok"），用来设置指示源通道关闭与否。通道关闭时，将是 false。

如果其他 case 未被触发，则将触发 default。default 通常被省略。没 default 子句的 select 语句可以阻止等待接收或发送项目。

select 语句通常在无限循环中执行，如下所示：

```
for {
  select {
    ⋮
  }
}
```

这允许从通道接收项目，以及在项目发送时进行处理（如通道打开）。

可以接收两个不同通道的值的示例为：

```go
var cchan chan int
var ichan chan int
var schan chan string
var scount, icount int
select {
case <- schan:                    //接收
        scount++                  //对接收计数
case <- ichan:                    //接收
        icount++                  //对接收计数
case cchan <- scount + icount:    //发送当前总计
default:
        fmt.Println("no match")
}
```

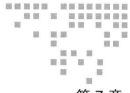

 第 7 章 *Chapter 7*

接 口 应 用

本章我们将介绍 Java 中一些接口的有趣应用以及它们与 Go 代码的关系。

7.1 接口是核心

同在 Java 中一样,在 Go 中用接口做参数和返回类型很重要。它支持很多选项,例如用模拟对象替换普通对象,这对于测试至关重要。尤其是在将结构体类型传入或传出函数时,请查看是否可以用接口类型替换结构体。如果函数只使用结构体的方法,而不使用其字段,则通常可以这样做。

如果现有接口不能匹配将要使用的方法,那么创建一个接口并发布给其他人使用。例如,有如下类型:

```
type Xxx struct {
    ⋮
}
func (x *Xxx) DoSomethingGood() {
    ⋮
}
func (x *Xxx) DoSomethingBad() (err error) {
    ⋮
}
```

可以创建如下接口:

```
type DoGooder interface {
    DoSomethingGood()
}
type DoBader interface {
```

```
    DoSomethingBad() error
}
```

然后在一些客户端使用 **Xxx**，比如说以下面方式：

```
func DoWork(xxx *Xxx) {
    xxx.DoSomethingGood()
}
```

可将其转换为：

```
func DoWork(dg DoGooder) {
    dg.DoSomethingGood()
}
```

改写后，**DoWork** 的调用方可以发送 **Xxx** 的实例或任何其他具有 **DoSomethingGood()** 方法的类型。有时，需要调用结构体类型的多个方法，有两个主要方案：

1. 为函数提供多个参数，每个参数对应一个所需要的接口类型，并且调用方为所有参数传入相同的对象。

2. 创建组合接口并传入该类型。

方案二通常优于方案一。

方案一，可以这样定义函数：

```
func DoWork(dg DoGooder, db DoBader) {
    dg.DoSomethingGood()
    db.DoSomethingBad()
}
```

然后以下列方式调用：

```
var xxx *Xxx
⋮
DoWork(xxx, xxx)
```

方案二，可以这样定义组合接口：

```
type DoGoodAndBad interface {
    DoGooder
    DoBader
}
```

在函数中以下列方式使用组合接口：

```
func DoWork(dgb DoGoodAndBad) {
    dgb.DoSomethingGood()
    dgb.DoSomethingBad()
}
```

然后以下列方式调用：

```
var xxx *Xxx
⋮
DoWork(xxx)
```

令人惊讶的是，它也可以这样调用（使用对象，而不是指向对象的指针）：

var xxx Xxx

⋮

DoWork(xxx)

Go 编译器会检测传入的是指向对象的指针还是对象，并决定相应操作。但这仅针对接口类型的参数。

类似地，对于已有返回结构体类型的函数，可将其更改为返回多个接口或者返回组合接口的形式。

接口有一个问题，可能是很大的问题。由于 Go 不允许对同一类型使用重载（相同名称、不同签名）函数，因此可以使用相同的方法名创建多个接口，通常使用不同的参数或返回类型。但不能将它们组合到新接口中。这也意味着一个类型不能同时实现这些不同的接口。

这个问题没有简单的解决方法。因此，要慎重选择接口中的方法名称。因为最终可能因此行为而保留该名称。例如，**io.Writer** 接口基本上声明 **Write** 方法（及其特定参数）仅表示它认为的含义。由于与 **io.Writer** 接口冲突，因此其他接口无法再为其他目的创建名为 **Write** 的方法。

例如，可以创建如下接口：

```
type MyWriter interface {
    // vs. iO.Writer: Write([]byte) (int,error)
    Write([]byte, int) error
}
```

不可能创建一个同时实现 **MyWriter** 和 **io.Writer** 接口的类型。

避免此问题的一种方法是创建名称较长（通常是多字）的方法，将较短的名称留给 Go 协程开发人员使用。

7.2 有关依赖注入

为了进一步使用接口，应该尽可能地使用依赖注入（Dependency Injection, DI）。DI 是一种设计方法，在这种方法中，代码与其依赖项一起被提供，而不是自己获取它们（换句话说，让其他人提供所有依赖项）。DI 将创建依赖项的责任与依赖它的代码相分离。DI 实现通常要求注入的类型符合某些接口类型。

该方法提供了极大的灵活性，尤其是在测试代码（可以注入模拟对象）或配置对象之间的复杂关系时。第二种情况在 Java 中非常普遍，以至于创建了一个主要框架，如 Spring 以及 SpringBoot[⊖]来提供它。还存在其他选项，例如谷歌的 Guice。

维基对 DI 的定义如下：

"依赖注入将客户端依赖项的创建与客户端的行为分离，这允许程序设计松耦合并遵循依赖倒置和单一责任原则。"

⊖ https://spring.io/projects/spring-boot。

维基对 Spring 的 DI 的定义如下：

Spring 框架的核心是它的控制反转（IoC）容器，其提供了一种使用反射来配置和管理 Java 对象的一致方法。容器负责管理特定对象的对象生命周期：创建这些对象，调用它们的初始化方法，并通过将它们连接在一起来配置这些对象。容器创建的对象也称为受托管对象或 bean。可以通过依赖项查找或依赖项注入来获取对象。

那么，什么是依赖？当一个对象具有下列特性（至少）：

1. 有状态或行为。

2. 状态应该被封装（对任何用户隐藏），以便实现可以更改。因此，最好将行为表示为接口。

3. 被一些（依赖）代码使用。

在 Spring 案例中，有一个 DI 容器管理所谓的 bean（可以链接在一起的 POJO）。容器的作用通常类似于一个映射，提供可在运行时解析的命名对象。在大多数情况下，容器基于工厂方法上的注释（比如 @bean）或外部定义（比如在 XML 中）创建 bean 实例。DI 通常通过注释（例如 @Inject 或 @Wired）来指示容器将源 POJO 链接（注入）到目标 POJO。

容器完成有序的必备的 bean 的创建和注入。通常，bean 是单例对象（在整个应用程序中共享一个实例）。容器通常不是程序执行期间进出的对象的来源。通常，容器扮演主程序的角色，创建 bean，然后在程序启动时将它们"连接"在一起。

Java 的 DI 框架通常使用反射来生成待注入的对象。它们通常采用由应用程序开发人员定义的 POJO，并将其封装进增加了额外函数（例如日志或数据库事务管理）的代理⊖中。代理概念的关键在于，代理的客户端无法仅通过代理接口将其与它所代理的对象区分开来，它完全实现了代理对象的行为契约，因此是对象即插即用的替代品。在大多数情况下，POJO 类必须实现一个或多个接口，这些接口可以在运行时动态定义具体的实现。

Go 目前不支持这种代理的动态创建，因为似乎不可能在运行时使用反射来定义类型，但可使用反射实现符合接口的对象。这就是为什么经常使用代码生成方法的部分原因。也许将来会改变。Go 确实支持创建客户端可能知道的类似代理的外观（façade）对象。

将术语 POGO 定义为 POJO 的 Go 等价物。POGO 通常实现为 Go 结构体。

Go 没有标准的 DI 容器实现。Go 社区提供了一些，例如 Uber 的 Dig⊜（或 Fx⊜）和 Google 的 Wire⊜。

Dig 描述如下：

Go 的基于反射的依赖注入工具包，优点如下：

❑ 增强了应用程序框架

❑ 在程序启动期间解析对象图

⊖ https://docs.oracle.com/Javase/8/docs/api/Java/lang/reflect/Proxy.html。

⊜ https://github.com/uber-Go/dig。

⊜ https://pkg.go.dev/Go.uber.org/fx。

⊜ https://github.com/Google/wire。

Wire 描述如下：

一种代码生成工具，使用依赖注入自动连接组件。组件之间的依赖关系在 Wire 中表示为函数参数，鼓励显式初始化而不是全局变量。由于 Wire 在运行时没有运行时状态或反射，因此用于 Wire 的代码即使对于手工编写的初始化也很有用。

这两个容器实例以实际例子形式讲解了 Go 容器的主要实现方法：

1. 使用反射（如 Spring 的做法）在 POGO 中设置字段将其连接到一起。

2. 使用代码生成来创建将 POGO 连接在一起的逻辑（非常像在 main 中手动完成的逻辑）。

DI 容器特别适合于提供依赖项，如日志记录器、数据库连接池、数据缓存、HTTP 客户端和类似的伪全局值。实际上，如果以最大程度应用，那么容器自身是应用程序中唯一的公有顶层对象，所有其他的都由容器管理。

在 Go 中，有几种注入方式：

1. 实例初始化——当声明实例字面量时通过设置来注入依赖项。

2. 构造函数 / 工厂——通过传递给构造函数（New...）或一些其他的工厂方法，来实现依赖注入。通常，这是首选选项。

3. 直接字段赋值——直接通过字段赋值进行依赖注入。通常，字段必须是公有的（因为依赖类型通常在不同的包中）才能启动此功能。应避免使用这种方式。

4. Setter 方法——通过传递给"setter"方法来实现依赖注入。该方法很少使用，因为结构体并不总是为所有的私有字段提供 get/set 方法，尤其作为依赖项的公有接口。

前两种形式的局限性在于无法建立彼此循环依赖的 POGO。通常，最好避免这样的依赖图；依赖关系应该形成一个层次结构图。对于后两种，实例创建后依赖关系才设置，故会存在依赖未设置的窗口期。

清单 7-1 是手工 DI 的例子，涉及三种依赖类型（Cache、HTTPClient 和 Logger）。基函数（无 DI）例程展示在图 7-1 的浏览器中。

清单 7-1　Go 中依赖注入的示例

```go
package main

import (
    "fmt"
    "time"
)

type Cache interface {
    Get(name string) (interface{}, bool)
    Set(name string, value interface{}) error
    ClearName(name string)
    ClearAll()
}

type MapCache map[string]interface{}

func (c MapCache) Get(name string) (res interface{}, ok bool) {
    res, ok = c[name]
    return
}
```

```go
func (c MapCache) Set(name string, value interface{}) (err error) {
    c[name] = value
    return
}
func (c MapCache) ClearName(name string) {
    delete(c, name)
    return
}
func (c MapCache) ClearAll() {
    for k, _ := range c {
        delete(c, k)
    }
    return
}
type HTTPClient interface {
    SendReceive(url, method string, in interface{}) (out interface{},
        err error)
}

type EchoHTTPClient struct {
}

func (c *EchoHTTPClient) SendReceive(url, method string, in interface{})
(out interface{},
    err error) {
    out = fmt.Sprintf("SENT %s %s with %v", method, url, in)
    return
}

type Logger interface {
    Log(format string, args ...interface{})
}

type StdoutLogger struct {
}

func (l *StdoutLogger) Log(format string, args ...interface{}) {
    fmt.Printf("%s - %s\n", time.Now().Format(time.StampMilli), fmt.
    Sprintf(format, args...))
}

type HTTPService struct { //也是一个HTTPClient
    log     Logger
    client HTTPClient
    cache   Cache
    // : 其他字段不使用依赖
}

func NewService(client HTTPClient, log Logger,
    cache Cache) (s *HTTPService) {
    s = &HTTPService{}
    s.log = log
```

```go
        s.client = client
        s.cache = cache
        // : 设置其他字段
        return
}

func (s *HTTPService) SendReceive(url, method string,
    in interface{}) (out interface{}, err error) {
    key := fmt.Sprintf("%s:%s", method, url)
    if xout, ok := s.cache.Get(key); ok {
        out = xout
        return
    }
    out, err = s.client.SendReceive(url, method, in)
    s.log.Log("SendReceive(%s, %s, %v)=%v", method, url, in, err)
    if err != nil {
        return
    }
    err = s.cache.Set(key, out)
    return
}

func main() {
    log := StdoutLogger{}      // 具体类型
    client := EchoHTTPClient{} // 具体类型
    cache := MapCache{}        // 具体类型
    // 创建一个注入所有依赖的服务
    s := NewService(&client, &log, cache)
    // :
    for i:= 0; i < 5; i++ {
        if i % 3 == 0 {
            cache.ClearAll()
        }
        data, err := s.SendReceive("some URL", "GET",
            fmt.Sprintf("index=%d", i))
        if err != nil {
            fmt.Printf("Failed: %v\n", err)

            continue
        }
        fmt.Printf("Received: %v\n", data)
    }
    // :
}
```

前例显示了三种可注入接口的定义方式，并为每个接口提供了一个简单的例程（也许称作 mock）实现，然后注入每个实现。这里，main() 函数发送 5 个事务，并通过序列部分清除缓存。注意下面输出展示了缓存影响（五个事务中只有两个被执行）：

```
Jul 20 09:10:40.348 - SendReceive(GET, some URL, index=0)=<nil>
Received: SENT GET some URL with index=0
Received: SENT GET some URL with index=0
Received: SENT GET some URL with index=0
Jul 20 09:10:40.349 - SendReceive(GET, some URL, index=3)=<nil>
Received: SENT GET some URL with index=3
Received: SENT GET some URL with index=3
```

Go 社区的一些人认为使用 DI（尤其是在由容器管理时）不是地道的 Go 语言用法。DI 通过容器可隐藏对象间关系，而在代码中手动创建对象（如前所示）则更易于理解。这一论点是有道理的。但随着应用程序复杂性的增长和所涉及的部分（POGO）的增加，手动代码可能失控，自动化 DI 解决方案可能是恰当的（甚至是必要的）。

不管你如何看待这一争论，在作者看来，代码能够支持 DI 是更好的方法。此外，如果谷歌和 Facebook 都提供了一些库来进行 DI，那么它一定很有用。

7.3　面向切面编程

Java 支持面向切面编程（AOP）的编程风格。AOP 允许用户用新的行为（代码）扩充 [使用通知（advice）] 代码（通常称为基础代码或者原始代码）。维基的描述如下：

一种编程范式，旨在通过允许分离横切关注点（XCC）来增加模块化。它向现有代码中添加额外的行为（advice）不通过修改代码本身，而是通过"切点"规范单独指定要修改的代码，例如"当函数名以' set'开头时记录所有函数调用"。这允许将非业务逻辑核心的行为添加到程序中，而不会弄乱功能的核心代码。

AOP 中的三个关键概念是：

1. 切点（Pointcut）——表明何处使用 advice；通常，一些断言（通常是正则表达式之类的模式）选择要处理的代码或数据。切点通常仅限于匹配一个或多个类型中的一个或多个方法，但一些 AOP 系统也允许匹配数据字段。许多连接点可以匹配切点。

2. 通知（advice）——触发切点时的执行内容。有很多种 advice，但最常见的是 Before、After 和 Around。

3. 连接点（Join point）——代码中应用 advice 的实际位置。

切点和通知代码通常由一种类似类的结构称为切面（aspect）定义，这是一种描述所需切点或通知的方法。Java 中，有下列几种方法可以在连接点上应用 advice：

1. 静态重写源代码——一些预处理器（编译前）编辑基本源代码。

2. 静态重写目标代码——一些后置处理器（编译后）编辑基本目标代码（在 Go 中，这很难实现；如果在代码生成阶段实现，则比较容易，但需要编译做一些变动）。

3. 动态重写目标代码——一些运行时处理器通常在首次加载目标代码时编辑它（Go 中这很难做到）。

4. 使用动态代理——一些运行时处理器通常在首次加载代码时包装代码（这在 Go 中很难做到）。

Java 有几个 AOP 实现。最流行的是 AspectJ[⊖]和 Spring AOP[⊖]。AspectJ 更全面，主要使用上述方法二和三。Spring AOP 主要使用上述方法四。

AOP 通常用来给代码添加行为。常见例子是向 Web API 处理程序添加日志记录、授权检查和事务支持。这些是 XCC 的例子，它们通常不属于代码的主要目的或核心关注点，但支持上下文需求。如果主代码未被代码搞乱，则最好提供它们。

Go AOP 选项是有限的。标准库未直接支持该功能。存在一些社区提供的选项，但可能不成熟，不如 Java 的功能全面。目前，Go 的 AOP 产品不支持像 Java AOP 一样非侵入式地（客户端和服务代码都没有更改）向基类型添加 advice。

AOP 风格的编程可能看起来很"神奇"（代码有新的行为，而行为的来源并不总是显而易见）。与 DI 容器一样，AOP 风格的编程在 Go 中也不常用。但就像 DI 一样，它可以成为一种强大的支持手段。

在 Go 中，类似 AOP 的行为可以通过应用代码来实现，通常称为中间件（又名软件胶水）。这是通过将服务包装在符合服务原型的处理器中，在客户端和服务（因此称为"中间"）之间添加的功能。由于 Go 支持一等函数，因此中间件可以相对容易地实现。

注意，任何 HTTP 处理程序必须遵从 `net/http` 定义的接口：

```
type HandlerFunc func(http.ResponseWriter, *http.Request)
```

给定的辅助函数，如清单 7-2 和清单 7-3（也叫作中间件或者环绕通知）所示。

清单 7-2　HTTP 请求的通知 / 中间件（第一部分）

```go
package main

import (
    "fmt"
    "log"
    "net/http"
    "time"
)

func LogWrapper(f http.HandlerFunc) http.HandlerFunc {
    return func(w http.ResponseWriter, req *http.Request) {
        method, path := req.Method, req.URL
        fmt.Printf("entered handler for %s %s\n", method, path)
        f(w, req)
        fmt.Printf("exited handler for %s %s\n", method, path)
    }
}

func ElapsedTimeWrapper(f http.HandlerFunc) http.HandlerFunc {
    return func(w http.ResponseWriter, req *http.Request) {
        method, path := req.Method, req.URL
        start := time.Now().UnixNano()
```

⊖　www.eclipse.org/aspectj/。

⊖　https://howtodoinjava.com/spring-aop-tutorial/。

```
        f(w, req)
        fmt.Printf("elapsed time for %s %s: %dns\n",
            method, path, time.Now().UnixNano() - start)
    }
}
```

注意，这些包装器函数返回的是在调用目标服务时而不是在调用包装器时应用的其他函数。这两种方法都是环绕通知（最常见的一种）的示例，因为它们在目标服务被调用之前和服务返回之后都会执行操作。

如果需要环绕行为涵盖可能的panic，则重写包装器函数如下：

```
⋮
defer func(){
    if p := recover(); p != nil {
        fmt.Printf("elapsed time for %s %s failed: %v\n",
            method, path, p)
        panic(p)
    }
}()
f(w, req)
⋮
```

例如，为HTTP请求处理程序添加日志记录和计时功能，如清单7-3所示。

清单 7-3　HTTP请求的通知 / 中间件（第二部分）

```
var spec = ":8086"   // localhost

func main() {
    // 常规 HTTP 请求处理程序
    handler := func(w http.ResponseWriter, req *http.Request) {
        fmt.Printf("in handler %v %v\n", req.Method, req.URL)
        time.Sleep(1 * time.Second)
        w.Write([]byte(fmt.Sprintf("In handler for %s %s", req.Method,
        req.URL)))
    }
    // 建议处理程序
    http.HandleFunc("/test", LogWrapper(ElapsedTimeWrapper(handler)))
    if err := http.ListenAndServe(spec, nil); err != nil {
        log.Fatalf("Failed to start server on %s: %v", spec, err)
    }
}
```

使用通知调用请求如图7-1所示。

图 7-1　使用通知调用请求

输出如下日志结果：

```
entered handler for GET /test
in handler GET /test
elapsed time for GET /test: 1000141900ns
exited handler for GET /test
```

在这里，日志记录和计时的独立功能由不同的中间件片段添加；原始处理程序不会受到任何影响。HTTP 引擎也是如此。可以应用任意数量的包装器（以增加一些执行时间为代价）。一个成熟的 AOP 系统可能会自动应用这样的中间件，但也可以手动应用（如前所示）。

第 8 章

Go 单元测试和基准测试

对代码经常进行综合性单元测试是最佳实践。更改后使用可重复（和自动）测试进行回归测试也是最佳实践。这些实践一般是结合在一起的。同样，经常运行代码性能基准测试也是最佳实践。通常，应该创建一个测试套件，以实现尽可能接近 100% 的代码覆盖率[⊖]。虽然本书没有深入介绍，但 Go 标准运行时包支持代码覆盖率测试。一种称为测试驱动开发（Test-Driven Development，TDD）的开发风格强调在创建任何被测代码（Code Under Test, CUT）之前创建所有测试用例。

Go 的标准运行时包提供了运行 Go 代码的基本单元测试和基准测试的手段，它也支持 Go 程序的高级性能测试，但本书不做深入讨论。更多信息参见 Go 文档。对于 Java，类似的功能则需要社区提供的库和框架。Go 测试框架类似于 Java 的 JUnit[⊖]框架，尤其是其早期（在 Java 注释存在之前）版本。

Go 测试套件通常提供多个单元测试（一个单元是少量相关代码，通常是一个函数，或者可能是一个具有相关方法的类型，或者可能是一个具有多个类型和函数的包）。还可以创建功能测试（测试一组复杂的类型和函数，以查看它们作为一个集合是否按预期工作）。其他测试，如性能测试、系统测试、安全性测试、负载测试等，都是可能的，但超出了标准测试特性的范围。与 Java 一样，Go 社区为这些更高级的测试提供了增强的测试和基准测试支持。

8.1 节提供了在 Go 和 Java 中创建和运行测试用例的示例。

8.1　Go 测试用例和基准测试

测试概念最好通过示例解释。清单 8-1 给出了第一个待测代码（CUT）示例。

⊖　100% 的覆盖率需要很多测试用例，经常超过 CUT 本身。所以常使用稍微小些的目标（比如说 80%）。

⊖　最新的 JUnit 版本依赖于 Java 注释，但 Go 不支持。

清单 8-1　CUT

```go
package main

import (
    "errors"
    "math/big"
    "math/rand"
    "time"
)

// 要测试的一组函数

// Echo 输入

func EchoInt(in int) (out int) {
    randomSleep(50 * time.Millisecond)
    out = in
    return
}

func EchoFloat(in float64) (out float64) {
    randomSleep(50 * time.Millisecond)
    out = in
    return
}

func EchoString(in string) (out string) {
    randomSleep(50 * time.Millisecond)
    out = in
    return
}

// Sum 输入

func SumInt(in1, in2 int) (out int) {
    randomSleep(50 * time.Millisecond)
    out = in1 + in2
    return
}

func SumFloat(in1, in2 float64) (out float64) {
    randomSleep(5)
    out = in1 + in2
    return
}

func SumString(in1, in2 string) (out string) {
    randomSleep(50 * time.Millisecond)
    out = in1 + in2
    return
}

// 阶乘计算: factorial(n):
```

```go
// n < 0 - 未定义
// n == 0 - 1
// n > 0 - n * factorial(n-1)

var ErrInvalidInput = errors.New("invalid input")

// Factorial via iteration
func FactorialIterate(n int64) (res *big.Int, err error) {
    if n < 0 {
        err = ErrInvalidInput
        return
    }
    res = big.NewInt(1)
    if n == 0 {
        return
    }
    for  i := int64(1); i <= n; i++ {
        res.Mul(res, big.NewInt(i))
    }
    return
}

// 通过递归阶乘
func FactorialRecurse(n int64) (res *big.Int, err error) {
    if n < 0 {
        err = ErrInvalidInput
        return
    }
    res = big.NewInt(1)
    if n == 0 {
        return
    }
    term := big.NewInt(n)
    facm1, err := FactorialRecurse(n - 1)
    if err != nil {
        return
    }
    res = term.Mul(term, facm1)
    return
}

// 一个帮助工具

func randomSleep(dur time.Duration ) {
    time.Sleep(time.Duration((1 + rand.Intn(int(dur)))))
}
```

注意，阶乘函数使用 `bigint` 类型，这样就可以表示阶乘的（相当大的）结果。

现在是测试用例。

每个测试用例都是这种形式的函数：

```go
func TestXxx(t *testing.T) {
    expect := <expected vale>
    got := <actual value from CUT>
    if got != expect {
        reportNoMatch(t, got, expect)
    }
}
```

注意，通常使用"want"一词代替"expect"。

所有测试用例都必须以"Test"前缀开头，然后是特定的测试用例名称。每个函数都有一个链接到测试库的 T 类型参数。

每个基准测试都是这种形式的函数：

```go
func BenchmarkXxx(b *testing.B) {
    for i := 0; i < b.N; i++ {
        <do something to be timed>
    }
}
```

所有的基准测试都必须以"Benchmark"前缀开头，然后是特定的测试用例名称。每个函数都有一个链接到测试库的 B 类型参数。

测试用例和基准测试通常放在 XXX_test.go 形式的文件中，其中 XXX 是测试用例名称。"_test"后缀是必需的，这样测试用例运行器就知道不需要查找要调用的 main 函数。这可能很方便，因为不需要创建 main 包和 main 函数来运行代码的测试用例，这在没有测试运行器时是必需的。

通常，CUT（待测代码）和测试用例位于同一包 / 目录，如图 8-1 所示。

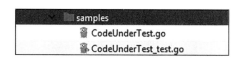

图 8-1　待测代码和相应的测试用例

清单 8-2 是测试用例的一些示例。

注意，即使输入值相对较小（例如 100），阶乘的结果也会很大。随着输入变大，阶乘的结果会快速增长。没有常规的整型（例如 uint64）能够保存这样的结果。

清单 8-2　测试用例和基准测试

```go
package main

import (
    "fmt"
    "math/big"
    "os"
    "testing"
    "time"
)
```

```go
const factorialInput = 100
const factorialExpect = "933262154439441526816992388562667004907159682643816
2146859296389521759999322991560894146397615651828625369792082722375825118
521091686400000000000000000000000000"

// 测试函数
func TestEchoInt(t *testing.T) {
    //fmt.Println("in TestEchoInt")
    expect := 10
    got := EchoInt(expect)
    if got != expect {
        reportNoMatch(t, got, expect)
    }
}

func TestSumInt(t *testing.T) {
    //fmt.Println("in TestSumInt")
    expect := 10
    got := SumInt(expect, expect)
    if got != expect+expect {
        reportNoMatch(t, got, expect+expect)
    }
}

func TestEchoFloat(t *testing.T) {
    //fmt.Println("in TestEchoFloat")
    expect := 10.0
    got := EchoFloat(expect)
    if got != expect {
        reportNoMatch(t, got, expect)
    }
}

func TestSumFloat(t *testing.T) {
    //fmt.Println("in TestSumFloat")
    expect := 10.0
    got := SumFloat(expect, expect)
    if got != expect+expect {
        reportNoMatch(t, got, expect+expect)
    }
}

func TestEchoString(t *testing.T) {
    fmt.Println("in TestEchoString")
    expect := "hello"
    got := EchoString(expect)
    if got != expect {
        reportNoMatch(t, got, expect)
    }
}
```

```go
func TestSumString(t *testing.T) {
    //fmt.Println("in TestSumString")
    expect := "hello"
    got := SumString(expect, expect)
    if got != expect+expect {
        reportNoMatch(t, got, expect+expect)
    }
}

func TestFactorialIterate(t *testing.T) {
    //fmt.Println("in TestFactorialIterate")
    expect := big.NewInt(0)
    expect.SetString(factorialExpect, 10)
    got, err := FactorialIterate(factorialnput)
    if err != nil {
        reportFail(t, err)
    }
    if expect.Cmp(got) != 0 {
        reportNoMatch(t, got, expect)
    }
}

func TestFactorialRecurse(t *testing.T) {
    //fmt.Println("in TestFactorialRecurse")
    expect := big.NewInt(0)
    expect.SetString(factorialExpect, 10)
    got, err := FactorialRecurse(factorialnput)
    if err != nil {
        reportFail(t, err)
    }
    if expect.Cmp(got) != 0 {
        reportNoMatch(t, got, expect)
    }
}

// 基准程序

func BenchmarkFacInt(b *testing.B) {
    for i := 0; i < b.N; i++ {
        FactorialIterate(factorialnput)
    }
}
func BenchmarkFacRec(b *testing.B) {
    for i := 0; i < b.N; i++ {
        FactorialRecurse(factorialnput)
    }
}

// 帮助工具

func reportNoMatch(t *testing.T, got interface{}, expect interface{}) {
```

```go
        t.Error(fmt.Sprintf("got(%v) != expect(%v)", got, expect))
    }

    func reportFail(t *testing.T, err error) {
        t.Error(fmt.Sprintf("failure: %v", err))
    }

    var start time.Time

    // 进行任何测试设置
    func setup() {
        // 在这里设置
        fmt.Printf("starting tests...\n")
        start = time.Now()
    }

    // 进行任何测试清理
    func teardown() {
        end := time.Now()
        // 在这里清理
        fmt.Printf("tests complete in %dms\n", end.Sub(start)/time.Millisecond)
    }

    // 使用设置和清理运行测试
    func TestMain(m *testing.M) {
        setup()
        rc := m.Run()
        teardown()
        os.Exit(rc)
    }
```

使用 go test{<option>...} 命令运行单元测试和基准测试。关键选项是 -bench=
<re>，它指定一个正则表达式 (<re>) 来进行具体的基准测试，通常用 "." 来匹配。如果
未指定，则不会运行任何基准测试。请注意，基准测试可能会使测试套件花费大量时间来
运行，因此不要每次都运行它们。

以下是在 IDE 中运行上述套件的结果：

```
GOROOT=C:\Users\Administrator\sdk\go1.14.2 #gosetup
GOPATH=C:\Users\Administrator\IdeaProjects;C:\Users\Administrator\
IdeaProjects\LifeServer;C:\Users\Administrator\go #gosetup
C:\Users\Administrator\sdk\go1.14.2\bin\go.exe test -c -o C:\Users\
Administrator\AppData\Local\Temp\1\___CodeUnderTest_test_go.exe samples
#gosetup
C:\Users\Administrator\sdk\go1.14.2\bin\go.exe tool test2json -t C:\Users\
Administrator\AppData\Local\Temp\1\___CodeUnderTest_test_go.exe -test.v
-test.run "^TestEchoInt|TestSumInt|TestEchoFloat|TestSumFloat|TestEchoString|
TestSumString|TestFactorialIterate|TestFactorialRecurse$" -test.bench=.
#gosetup
starting tests...
```

```
=== RUN    TestEchoInt
--- PASS: TestEchoInt (0.05s)
=== RUN    TestSumInt
--- PASS: TestSumInt (0.02s)
=== RUN    TestEchoFloat
--- PASS: TestEchoFloat (0.03s)
=== RUN    TestSumFloat
--- PASS: TestSumFloat (0.00s)
=== RUN    TestEchoString
in TestEchoString
--- PASS: TestEchoString (0.01s)
=== RUN    TestSumString
--- PASS: TestSumString (0.03s)
=== RUN    TestFactorialIterate
--- PASS: TestFactorialIterate (0.00s)
=== RUN    TestFactorialRecurse
--- PASS: TestFactorialRecurse (0.00s)
goos: windows
goarch: amd64
pkg: samples
BenchmarkFacInt
BenchmarkFacInt-48              76730              15441 ns/op
BenchmarkFacRec
BenchmarkFacRec-48             52176              23093 ns/op
PASS
tests complete in 2924ms

Process finished with exit code 0
```

在本例中，所有测试都通过了。两个基准测试显示通过迭代（较快，约 15μs）和递归（较慢，约 23μs）实现阶乘所用的时间明显不同。这是可预料的，因为递归实现在输入值上增加了大量额外的调用 / 返回时间开销。

注意 setup 和 teardown 代码添加的消息。另外，注意基准运行器根据每次迭代所用的时间选择不同迭代计数（for 循环中的 N）。它通过在全面运行之前首先进行一些预备运行来实现。

为了演示代码覆盖率，测试用例测试了覆盖性。图 8-2 展示了覆盖率总结报告。

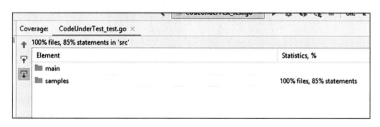

图 8-2　测试用例覆盖率总结报告

图 8-3 展示了不同覆盖率的 CUT 代码段。

```
53    // Factorial computation: factorial(n):
54    // n < 0 - undefined
55    // n == 0 - 1
56    // n > 0 - n * factorial(n-1)
57
58    var ErrInvalidInput = errors.New( text: "invalid input")
59
60    // Factorial via iteration
61    func FactorialIterate(n int64) (res *big.Int, err error) {
62        if n < 0 {
63            err = ErrInvalidInput
64            return
65        }
66        res = big.NewInt( x: 1)
67        if n == 0 {
68            return
69        }
70        for  i := int64(1); i <= n; i++ {
71            res.Mul(res, big.NewInt(i))
72        }
73        return
74    }
```

图 8-3　基于源代码测试的测试用例覆盖率指标

第 61、66 和 70 ～ 73 行展示了代码运行；第 62、67 行展示了仅覆盖部分路径的代码（通常是 if 或 switch 语句）；第 63 ～ 65、68、69 行展示了代码根本没有运行。可以根据此报告添加其他测试用例以增加覆盖率。

某些 IDE 可以运行 Go 分析并生成报告和图形或结果。下面是针对测试套件运行配置文件的示例。在这些示例中很难看到细节，并且对于我们的讨论并不重要，但是这种仅使用标准 Go 库和工具分析代码的能力非常强大。在 Java 中，这需要社区支持。

图 8-4 展示了 CPU 使用率的分析结果。

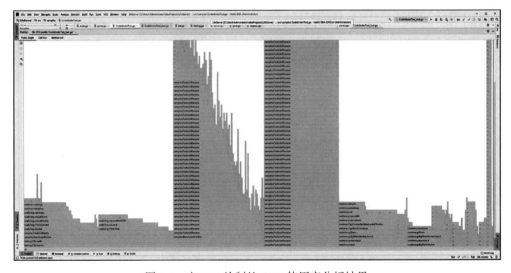

图 8-4　由 IDE 绘制的 CPU 使用率分析结果

内存使用率分析结果如图 8-5 所示。

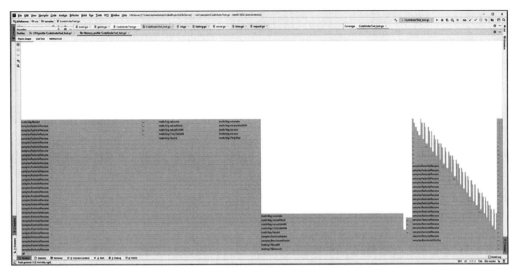

图 8-5　由 IDE 绘制的内存使用率分析结果

8.2　Java 测试用例

为了与 Java 对比，清单 8-3 包含了类似的 CUT 和测试用例。JUnit 没有简单的基准测试特性，因此基准测试是通过手工构建⊖的测试用例。下面的 Java 示例使用 JUnit 5。注意，JUnit 测试用例使用 Java 注释（如 @Test，而不是方法命名转换）识别测试用例，"test"前缀非必需。

清单 8-3　Java JUnit 测试用例

```java
package org.baf.test;

import static org.junit.jupiter.api.Assertions.fail;

import java.math.BigInteger;

import org.baf.CodeUnderTest;
import org.junit.jupiter.api.AfterAll;
import org.junit.jupiter.api.BeforeAll;
import org.junit.jupiter.api.Test;

public class CodeUnderTestTester {
  private static final String factorial100Expect = "93326215443944152681699
  23885626670049071596826438162146859296389521759999322991560894414639761565
  18286253697920827223758251185210916864000000000000000000000000";

  static long start;
```

⊖　正如所写的，没有考虑 for 循环添加的时间。生产基准必须考虑。

```java
    static int limit = 10_000;

    @Test
    void testEchoInt() {
      int expect = 10;
      int got = CodeUnderTest.echoInt(expect);
      if (got != expect) {
        reportNoMatch(got, expect);
      }
    }
@Test
void testEchoFloat() {
  double expect = 10;
  double got = CodeUnderTest.echoFloat(expect);
  if (got != expect) {
    reportNoMatch(got, expect);
  }
}

@Test
void testEchoString() {
  String expect = "hello";
  String got = CodeUnderTest.echoString(expect);
  if (!got.equals(expect)) {
    reportNoMatch(got, expect);
  }
}

@Test
void testFactorialIterate() {
  BigInteger expect = new BigInteger(factorial100Expect);
  BigInteger got = CodeUnderTest.factorialIterative(100);
  if (!got.equals(expect)) {
    reportNoMatch(got, expect);
  }
}

@Test
void testFactorialRecurse() {
  BigInteger expect = new BigInteger(factorial100Expect);
  BigInteger got = CodeUnderTest.factorialRecursive(100);
  if (!got.equals(expect)) {
    reportNoMatch(got, expect);
  }
}
@Test
void benchmarkFactorialInt() {
  long start = System.currentTimeMillis();
  for (int i = 0; i < limit; i++) {
    CodeUnderTest.factorialIterative(1000);
```

```
  }
  long end = System.currentTimeMillis(), delta = end - start;
  System.out.printf("factorialIterativeve : iterations=%d,
  totalTime=%.2fs, per call=%.3fms%n", limit,
      (double) delta / 1000, (double) delta / limit);
}

@Test
void benchmarkFactorialRec() {
  long start = System.currentTimeMillis();
  for (int i = 0; i < limit; i++) {
    CodeUnderTest.factorialRecursive(1000);
  }
  long end = System.currentTimeMillis(), delta = end - start;
  System.out.printf("factorialRecursive : iterations=%d, totalTime=%.2fs,
  per call=%.3fms%n", limit,
      (double) delta / 1000, (double) delta / limit);
}

@BeforeAll
static void setUp() throws Exception {
  System.out.printf("starting tests...%n");
  start = System.currentTimeMillis();
}

@AfterAll
static void tearDown() throws Exception {
  long end = System.currentTimeMillis();
  System.out.printf("tests complete in %dms%n", end - start);
}
  private void reportNoMatch(Object got, Object expect) {
    fail(String.format("got(%s) != expect(%s)", got.toString(), expect.
    toString()));
  }

  private void reportFail(String message) {
    fail(String.format("failure: %s", message));
  }
}
```

使用 Eclipse IDE，测试用例针对 CUT 运行。与 Go 示例一样，所有测试用例都通过，如图 8-6 所示。

图 8-7 展示了报告总结。

测试输出结果如下：

```
benchmarkFactorialInt : iterations=10000, totalTime=0.17s, per call=17400ns
benchmarkFactorialRec : iterations=10000, totalTime=0.11s, per call=10700ns
```

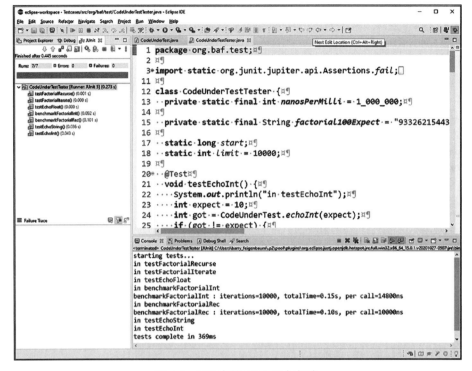

图 8-6　IDE 中的 JUnit 运行报告

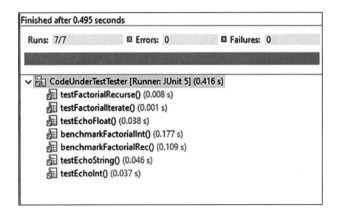

图 8-7　IDE 中的 JUnit 运行总结

　　注意迭代和回归阶乘实现的消耗时间差异很小。这表示相比计算阶乘，调用 / 返回的额外消耗很小，多数时间是在阶乘方法中。

　　比较 Java 与 Go 的结果。尽管不完全相同，但大体类似。

BenchmarkFacInt-48	76730	15441 ns/op
BenchmarkFacRec-48	52176	23093 ns/op

第 9 章 *Chapter 9*

Go 的未来

在结束学习 Go 之前，我们将简要介绍一些可能的未来增强功能。然后，我们将所学的知识组合成顶点（capstone）项目、一个相当大的 Web 服务器程序，希望它们也会很有趣。

本书第三部分将提供一些使用 Go 库的背景知识和示例，作为学习顶点项目的一部分，读者应该温习下这些知识。

在展望未来之前，让我们先回顾下。同 Java 一样，Go 一开始不是现在这样。随时间推移，Go 的实现不断发展和成熟。Go 有一个持续改进的历史，肯定会继续下去。

随着时间的推移，Go 会持续改善。对于语言和运行时库，有很多被提议的增强。一些可能已融入 Go 中。一些提议不能向后兼容。这些提议的变更是否进入 Go 1.x 的版本中，或等到 Go2.x（如果有的话），都有待确定。

在众多潜在的增强功能中，有两个关键的潜在增强功能正在讨论中。

9.1 改进的错误处理

Go 的处理错误的惯用方式是枯燥的。https://Go.googlesource.com/proposal/+/master/ design/Go2draft-error-handling-overview.md 给出新的改进建议。

Go 代码目前通常的处理错误方式如下：

```go
func FileCopy(fromPath, toPath string) (count int64, err error) {
    reader, err := os.Open(fromPath)
    if err != nil {
        return
    }
    defer reader.Close()
    writer, err := os.Create(toPath)
    if err != nil {
```

```
            return
        }
        defer writer.Close()
        count, err = io.Copy(writer, reader)
        return
    }
```

其内容是重复的。另外，相当大一部分代码是错误处理。

即使进行了所有检查，即使文件拷贝函数失败，输出文件仍可能保留。在产品中输出文件应该被移除的。另外，报告错误可能没提供足够的上下文信息，从故障中恢复。事情应该会更好。拟议的设计允许以下情况：

```
func FileCopy(fromPath, toPath string) (count int64, err error) {
    handle err {
        return fmt.Errorf("copy(%q,%q) failed: %v",
        fromPath, toPath, err)
    }
    reader := check os.Open(fromPath)
    defer reader.Close()
    writer := check os.Create(toPath)
    handle err {
        writer.Close()
        os.Remove(toPath) // 清理
    }
    count = check io.Copy(writer, reader)
    return
}
```

另一简短示例为：

```
func main() {
    handle err {
        log.Fatalf("main failed due to %v", err)
    }
    text := check ioutil.ReadAll(os.Stdin)
    check os.Stdout.Write(text)
}
```

此处，`handle` 语句的功能有点类似 `defer` 语句，处理错误并将它们传递给之前的 `handle` 块，直到 `return` 执行。`action` 语句上的 `check` 前缀查找（并使用）返回的错误值，如果存在，则触发将错误传递给它的 `handle` 链。请注意，烦琐的 `if/return` 习惯被 `check` 替换。这使得错误处理更像 panic 处理。

9.2　Go 泛型

当前 Go 好像缺少的另一个重要特性是生成泛型类型的能力。这是正被定义的和现已被接受的[⊖]增强功能。这里是有关 Go 中的泛型的预告。本简介并不打算涵盖泛型的所有方面。

⊖　https://github.com/golang/proposal#accepted。

下面的提案总结了这一概念：

建议**扩张 Go 语言，以便为类型和函数声明添加可选的类型形参**。接口类型约束类型形参。接口类型用作类型约束时，允许列出可分配给它们的类型集。通过统一算法进行的类型推断允许在许多情况下从函数调用中省略类型实参。**该设计完全向后兼容 Go 1**。

……**泛型术语是**……表示采用类型形参的函数或者类型的简写。

在 Go 中，这些类型形参被包进方括号中（`[...]`）。在 Java 中，尖括号（`<...>`）有类似的功能。例如，考虑以下泛型函数：

```
func DoIt[T any](s []T) {
    ⋮
}
```

其中 `[T any]` 定义了可以采用任意类型的类型形参。注意，前句中的 `any` 是 `interface{}` 的同义词。

Java 的对应内容是：

```
public <T> void doIt(List<T> s) {
    ⋮
}
```

该提案将进一步详细说明[⊖]，并总结拟议的变更：

❑ 函数可有额外的类型形参列表，列表使用方括号，但在其他方面看起来像普通参数列表：`func F[T any](p T) { ... }`。

❑ 这些类型形参可由常规参数和函数体使用。

❑ 类型也可有类型形参列表：`type MySlice[T any] []T`。

❑ 每个类型形参有类型约束，就像普通参数有类型：`func F[T Constraint](p T) { ... }`。

❑ 类型约束是接口类型。

❑ 新的预声明名称 `any` 是允许任何类型的类型约束。

❑ 用作类型约束的接口类型可有预声明类型的列表；只有匹配某一个类型的类型实参符合约束。

❑ 泛型函数可能只使用类型约束所允许的操作。

❑ 使用泛型函数或者类型需传递类型实参。

❑ 类型推断允许忽略常见情况下函数调用的类型实参。

在 Java 中，泛型只能在引用（对象和它的子类）类型，不能是基本类型。Go 无此限制。此 Go 函数可通过为 T 类型形参提供真实类型来使用。例如：

```
DoIt[int]([]int{1, 2, 3, 4, 5})
```

其中泛型类型被设为 `int`。通常，编译器可推断该类型，上例改写为：

```
DoIt([]int{1, 2, 3, 4, 5})
```

⊖　https://github.com/Golang/Go/issues/43651。

类似非泛型调用。

通常，需要限制（约束）泛型类型，即可以具有实际类型（即实/具体化）的类型。通常，这意味着一个接口限制类型，以便其方法可以被调用。

为了将类型形参限制为符合 `fmt.Stringer` 的接口，应如下编写：

```
func DoIt[T fmt.Stringer](s []T) {
    ⋮
}
```

Java 的（最接近的）对应项：

```
public <T extends Stringer> void doIt(List<T> s) {
    ⋮
}
```

如同 Java，函数可有多个类型形参，例如：

```
func DoIt[S fmt.Stringer, R io.Reader](r R, s []S) {
    ⋮
}
```

此时，这些类型形参是不同的（即使基于相同实际类型）。下面的例子来自 Go 的提案网站。

类型也可是泛型。考虑这个泛型切片类型：

```
type Slice[T any] []T
```

为实现（或实例化）这种类型形参，可以提供如下示例的类型来使用：

```
var s Slice[int]
```

泛型类型，如同非泛型类型，可有如下方法：

```
func (v *Slice[T]) AddToEnd(x T) {
    *v = append(*v, x)
}
```

该实现有些保持其简洁的限制条件。方法是限制与其所属类型相同的类型形参，它不能再添加了。没有计划允许对泛型类型形参或组合文字量进行反射。

为了在泛型类型上进行操作，必须将类型映射到有操作的类型上。在 Go 中，操作通常限定于预定义类型。因此，需要将泛型类型限制为一个或多个受限的预定义类型。可以通过声明接口类型来实现，该接口类型枚举允许的预定义类型。例如：

```
type SignedInt interface {
    type int, int8, int16, int32, int64
}
```

代表所有有符号整数类型或者任何继承有符号整数类型的类型。这不是常规接口，不能被用作基类型，只能用作约束。常用的分组接口可由标准 Go 运行时提供。

如同 `any` 预定义的约束，`comparable` 约束允许任何支持等式比较的类型。

使用切片的泛型例子：

```
func SliceMap[T1, T2 any](s []T1, mapper func(T1) T2) (res []T2) {
```

```
        res := make([]T2, len(s))
        for i, v := range s {
                res[i] = mapper(v)
        }
        return
}
func SliceReduce[T1, T2 any](s []T1, first T2,
    reducer func(T2, T1) T2) (acc T2) {
        acc := first
        for _, v := range s {
                acc = reducer(acc, v)
        }
        return
}
func SliceFilter[T any](s []T, pred func(T) bool) (match []T) {
        match = make([]T, 0, len(s))
        for _, v := range s {
                if pred(v) {
                        match = append(match, v)
                }
        }
        return
}
```

注意，Go 的泛型类型没有 Java 泛型所具有的反 / 协变问题[⊖]。这是因为 Go 不支持类型继承。在 Go 中，每个类型都是不同的，不能混入泛型类型（如集合）。

为了尽早了解泛型引用，可使用扩展的 Go Playground。图 9-1 中给出了在整数和浮点数值上的 min（最小值）函数的泛型版本。

图 9-1　使用泛型的 Playground 例子

⊖ https://dzone.com/articles/covariance-and-contravariance。

还有其他例子，如图 9-2 所示。

图 9-2　其他泛型例子

9.3　生命游戏的 capstone 示例

下文提供了一个重要的综合编码示例，即 capstone，它是用 Java 和 Go 语言分别编写的。Go capstone 实现演示了许多基础 Go 函数、Go 协程的应用和 HTTP 服务器实现。Java 的 capstone 实现演示了用 Java 编写类似程序的方法。

capstone 程序实现 John Conway 定义的生命游戏（Game of Life，GoL）。该游戏是零玩家游戏，在一个类似伪培养皿（Petri dish）的约束环境中模拟"微生物生命"的多代（亦称轮回或循环）。在这种情况下，培养皿由包含活（充满）或死（空）细胞的矩形网格表示。根据 Conway 的规则，游戏的迭代（离散时间前进）会导致细胞停滞、繁殖或死亡。

根据网格大小、"活动"单元的初始位置和玩游戏的世代，可能会出现许多可能的、通常很有趣的模式。模式通常会结束于循环或固定。某些模式最终会导致一个空（全死）网格。

贯穿所有世代，游戏的一般规则是

❏ 已死细胞如有三个活的相邻细胞，则为活。

❏ 任何活的细胞如周围有两个或三个活细胞，则保持活；否则为死。

❏ 所有其他的死细胞为死。

图 9-3 提供了正在进行的不同 GoL 实现的示例快照。其中黑色为活细胞，灰色为死细胞。随着游戏的进行（又名循环），细胞从活到死或从死到活，因此可以在网格周围移动或改变组形状。

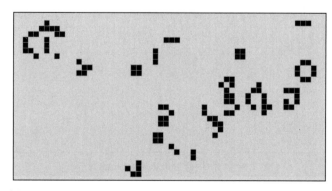

图 9-3　生命游戏示例的网格（来自 `http://pi.math.cornell.edu/~lipa/mec/ lesson6.html`）

GoL 的网格通过加载 PNG[⊖]图片来初始化。它可以是一个真实图片，例如照片、卡通或一些（通常）设定了具体单元格的较小网格，通常在微软画图程序中绘制，如图 9-4 所示。

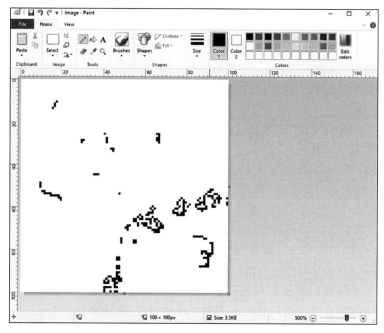

图 9-4　在微软画图程序中生成 GoL 网格

图 9-4 可被存为 PNG 格式，如图 9-5 所示。

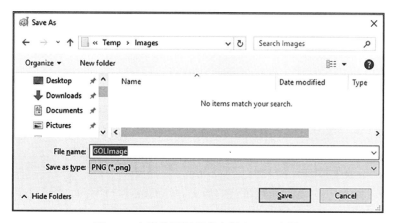

图 9-5　在微软画图程序中保存 GoL 网格

图片的宽和高设置为网格的宽和高（本例为 100×100）。如图是彩图，则被映射为黑白（BW）。RGB 和高于阈值的为白色，其余为黑色。具体见 GoL 代码。黑色表示活的细胞。

⊖　PNG 是一种无损格式，因此保留了所有细节。

加载后，将运行一组预定的循环并将其保存在内存中（GoL 程序的生产版本可能会使用文件系统或数据库来保存以前生成的循环）。

相应的 Web API（类似 REST）允许在浏览器中查看运行结果。提供两种图片格式：

1. GIF——允许显示循环序列（动画）。

2. PNG——允许显示单个循环，通常比 GIF 提供的分辨率更高。

参见代码列表中的图像样例。

程序接收这些可选的命令行标志参数（具体见 Go `flag` 包）：

❑ 游戏的名称。

❑ 图片的 URL（文件或 HTTP）。

❑ 放大系数（1 ～ 20）。

❑ 开启 HTTP 服务器的标志（默认为 true）。

❑ 使能游戏定时循环的标志（默认为 false）。

❑ 使能呈现统计报告的标志（默认为 false）。

❑ 使能生成图像文件保存的标志（默认为 false）。

如有，`name` 和 `url` 命令行参数将导致在服务器启动之前执行"`play`"操作。这可以预加载 GoL 结果。

注意，这里使用不同标志主要是为了演示命令行参数处理，而不是使 GoL 程序更高级。由于标记处理不是此程序的重点，因此可能未可靠地实现标记处理。生产环境中的游戏可能会更加关注标志，并具有更多标志（例如服务器端口值）。

程序的服务器部分提供了下面 API 路径：

❑ `GET/play`——在其上加载图片，执行 GoL 循环；返回运行过程的 JSON 统计。

　　● 查询参数：

　　`name`——一局游戏的名称。

　　`url`——指向图像的 URL（文件或 HTTP）。

❑ `GET/show`——运行过的游戏结果以图像返回。

　　● 查询参数：

　　`name`——一局游戏的名称。

　　`form`——图像格式：GIF 或者 PNG; 如为 GIF，则可能是动画（包含多个循环）。

　　`maxCount`——返回的最大循环次数（达到保存的循环计数）。

　　`mag`——放大系数（1 ～ 20）。

❑ `GET/history`——返回玩过游戏的历史。在 GoL 运行期间，历史不持久。

❑ `DELETE/history`——清空玩过游戏的历史。

注意，GoL 代码通常使用本地（`file`：协议）初始化的图片与 Web（`http`：协议）图像。所有示例都使用本地图像。

前面的 API 不能很好地满足标准 REST 定义。它们的出现仅用于演示基本的 HTTP 请求处理。通常，产品化的 REST API，使用嵌入的路径参数和其他选项，可以更复杂地匹配和分析。Go 标准库分析处理该情况稍微有困难。Go 社区有几个扩展库对处理该情况则较容易，例如 Gorilla Mux[⊖]。这些库可使 API 的匹配功能达到 Java 的 JAX-RS 和 Spring MVC 的级别。

该服务器在端口 8080 运行和监听。

由于时间复杂度为 $O(n^2)$，GoL 的计算量可能很大，尤其是对于大型网格。既然该工作很容易划分（每个单元的新循环状态只取决于其前一个循环的近邻），该示例很好地演示了如何使用 Go 协程以较低的编码工作量提高程序性能。

9.4　生命游戏的 Go 源代码

本节将提供两种形式的 GoL 实现，一种 Java，一种是 Go。这是对 Go 和 Java 编写的重大程序，进行详尽的同类型实现比较。

在两版本中，核心代码的大部分是本质相同的。通常，相同变量、类型和函数名（但大小写不同，以适应语言风格）来帮助匹配实现部分。这个比较还展示了 Go 实现 Java SE 同等功能的方法，但 Java SE 却需付出很大努力。

为了使比较更直接，Go 形式的代码首先编写和测试，然后 Java 的实现基于 Go 的形式。这意味着 Java 代码遵循了 Go 习惯用法，未充分利用 Java 语言的功能（例如，使用 Lambda 和 Stream）。Java 版本与 Go 版本在以下关键领域有所不同：

❑ 异常的使用（而不是 Go 风格的错误返回）。

❑ HTTP 服务器库差别。

❑ 图片库的差异。

❑ 命令行分析差别（Java 没有分析命令行的标准库）。

❑ 将所有函数包裹到某个类中。

通常，在该 Java 代码中只使用了公有和默认可见性。这是为了匹配 Go 的可见性。多数 Java 开发者都会选择私有，而不是默认可见性。可见性是显式的（而不是标识符大小写所暗示的）。

如同 Go 代码，Java 代码通常限定使用标准（而不是社区）库。Go 通过结构体支持标准 JSON 和 XML 生成，Java 不支持。JSE 无标准 JSON 渲染器，因此实现了基础版本，而不是使用社区实现。同等的、自编 XML 渲染器是更复杂，且对 capstone 程序非重要的，因此没实现。Go 版本使用了标准 JSON 和 XMl 渲染器库。

Java 版本使用了半标准 HTTP 服务器，`com.sun.net.httpserver.HttpServer`。它来自 Java SDK，但未使用标准 Java 包名。社区支持的其他方案违反了该程序仅用标准库的约束，其他方案如 JAX-RS 或者 Spring MVC。仅使用 Java HTTP 包编写 HTTP 服务器将是一项非常大的工作。Go 版本使用标准库 HTTP 服务器。

本书将首先展示 Java 版本，然后是 Go 版本。一旦理解了 Java 版本，Go 版本就很容易理解。要注意两版本之间的相似性，它们是被特意设计相近的。当检查代码时，在 Java 和

⊖ 参见 https://github.com/gorilla/mux。

Go 源代码之间来回有助于理解。或者可以从 Go 实现开始，并参考 Java 实现。这可以根据自己的喜好来选择。

注意，capstone 程序的 Java 代码是使用 Eclipse IDE 和使用 IntelliJ IDEA IDE 的 Go 代码。这是为了更好的代码格式化。

9.4.1　Java 实现的 capstone 项目

GoL 的 Java 形式由单独的 **org.baf.gol** 包构成，有如下代码：

- ❑ Main.java——主要命令处理部分
- ❑ Server.java——HTTP 服务器和请求处理器
- ❑ Game.java——GoL 的游戏逻辑
- ❑ Utility.java——辅助函数
- ❑ AnnimatedGifWriter.java——将多个图像组合成 GIF 的辅助函数
- ❑ Logger.java——简单的 Go logger 替代
- ❑ ParameterProvider.java——分析类间命令行参数的辅助接口（Go 版本用作全局公有值）
- ❑ Formatter.java——格式化映射的辅助接口
- ❑ JsonFormatter.java——将映射格式化为 JSON 的格式器
- ❑ XmlFormatter.java——将映射格式化为 XML 的格式器（未实现）

注意，Go 版本也包含前四个源代码。两版本几乎功能等同。需其他源代码处理 Java 和 Go 运行时之间的差异。

注意，本例使用了 Java 14 的特性，并至少在此版本编译运行。该版本预先使用了 Java 的一些新功能。

Main.java

Main.java 包含了 **main** 函数，用来检测任何命令行参数，并处理它们。它使用自定义的，但很简单的代码来处理所有命令行标志。它还可以选择启动 HTTP 服务器。

清单 9-1（Main.java）包含如下代码。

清单 9-1　源文件 1Main.java

```java
package org.baf.gol;

import org.baf.gol.Logger;

import java.util.ArrayList;
import java.util.Arrays;
/**
 * Main GoL 引擎
 */
public class Main implements ParameterProvider {
  // 命令行值
  String urlString, nameString;
  int magFactorInt = 1, gameCycles = 10;
  boolean startServerFlag, runTimingsFlag, reportFlag, saveImageFlag;
```

```java
  public static String saveImageRoot = "/temp"; // 每个 OS 类型更改

  @Override
  public String getUrlParameter() {
    return urlString;
  }
  @Override
  public String getNameParameter() {
    return nameString;
  }

  @Override
  public int getMagFactorParameter() {
    return magFactorInt;
  }

  @Override
  public boolean startServerFlag() {
    return startServerFlag;
  }

  @Override
  public boolean runTimingsFlag() {
    return runTimingsFlag;
  }

  @Override
  public boolean reportFlag() {
    return reportFlag;
  }

  @Override
  public boolean saveImageFlag() {
    return saveImageFlag;
  }

  @Override
  public int getGameCyclesParameter() {
    return gameCycles;
  }
/**
 * 主入口点
 *
 * 示例: -n tiny1 -u file:/.../tiny1.png
 */
public static void main(String[] args) {
  if (args.length == 0) {
    printHelp();
    return;
  }
  try {
```

```java
        var main = new Main();
        if (!main.parseArgs(args)) {
            Logger.log.tracef("Command arguments: %s", Arrays.toString(args));
            printHelp();
            System.exit(1);
        }
        main.launch();
    } catch (Exception e) {
        Logger.log.exceptionf(e, "launched failed");
        System.exit(3);
    }
}

private void launch() throws Exception {
    Game.coreGame = new Game(this);
    Game.coreGame.saveImageRoot = saveImageRoot;
    Game.coreGame.maxCycles = gameCycles;

    // 需要计时
    if (!urlString.isEmpty()) {
        if (nameString.isEmpty()) {
            System.err.printf("a name is required when a URL is provided%n");
            System.exit(1);
        }
        if (runTimingsFlag) {
            runCycleTimings();
        }
    }

    // 需要服务器
    if (startServerFlag) {
        // 启动 HTTP 服务器
        var server = new Server(this);
        server.saveImageRoot = saveImageRoot;
        server.startHttpServer();
    }
}

// Go 中标志包的近似
private boolean parseArgs(String[] args) {
    boolean ok = true;
    try {
        for (int i = 0; i < args.length; i++) {
            switch (args[i].toLowerCase()) {
                case "-url":
                case "-u":
                    urlString = args[++i];
                    break;
                case "-name":
                case "-n":
```

```java
            nameString = args[++i];
          break;
      case "-magfactor":
      case "-mf":
      case "-mag":
          magFactorInt = Integer.parseInt(args[++i]);
          if (magFactorInt < 1 || magFactorInt > 20) {
            throw new IllegalArgumentException("bad magFactor: " +
            magFactorInt);
          }
          break;
      case "-gamecycles":
      case "-gc":
          gameCycles = Integer.parseInt(args[++i]);
          if (gameCycles < 1 || gameCycles > 1000) {
            throw new IllegalArgumentException("bad gameCycles: " +
            gameCycles);
          }
          break;
      case "-start":
          startServerFlag = true;
          break;
      case "-time":
          runTimingsFlag = true;
          break;
      case "-report":
          reportFlag = true;
          break;
      case "-saveimage":
      case "-si":
          saveImageFlag = true;
          break;
      default:
          throw new IllegalArgumentException("unknown parameter key: " +
          args[i]);
      }
    }
  } catch (Exception e) {
    System.err.printf("parse failed: %s%n", e.getMessage());
    ok = false;
  }
  return ok;
}
// 获取执行时间
private void runCycleTimings() throws Exception {
  var cpuCount = Runtime.getRuntime().availableProcessors();
  for (var i = 1; i <= 64; i *= 2) {
    Logger.log.tracef("Running with %d threads, %d CPUs...", i,
```

```
      cpuCount);
      Game coreGame = Game.coreGame;
      coreGame.threadCount = i;
      coreGame.run(getNameParameter(), getUrlParameter());

    if (reportFlag()) {
      Logger.log.tracef("Game max: %d, go count: %d:", i, coreGame.
      maxCycles, coreGame.threadCount);
      for (var grk : coreGame.runs.keySet()) {
        var gr = coreGame.runs.get(grk);
        Logger.log.tracef("Game Run: %s, cycle count: %d", gr.name,
        gr.cycles.size());
        for (var c : gr.cycles) {
          long start = c.startedAt.getTime(), end = c.endedAt.getTime();
          Logger.log.tracef("Cycle: start epoch: %dms, end epoch: %dms,
          elapsed: %dms", start, end, end - start);
        }
      }
    }
  }
}

private static void printHelp() {
  System.err.printf("%s%n%n%s%n", trimWhitespace(golDescription),
  trimWhitespace((golArgs)));
}

private static Object trimWhitespace(String lines) {
  var xlines = lines.split("\n");
  var result = new ArrayList<String>();
  for (int i = 0, c = xlines.length; i < c; i++) {
    String tline = xlines[i].trim();
      if (!tline.isEmpty()) {
        result.add(tline.replace("%n", "\n"));
      }
    }
  return String.join("\n", result);
}

static String golDescription = """
      Play the game of Life.
      Game boards are initialized from PNG images.
      Games play over several cycles.%n
      Optionally acts as a server to retrieve images of game boards during
      play.%n
      No supported positional arguments.
      """;

static String golArgs = """
      Arguments (all start with '-'):
```

```
    url|u <url>              URL of the PNG image to load
    name|n <name>           name to refer to the game initialized by the
    URL
    magFactor|mf|mag <int>   magnify the grid by this factor when
    formatted into an image  (default 1; 1 to 20)
    gameCycles|gc <int>      sets number of cycles to run (default 10)
    start <boolean>          start the HTTP server (default false)
    time <boolean>           run game cycle timings with different thread
    counts (default false)
    report <boolean>         output run statistics (default false)
    saveImage|si <boolean>   save generated images into a file (default
    false)
    """;
}
```

Server.java

Server.java 使用几个路径处理程序加载 HTTP 服务器。处理程序访问所有查询参数，然后生成和访问 GoL 数据。`Game.coreGame` 表示玩过游戏的历史的根。返回存储在其中的图像或 JSON/XML 统计信息。

通常，标准 JRE 不支持 JSON，必须使用第三方。与平常情况一样，Java 版本通常使用起来更复杂，但通常更强大。

Java JSON 处理器的一些例子：

❑ Jackson[一]——受欢迎的；通常是 JEE 版本中的默认实现
❑ Gson[二]——来自谷歌，需要更多解释
❑ Json-io[三]
❑ Genson[四]

该例子尽可能使用标准库，因此 JSON 由自定义的代码处理。

Server.java（清单 9-2）包含如下代码。

清单 9-2　源文件 2Server.java

```java
package org.baf.gol;

import static org.baf.gol.Logger.log;
import static org.baf.gol.Utility.NANOS_PER_MS;
import static org.baf.gol.Utility.isNullOrEmpty;

import java.io.IOException;
import java.net.InetSocketAddress;
import java.nio.file.Files;
import java.nio.file.Paths;
```

[一]　https://github.com/FasterXML/jackson。
[二]　https://github.com/google/gson/。
[三]　https://github.com/jdereg/json-io。
[四]　http://genson.io/。

```java
import java.util.ArrayList;
import java.util.LinkedHashMap;
import java.util.List;
import java.util.Map;
import java.util.Objects;
import java.util.stream.Collectors;

import com.sun.net.httpserver.HttpExchange;
import com.sun.net.httpserver.HttpHandler;
import com.sun.net.httpserver.HttpServer;

/**
 * 为 GoL.<br> 提供一个 HTTP 服务器
 * 为 basic function.<br> 使用 com.sun.net.httpserver.HttpServer
 * 只能打开一次
 **/
public class Server implements AutoCloseable {
  private static final String GIF_IMAGE_FILE_PATTERN = "/Image_%s.gif";

  String address;
  int port;
  Map<String, HttpHandler> handlers = new LinkedHashMap<>();
  HttpServer server;
  ParameterProvider pp;
  public String saveImageRoot = "/temp"; // 每个 OS 类型更改

  public Server(ParameterProvider pp) {
    this(pp, "localhost", 8080);
  }

  public Server(ParameterProvider pp, String address, int port) {
    this.pp = pp;
    this.address = address;
    this.port = port;
  }
@Override
public String toString() {
  return "Server[address=" + address + ", port=" + port + ", open=" +
  isOpen() + ", handlers=" + handlers.keySet() + "]";
}

String getRequestPath(HttpExchange ex) {
  return ex.getRequestURI().toString().split("\\?")[0];
}

// 假定只有一个值；如果有多个可能，则重做
String getQueryParamValue(HttpExchange ex, String name) {
  String result = null;
  var parts = ex.getRequestURI().toString().split("\\?");
  if (parts.length > 1) {
    parts = parts[1].split("&");
```

```java
    for (var part : parts) {
      var xparts = part.split("=");
      if (xparts[0].equals(name)) {
        result = xparts[1];
        break;
      }
    }
  }
  return result;
}

/**
 * 用于允许此类之外的客户端发送数据
 */
public interface ResponseDataSender {
  void sendResponseData(byte[] data) throws IOException;
}
public class DefaultResponseDataSender implements ResponseDataSender {
  HttpExchange ex;

  public DefaultResponseDataSender(HttpExchange ex) {
    this.ex = ex;
  }

  @Override
  public void sendResponseData(byte[] data) throws IOException {
    Server.this.sendResponseData(ex, data);
  }

}


void sendResponseData(HttpExchange ex, byte[] data) throws IOException {
  ex.sendResponseHeaders(200, data.length);
  var os = ex.getResponseBody();
  os.write(data);
  os.flush();
  os.close();
  log.tracef("Sent %d bytes", data.length);
}

void sendResponseJson(HttpExchange ex, Object data) throws IOException {
  ex.getResponseHeaders().add("Content-Type", "text/json");
  var jf = new JsonFormatter();
  sendResponseData(ex, jf.valueToText(data).getBytes());
}

void sendResponseXml(HttpExchange ex, Object data) throws IOException {
  ex.getResponseHeaders().add("Content-Type", "text/xml");
  var xf = new XmlFormatter();
  sendResponseData(ex, xf.valueToText(data).getBytes());
}
```

```java
void sendStatus(HttpExchange ex, int status) throws IOException {
    ex.sendResponseHeaders(status, 0);
}
// 显示请求处理程序
    HttpHandler showHandler = new HttpHandler() {

        @Override
        public void handle(HttpExchange exchange) throws IOException {
            try {
                switch (exchange.getRequestMethod()) {
                    case "GET": {
                        if (!Objects.equals(getRequestPath(exchange), "/show")) {
                            sendStatus(exchange, 404);
                            return;
                        }
                        // 流程查询参数
                        var name = getQueryParamValue(exchange, "name");
                        if (isNullOrEmpty(name)) {
                            name = "default";
                        }
                        var form = getQueryParamValue(exchange, "form");
                        if (isNullOrEmpty(form)) {
                            form = "gif";
                        }
                        var xmaxCount = getQueryParamValue(exchange, "maxCount");
                        if (isNullOrEmpty(xmaxCount)) {
                            xmaxCount = "50";
                        }
                        var maxCount = Integer.parseInt(xmaxCount);
                        if (maxCount < 1 || maxCount > 100) {
                            sendStatus(exchange, 400);
                            return;
                        }
                        var xmag = getQueryParamValue(exchange, "mag");
                        if (isNullOrEmpty(xmag)) {
                            xmag = "1";
                        }
                        var mag = Integer.parseInt(xmag);
                        var xindex = getQueryParamValue(exchange, "index");
if (isNullOrEmpty(xindex)) {
  xindex = "0";
}
var index = Integer.parseInt(xindex);
if (index < 0) {
  sendStatus(exchange, 400);
  return;
}

// 获取一个游戏
```

```java
var gr = Game.coreGame.runs.get(name);
if (gr == null) {
  sendStatus(exchange, 404);
  return;
}

// 返回请求的图像类型
switch (form) {
  case "GIF":
  case "gif": {
    var b = gr.makeGifs(maxCount, mag);
    sendResponseData(exchange, b);

    if (pp.saveImageFlag()) {
      var imageFormat = saveImageRoot + GIF_IMAGE_FILE_PATTERN;
      var saveFile = String.format(imageFormat, name);
      Files.write(Paths.get(saveFile), b);
      log.tracef("Save %s", saveFile);
    }
  }
    break;
  case "PNG":
  case "png": {
    if (index <= maxCount) {
      var rs = new DefaultResponseDataSender(exchange);
      gr.sendPng(rs, index, mag);
    } else {
              sendStatus(exchange, 400);
            }
          }
          break;
        default:
          sendStatus(exchange, 405);
      }
    }
  } catch (Exception e) {
    log.exceptionf(e, "show failed");
    sendStatus(exchange, 500);
  }
}
};

// 播放请求处理程序
  HttpHandler playHandler = new HttpHandler() {

    @Override
    public void handle(HttpExchange exchange) throws IOException {
      try {
        switch (exchange.getRequestMethod()) {
```

```
      case "GET": {
        if (!Objects.equals(getRequestPath(exchange), "/play")) {
          sendStatus(exchange, 404);
          return;
        }
        // 流程查询参数
        var name = getQueryParamValue(exchange, "name");
        var url = getQueryParamValue(exchange, "url");
        if (Utility.isNullOrEmpty(name) || Utility.isNullOrEmpty(url)) {
          sendStatus(exchange, 400);
          return;
        }
var ct = getQueryParamValue(exchange, "ct");
if (Utility.isNullOrEmpty(ct)) {
  ct = exchange.getRequestHeaders().getFirst("Content-Type");
}
if (Utility.isNullOrEmpty(ct)) {
  ct = "";
}
ct = ct.toLowerCase();
switch (ct) {
  case "":
    ct = "application/json";
    break;
  case "application/json":
  case "text/json":
    break;
  case "application/xml":
  case "text/xml":
    break;
  default:
    sendStatus(exchange, 400);
}

// 运行一个游戏
Game.coreGame.run(name, url);
var run = makeReturnedRun(name, url);

// 根据请求返回统计信息
switch (ct) {
  case "application/json":
  case "text/json": {
    sendResponseJson(exchange, run);
  }
    break;
  case "application/xml":
        case "text/xml": {
          sendResponseXml(exchange, run);
        }
```

```java
                break;
            }
          }
            break;
          default:
            sendStatus(exchange, 405);
        }
      } catch (Exception e) {
        log.exceptionf(e, "play failed");
        sendStatus(exchange, 500);
      }
    }
  }
};
// 历史记录请求处理程序
  HttpHandler historyHandler = new HttpHandler() {

    @Override
    public void handle(HttpExchange exchange) throws IOException {
      try {
        switch (exchange.getRequestMethod()) {
          case "GET": {
            if (!Objects.equals(getRequestPath(exchange), "/history")) {
              sendStatus(exchange, 404);
              return;
            }
            // 格式化历史记录
            Map<String, Object> game = new LinkedHashMap<>();
            var runs = new LinkedHashMap<>();
            game.put("Runs", runs);
          var xruns = Game.coreGame.runs;
          for (var k : xruns.keySet()) {
              runs.put(k, makeReturnedRun(k, xruns.get(k).imageUrl));
            }
            sendResponseJson(exchange, game);
          }
            break;
          case "DELETE":
            if (!Objects.equals(getRequestPath(exchange), "/history")) { //
            越多越不好
              sendStatus(exchange, 404);
              return;
            }
            // 删除历史记录
            Game.coreGame.clear();
            sendStatus(exchange, 204);
            break;
          default:
            sendStatus(exchange, 405);
```

```
        }
      } catch (Exception e) {
        log.exceptionf(e, "history failed");
        sendStatus(exchange, 500);
      }
    }
};

Map<String, Object> makeReturnedRun(String name, String imageUrl) {
  var xrun = new LinkedHashMap<String, Object>();
  var run = Game.coreGame.runs.get(name);
  if (run != null) {
    xrun.put("Name", run.name);
    xrun.put("ImageURL", run.imageUrl);
    xrun.put("PlayIndex", run.playIndex);
    xrun.put("DelayIn10ms", run.delayIn10ms);
    xrun.put("Height", run.height);
    xrun.put("Width", run.width);
    xrun.put("StartedAMst", run.startedAt);
    xrun.put("EndedAMst", run.endedAt);
    xrun.put("DurationMs", run.endedAt.getTime() - run.startedAt.
    getTime());
    var cycles = new ArrayList<Map<String, Object>>();
    xrun.put("Cycles", cycles);
    for (var r : run.cycles) {
      var xc = new LinkedHashMap<String, Object>();
      xc.put("StartedAtNs", r.startedAt.getTime() * NANOS_PER_MS);
      xc.put("EndedAtNs", r.endedAt.getTime() * NANOS_PER_MS);
      var duration = (r.endedAt.getTime() - r.startedAt.getTime()) *
      NANOS_PER_MS;
      xc.put("DurationNs", duration);
      xc.put("Cycle", r.cycleCount);
      xc.put("ThreadCount", Game.coreGame.threadCount);
      xc.put("MaxCount", Game.coreGame.maxCycles);
      cycles.add(xc);
    }
  }
  return xrun;
}

public void startHttpServer() throws IOException {
  registerContext("/play", playHandler);
  registerContext("/show", showHandler);
  registerContext("/history", historyHandler);
  open();
  log.tracef("Server %s:%d started", address, port);
}

public void open() throws IOException {
```

```java
  if (isOpen()) {
    throw new IllegalStateException("already open");
  }
  server = HttpServer.create(new InetSocketAddress("localhost", 8080), 0);
  for (var path : handlers.keySet()) {
    server.createContext(path, handlers.get(path));
  }
  server.start();
  Runtime.getRuntime().addShutdownHook(new Thread(() -> {
    try {
      close();
    } catch (Exception e) {
      log.exceptionf(e, "shutdown failed");
    }
  }));
}

public boolean isOpen() {
  return server != null;
}

@Override
public void close() throws Exception {
  if (isOpen()) {
    server.stop(60);
    server = null;
  }
}

public void registerContext(String path, HttpHandler handler) {
  if (handlers.containsKey(path)) {
    throw new IllegalArgumentException("path already exists: " + path);
  }
  handlers.put(path, handler);
}

public void removeContext(String path) {
  if (!handlers.containsKey(path)) {
    throw new IllegalArgumentException("unknown path: " + path);
  }
    handlers.remove(path);
  }

  public List<String> getContextPaths() {
    return handlers.keySet().stream().collect(Collectors.toUnmodifiableLi
st());
  }
}
```

Game.java

Game.java 包含玩 GoL 游戏的逻辑。每个 Game 由一组命名的 GameRun 示例组成。每个 GameRun 由一组 GameCycle 实例和一些统计信息组成。每个 GameCycle 由 Grid 的前后快照和一些统计信息组成。每个 Grid 有单元格数据（作为 byte[]）和网格尺寸。REST 显示 API 返回生成图像的后网格实例。

在 NextCycle 方法内的线程中调用 processRows 函数。这可使用多个线程。使用多个线程可显著提高 GoL 循环处理，尤其是大型网格，如本节的后续所示。在 Go 版本中使用 Go 协程的地方，java 示例使用新线程。这不是常见的 Java 代码，常见的是使用线程池。

Java 版的游戏使用 Swing GUI 来呈现循环。Go 版本没有对应部分。Java 包含了 GUI 的实现，但这不是与 Go 的重要比较。

Game.java（清单 9-3）包含如下代码。

清单 9-3　源文件 3Game.java

```java
package org.baf.gol;

import   org.baf.gol.Logger;

import java.awt.GridLayout;
import java.awt.Rectangle;
import java.awt.image.BufferedImage;
import java.io.BufferedOutputStream;
import java.io.ByteArrayOutputStream;
import java.io.IOException;
import java.nio.file.Files;
import java.nio.file.Paths;
import java.util.ArrayList;
import java.util.Date;
import java.util.LinkedHashMap;
import java.util.List;
import java.util.Map;

import javax.imageio.ImageIO;
import javax.imageio.stream.MemoryCacheImageOutputStream;
import javax.swing.ImageIcon;
import javax.swing.JFrame;
import javax.swing.JLabel;
import javax.swing.JPanel;
import javax.swing.JScrollPane;
import javax.swing.border.TitledBorder;

import org.baf.gol.Server.ResponseDataSender;

/**
 * 使用 Game 运行集来表示一个 GoL  Game
 */
public class Game {
```

```java
public static Game coreGame; // 全局实例

static int threadId;

private int nextThreadId() {
  return ++threadId;
}

// play history
public Map<String, GameRun> runs = new LinkedHashMap<>();

public int maxCycles = 25; // 可以播放的最大值
public int threadCount; // 在计时中使用的线程
ParameterProvider pp; // 命令行参数的来源
public String saveImageRoot = "/temp"; // 每个 OS 类型更改

public Game(ParameterProvider pp) {
  this.pp = pp;
}

/**
 * 表示 GoL Game 的单次运行
 */
public class GameRun {
  static final int offIndex = 255, onIndex = 0;
  static final int midvalue = 256 / 2; // 区分黑白

  public Game parent;
  public String name;
  public String imageUrl;
  public Date startedAt, endedAt;
  public int width, height;
  public Grid initialGrid, currentGrid, finalGrid;
  public List<GameCycle> cycles = new ArrayList<>();
  public int delayIn10ms, playIndex;
  public int threadCount;

  private String author = "Unknown";

  public String getAuthor() {
    return author;
  }

  public void setAuthor(String author) {
    this.author = author;
  }

  public GameRun(Game game, String name, String url) throws Exception {
    this.parent = game;
    this.name = name;
    this.imageUrl = url;
    this.delayIn10ms = 5 * 100;
```

```java
// 制作游戏网格并加载初始状态
String[] kind = new String[1];
BufferedImage img = Utility.loadImage(url, kind);
Logger.log.tracef("Image kind: %s", kind[0]);
if (!"png".equals(kind[0].toLowerCase())) {
  throw new IllegalArgumentException(
      String.format("named image %s is not a PNG", url));
}
var bounds = new Rectangle(img.getMinX(), img.getMinY(),
    img.getWidth(), img.getHeight());
var size = bounds.getSize();
initialGrid = new Grid(size.width, size.height);
width = initialGrid.width;
height = initialGrid.height;
initGridFromImage(bounds.x, bounds.y, bounds.width, bounds.height, img);
currentGrid = initialGrid.deepClone();
}

@Override
public String toString() {
  return "GameRun[name=" + name + ", imageUrl=" + imageUrl +
      ", startedSt=" + startedAt + ", endedAt=" + endedAt
      + ", width=" + width + ", height=" + height +
      ", cycles=" + cycles + ", delayIn10ms=" + delayIn10ms
      + ", playIndex=" + playIndex + ", threadCount=" + threadCount + "]";
}

private void initGridFromImage(int minX, int minY, int maxX, int maxY,
    BufferedImage img) {
  for (int y = minY; y < maxY; y++) {
    for (int x = minX; x < maxX; x++) {
      var pixel = img.getRGB(x, y);
      int r = (pixel >> 16) & 0xFF,
          g = (pixel >> 8) & 0xFF,
          b = (pixel >> 0) & 0xFF;
      var cv = 0; // 假设全部死亡
      if (r + g + b < midvalue * 3) {
        cv = 1; // 使细胞存活
      }
      initialGrid.setCell(x, y, cv);
    }
  }
}

public void sendPng(ResponseDataSender rs, int index, int mag)
    throws IOException {
  Grid grid = null;
  switch (index) {
    case 0:
```

```
      grid = initialGrid;
      break;
    default:
      index--;
      if (index < 0 || index >= cycles.size()) {
        throw new ArrayIndexOutOfBoundsException("bad index");
      }
      grid = cycles.get(index).afterGrid;
  }

  var img = new BufferedImage(width * mag + 1, height * mag + 1,
      BufferedImage.TYPE_BYTE_BINARY);
  fillImage(grid, mag, img);
  var b = encodePngImage(img);
  rs.sendResponseData(b);
  showImageInGui(img); // 在 GUI 中显示

  if (parent.pp.saveImageFlag()) {
    var saveFile = String.format(saveImageRoot + "/Image_%s.gif", name);
    Files.write(Paths.get(saveFile), b);
    Logger.log.tracef("Save %s", saveFile);
  }
}
private byte[] encodePngImage(BufferedImage img) throws IOException {
  var baos = new ByteArrayOutputStream();
  var bos = new BufferedOutputStream(baos);
  var ios = new MemoryCacheImageOutputStream(bos);
  ImageIO.write(img, "png", ios);
  ios.flush();
  return baos.toByteArray();
}

private void fillImage(Grid grid, int mag, BufferedImage img) {
  for (var row = 0; row < grid.height; row++) {
    for (var col = 0; col < grid.width; col++) {
      var index = grid.getCell(col, row) != 0 ? onIndex : offIndex;
      // 应用放大
      for (var i = 0; i < mag; i++) {
        for (var j = 0; j < mag; j++) {
          img.setRGB(mag * col + i, mag * row + j,
              index == onIndex ? 0 : 0x00FFFFFF);
        }
      }
    }
  }
}

/**
 * 运行一个游戏
 */
```

```java
public void run() {
  this.threadCount = coreGame.threadCount;
  startedAt = new Date();
  int maxCycles = parent.maxCycles;
  for (int count = 0; count < maxCycles; count++) {
    nextCycle();
  }
  endedAt = new Date();
  Logger.log.tracef("GameRun total time: %dms, cycles: %d, thread
  count: %d", endedAt.getTime() - startedAt.getTime(),
      maxCycles, threadCount);
  finalGrid = currentGrid.deepClone();
}

// 前进并运行下一个游戏循环。
// 循环网格行的更新可以并行进行，
// 可以减少执行时间
private void nextCycle() {
  var gc = new GameCycle(this);
  gc.beforeGrid = currentGrid.deepClone();
  var p = gc.parent;
  var threadCount = Math.max(p.parent.threadCount, 1);
  gc.afterGrid = new Grid(gc.beforeGrid.width, gc.beforeGrid.height);
  gc.startedAt = new Date();
  var threads = new ArrayList<Thread>();
  var rowCount = (height + threadCount / 2) / threadCount;
  for (var i = 0; i < threadCount; i++) {
    var xi = i;
    var t = new Thread(() -> {
      procesRows(gc, rowCount, xi * rowCount, gc.beforeGrid,
      gc.afterGrid);
    }, "thread_" + nextThreadId());
    threads.add(t);
    t.setDaemon(true);
    t.start();
  }
  for (var t : threads) {
    try {
      t.join();
    } catch (InterruptedException e) {
      // 忽略
    }
  }
  gc.endedAt = new Date();
  currentGrid = gc.afterGrid.deepClone();
  cycles.add(gc);
  gc.cycleCount = cycles.size();
}
```

```
// 处理一行中的所有细胞
private void procesRows(GameCycle gc, int rowCount, int startRow,
    Grid inGrid, Grid outGrid) {
  for (var index = 0; index < rowCount; index++) {
    var rowIndex = index + startRow;
    for (var colIndex = 0; colIndex < width; colIndex++) {
      // 计算任何相邻细胞数量
      var neighbors = 0;
      if (inGrid.getCell(colIndex - 1, rowIndex - 1) != 0) {
        neighbors++;
      }
      if (inGrid.getCell(colIndex, rowIndex - 1) != 0) {
        neighbors++;
      }
      if (inGrid.getCell(colIndex + 1, rowIndex - 1) != 0) {
        neighbors++;
      }
      if (inGrid.getCell(colIndex - 1, rowIndex) != 0) {
        neighbors++;
      }
      if (inGrid.getCell(colIndex + 1, rowIndex) != 0) {
        neighbors++;
      }
      if (inGrid.getCell(colIndex - 1, rowIndex + 1) != 0) {
        neighbors++;
      }
      if (inGrid.getCell(colIndex, rowIndex + 1) != 0) {
        neighbors++;
      }
      if (inGrid.getCell(colIndex + 1, rowIndex + 1) != 0) {
        neighbors++;
      }
      // 基于相邻细胞计数确定下一代细胞状态
      var pv = inGrid.getCell(colIndex, rowIndex);
      var nv = 0;
      switch (neighbors) {
        case 2:
          nv = pv;
          break;
        case 3:
          if (pv == 0) {
            nv = 1;
          }
          break;
      }
      outGrid.setCell(colIndex, rowIndex, nv);
    }
  }
```

```
}
/**
 * 将 1 个以上循环中的图像制作成 GIF 格式
 */
public byte[] makeGifs(int count, int mag) throws IOException {
  var cycleCount = cycles.size();
  var xcycles = Math.min(count, cycleCount + 1);
  List<BufferedImage> bia = new ArrayList<>();
  var added = addGridSafe(initialGrid, 0, xcycles, mag, bia);
  for (int i = 0; i < cycleCount; i++) {
    added = addGridSafe(cycles.get(i).afterGrid, added, xcycles, mag, bia);
  }
  return packGifs(added, mag, delayIn10ms,
      bia.toArray(new BufferedImage[bia.size()]));
}
int addGridSafe(Grid grid, int added, int max, int mag,
List<BufferedImage> bia) {
  var img = new BufferedImage(mag * width + 1, mag * height + 1,
      BufferedImage.TYPE_BYTE_BINARY);
  if (added < max) {
    fillImage(grid, mag, img);
    bia.add(img);
    added++;
  }
  return added;
}

byte[] packGifs(int count, int mag, int delay, BufferedImage[] bia)
    throws IOException {
  showImagesInGui(bia);

  var baos = new ByteArrayOutputStream();
  var bos = new BufferedOutputStream(baos);
  var ios = new MemoryCacheImageOutputStream(bos);
  AnnimatedGifWriter.createGifs(ios, delay, author, bia);
  ios.flush();
  return baos.toByteArray();
}
// 不是 Go 版本
void showImagesInGui(BufferedImage[] bia) {
  // 创建一个 Swing Frame 以显示一行图像
  var frame = new JFrame("Show Images rendered at " + new Date());
  frame.setDefaultCloseOperation(JFrame.DISPOSE_ON_CLOSE);
  JPanel imagePanel = new JPanel(new GridLayout());
  var sp = new JScrollPane(imagePanel);
  frame.setContentPane(sp);
  frame.setSize(1000, 800);
```

```java
  var index = 1;
  for (var bi : bia) {
    var icon = new ImageIcon(bi);
      JLabel labelledIcon = new JLabel(icon);
      labelledIcon.setBorder(new TitledBorder(String.format("Image: %d
      (%dx%d)", index++, icon.getIconWidth(), icon.getIconHeight())));
      imagePanel.add(labelledIcon);
    }
    frame.setVisible(true);
  }

  // 不是 Go 版本
  void showImageInGui(BufferedImage bi) {
    var frame = new JFrame("Show Image rendered at " + new Date());
    JPanel imagePanel = new JPanel(new GridLayout());
    var sp = new JScrollPane(imagePanel);
    frame.setContentPane(sp);
    frame.setDefaultCloseOperation(JFrame.DISPOSE_ON_CLOSE);
    frame.setSize(1000, 800);
    var icon = new ImageIcon(bi);
    JLabel labelledIcon = new JLabel(icon);
    labelledIcon .setBorder(new TitledBorder(String.format("Image: (%dx%d)",
          icon.getIconWidth(), icon.getIconHeight())));
    imagePanel.add(labelledIcon);
    frame.setVisible(true);
  }
}

/**
 * 清除所有运行
 */
public void clear() {
  runs.clear();
}

/**
 * 运行一个游戏
 */
public void run(String name, String url) throws Exception {
  var gr = new GameRun(this, name, url);
  runs.put(gr.name, gr);
  gr.run();
}

/**
 * 表示一个 GoL Game 网格
 */
public static class Grid {
  public byte[] data;
  public int width, height;
```

```java
public Grid(int width, int height) {
  this.width = width;
  this.height = height;
  data = new byte[width * height];
}

@Override
public String toString() {
  return "Grid[width=" + width + ", height=" + height + "]";
}

public int getCell(int x, int y) {
  if (x < 0 || x >= width || y < 0 || y >= height) {
    return 0;
  }
  return data[x + y * width];
}

public void setCell(int x, int y, int cv) {
  if (x < 0 || x >= width || y < 0 || y >= height) {
    return;
  }
  data[x + y * width] = (byte) cv;
}
  public Grid deepClone() {
    var ng = new Grid(width, height);
    for (int i = 0; i < data.length; i++) {
      ng.data[i] = data[i];
    }
    ng.width = width;
    ng.height = height;
    return ng;
  }
}

/**
 * 表示一个 GoL Game 循环
 */
public static class GameCycle {
  public GameRun parent;
  public int cycleCount;
  public Date startedAt, endedAt;
  public Grid beforeGrid, afterGrid;

  public GameCycle(GameRun parent) {
    this.parent = parent;
  }

  @Override
  public String toString() {
    return "GameCycle[cycle=" + cycleCount + ", "
```

```
        + "startedAt=" + startedAt + ", endedAt=" + endedAt + "]";
    }
  }
}
```

Utility.java

Utility.java（清单 9-4）提供了一些辅助函数和共享值。

Utility.java 包含如下代码。

清单 9-4　源文件 4Utility.java

```java
package org.baf.gol;

import static org.baf.gol.Logger.log;

import java.awt.image.BufferedImage;
import java.io.File;
import java.io.IOException;
import java.net.URL;

import javax.imageio.ImageIO;

public class Utility {
  public static final int NANOS_PER_MS = 1_000_000;
  public static final String FILE_PREFIX = "file:";

  public static boolean isNullOrEmpty(CharSequence cs) {
    return cs == null || cs.length() == 0;
  }

  public static boolean isNullOrEmptyTrim(String cs) {
    return cs == null || cs.trim().length() == 0;
  }

  public static BufferedImage loadImage(String url, String[] kind) throws
  IOException {
    BufferedImage bi = null;
    if (url.startsWith(FILE_PREFIX)) {
      String name = url.substring(FILE_PREFIX.length());
      log.tracef("loadImage %s; %s", url, name);
      bi = ImageIO.read(new File(name));
    } else {
      var xurl = new URL(url);
      bi = ImageIO.read(xurl);
    }
    var posn = url.lastIndexOf(".");
    kind[0] = posn >= 0 ? url.substring(posn + 1) : "gif";
    return bi;
  }
}
```

Formatter.java

{Json|Xml}Formatter.java 为响应格式化，提供一些辅助函数。JsonFormatter 直接进行所有格式化。XmlFormatter 未实现。

Formatter.java（清单 9-5）包含如下代码。

清单 9-5　Formatter.java

```java
package org.baf.gol;

/**
 * 定义格式化程序（对象到文本）
 */
@FunctionalInterface
public interface Formatter {

  String valueToText(Object v);

}
```

JsonFormatter.java（清单 9-6）包含如下代码。

清单 9-6　JsonFormatter.java

```java
package org.baf.gol;

import java.util.Date;
import java.util.List;
import java.util.Map;
/**
 * 一个简单（但受限制的）JSON 对象格式化程序
 */
public class JsonFormatter implements Formatter {
  boolean pretty;
  String eol;

  public JsonFormatter(boolean pretty) {
    this.pretty = pretty;
    this.eol = pretty ? "\n" : "";
  }

  public JsonFormatter() {
    this(true);
  }

  @Override
  public String toString() {
    return "JsonFormatter[pretty=" + pretty + "]";
  }

  @Override
  public String valueToText(Object v) {
    StringBuilder sb = new StringBuilder();
    var size = 0;
```

```java
  if (v instanceof List) {
    size = ((List) v).size();
  } else if (v instanceof Map) {
    size = ((Map) v).size();
  }
  valueToText(v, 0, "  ", "", size, ",  ", sb);
  return sb.toString();
}

// 格式化工具
void valueToText(Object v, int depth, String indent, String label, int
len, String join, StringBuilder out) {
if (join == null) {
  join = ", ";
}
var xindent = indent.repeat(depth);
out.append(xindent);
if (!label.isEmpty()) {
  out.append(label);
  out.append(": ");
}
if (v == null) {
  out.append("null");
  return;
}
// 对所有实现一视同仁
var c = v.getClass();
var cname = c.getName();
if (v instanceof List) {
  cname = List.class.getName();
} else if (v instanceof Map) {
  cname = Map.class.getName();
}
// 处理所有支持的嵌入类型
switch (cname) {
  case "java.util.Date":
    out.append(((Date) v).getTime());
    break;
  case "java.lang.String":
    v = '"' + v.toString().replace("\"", "\\\"") + '"';
  case "java.lang.Byte":
  case "java.lang.Short":
  case "java.lang.Integer":
  case "java.lang.Long":
  case "java.lang.Double":
  case "java.lang.Float":
  case "java.lang.Boolean":
```

```
            out.append(v.toString());
            break;
        case "java.util.List":
            out.append("[\n");
            List list = (List) v;
            for (int i = 0, xc = list.size(); i < xc; i++) {
                valueToText(list.get(i), depth + 1, indent, "", xc, join, out);
                out.append(i < len - 1 ? join : "");
                out.append(eol);
            }
            out.append(xindent + "]");
            break;
        case "java.util.Map":
            out.append("{\n");
            Map map = (Map) v;
            int i = 0, xc = map.size();
            for (var k : map.keySet()) {
                valueToText(map.get(k), depth + 1, indent, "\"" + k + "\"", xc,
                join, out);
                out.append(i < len - 1 ? join : "");
                i++;
                out.append(eol);
            }
            out.append(xindent + "}");
            break;
        default:
            throw new IllegalArgumentException("unknown type: " + cname);
        }
    }
}
```

XmlFormatter.java（清单 9-7）包含如下代码。

清单 9-7　XmlFormatter.java

```
package org.baf.gol;

public class XmlFormatter implements Formatter {

    @Override
    public String valueToText(Object v) {
        throw new IllegalThreadStateException("not implemented");
    }
}
```

ParameterProvider.java

ParameterProvider.java 可访问命令参数。

ParameterProvider.java（清单 9-8）包含如下代码。

清单 9-8　ParameterProvider.java

```java
package org.baf.gol;

/**
 * 提供一组选定的参数值
 */
public interface ParameterProvider {
  String getUrlParameter();

  String getNameParameter();

  int getMagFactorParameter();

  int getGameCyclesParameter();

  boolean startServerFlag();

  boolean runTimingsFlag();

  boolean reportFlag();

  boolean saveImageFlag();
}
```

AnnimatedGifWriter.java

AnnimatedGifWriter.java 提供组合图片。

AnnimatedGifWriter.java（清单 9-9）包含如下代码。

清单 9-9　AnnimatedGifWriter.java

```java
package org.baf.gol;

import java.awt.image.BufferedImage;
import java.awt.image.RenderedImage;
import java.io.IOException;

import javax.imageio.IIOImage;
import javax.imageio.ImageIO;
import javax.imageio.ImageTypeSpecifier;
import javax.imageio.ImageWriteParam;
import javax.imageio.ImageWriter;
import javax.imageio.metadata.IIOMetadata;
import javax.imageio.metadata.IIOMetadataNode;
import javax.imageio.stream.ImageOutputStream;

/**
 * 支持将多个图像组合成一个动画 GIF
 *
 */
public class AnnimatedGifWriter implements java.io.Closeable {
  private static final String CODE = "2.0";
  private static final String ID = "NETSCAPE";
  private static final String ZERO_INDEX = "0";
```

```java
  private static final String NONE = "none";
  private static final String FALSE = "FALSE";

  protected IIOMetadata metadata;
  protected ImageWriter writer;
  protected ImageWriteParam params;

  public AnnimatedGifWriter(ImageOutputStream ios, int imageType, boolean
  showAsLoop, int delayMs, String author)
      throws IOException {
  var imageTypeSpecifier = ImageTypeSpecifier.createFromBufferedImageType
  (imageType);
  writer = ImageIO.getImageWritersBySuffix("gif").next();
  params = writer.getDefaultWriteParam();
  metadata = writer.getDefaultImageMetadata(imageTypeSpecifier, params);
  configMetadata(delayMs, showAsLoop, "Author: " + author);

  writer.setOutput(ios);
  writer.prepareWriteSequence(null);
  }

@Override
public void close() throws IOException {
  writer.endWriteSequence();
}

/**
 * 从 1 张以上的图像创建动画 GIF
 */
public static void createGifs(ImageOutputStream ios, int delay, String
author, BufferedImage... images)
      throws IOException {
  if (delay < 0) {
    delay = 5 * 1000;
  }
  if (images.length < 1) {
    throw new IllegalArgumentException("at least one image is required");
  }
  try (var writer = new AnnimatedGifWriter(ios, images[0].getType(),
  true, delay, author)) {
    for (var image : images) {
      writer.addImage(image);
    }
  }
}
// 自配置
void configMetadata(int delay, boolean loop, String comment) throws
IOException {
  var name = metadata.getNativeMetadataFormatName();
  var root = (IIOMetadataNode) metadata.getAsTree(name);
```

```
    metadata.setFromTree(name, root);

    var cel = findOrAddMetadata(root, "CommentExtensions");
    cel.setAttribute("CommentExtension", comment);

    var gce = findOrAddMetadata(root, "GraphicControlExtension");
    gce.setAttribute("transparentColorIndex", ZERO_INDEX);
    gce.setAttribute("userInputFlag", FALSE);
    gce.setAttribute("transparentColorFlag", FALSE);
    gce.setAttribute("delayTime", Integer.toString(delay / 10));
    gce.setAttribute("disposalMethod", NONE);

    byte[] bytes = new byte[] { 1, (byte) (loop ? 0 : 1), 0 };
    var ael = findOrAddMetadata(root, "ApplicationExtensions");
    var ae = new IIOMetadataNode("ApplicationExtension");
    ae.setUserObject(bytes);
    ae.setAttribute("authenticationCode", CODE);
    ae.setAttribute("applicationID", ID);
    ael.appendChild(ae);
  }

  static IIOMetadataNode findOrAddMetadata(IIOMetadataNode root, String
  metadataType) {
    for (int i = 0, c = root.getLength(); i < c; i++) {
      if (root.item(i).getNodeName().equalsIgnoreCase(metadataType)) {
        return (IIOMetadataNode) root.item(i);
      }
    }
    var node = new IIOMetadataNode(metadataType);
    root.appendChild(node);
    return (node);
  }

  void addImage(RenderedImage img) throws IOException {
    writer.writeToSequence(new IIOImage(img, null, metadata), params);
  }
}
```

Logger.java

Logger.java 用来模拟（非完全一致）标准的 Go logger。

Logger.java（清单 9-10）包含如下代码。

清单 9-10　Logger.java

```
package org.baf.gol;

import java.io.PrintStream;
import java.text.SimpleDateFormat;
import java.util.Date;

/**
 * 近似默认 Go 记录器函数
 *
```

```java
*/
public class Logger {
  static public Logger log = new Logger();

  public PrintStream ps = System.out;
  public String lineFormat = "%-25s %-20s %-8s %-30s %s%n";
  public String contextFormat = "%s#%s@%d";
  public String threadFormat = "%s:%s";
  public SimpleDateFormat df = new SimpleDateFormat("yyyy-MM-dd HH:mm:ss.SSS");

  public void fatalf(String format, Object... args) {
    output(2, "FATAL", format, args);
    System.exit(3);
  }
  public void exceptionf(Exception e, String format, Object... args) {
    output(2, "EXCPT", "%s; caused by %s", String.format(format, args),
    e.getMessage());
    e.printStackTrace(ps);
  }

  public void errorf(String format, Object... args) {
    output(2, "ERROR", format, args);
  }

  public void tracef(String format, Object... args) {
    output(2, "TRACE", format, args);
  }

  void output(int level, String severity, String format, Object... args) {
    var text = String.format(format, args);
    Thread ct = Thread.currentThread();
    var st = ct.getStackTrace();
    StackTraceElement ste = st[level + 1];
    var tn = String.format(threadFormat, ct.getThreadGroup().getName(),
    ct.getName());
    var ctx = String.format(contextFormat, reduce(ste.getClassName()),
    ste.getMethodName(), ste.getLineNumber());
    ps.printf(lineFormat, df.format(new Date()), tn, severity, ctx, text);
  }

  String reduce(String name) {
    var posn = name.lastIndexOf(".");
    return posn >= 0 ? name.substring(posn + 1) : name;
  }
}
```

　　Java GoL 程序可以由下面的命令进行构建并编译运行。命令可能随配置和工具（在本书中，作者使用 Eclipse IDE，非命令行工具）而异。假设源代码的根目录是当前目录：

```
javac -d . -sourcepath ./org/baf/gol *.java
java -cp . org.baf.gol.Main -start -url ''
```

如果 GoL 程序被构建进可运行的 JAR，可用如下方式加载：

`$>java --enable-preview -jar gol.jar`

注意 GoL 程序使用新的 Java 特性。该命令执行结果如下：

```
Play the game of Life.
Game boards are initialized from PNG images.
Games play over several cycles.
Optionally acts as a server to retrieve images of game boards during play.
No supported positional arguments.
Arguments (all start with '-'):
url|u <url>            URL of the PNG image to load
name|n <name>          name to refer to the game initialized by the URL
magFactor|mf|mag <int> magnify the grid by this factor when formatted
into an image  (default 1; 1 to 20)
gameCycles|gc <int>    sets number of cycles to run (default 10)
start <boolean>        start the HTTP server (default false)
time <boolean>         run game cycle timings with different thread
counts (default false)
report <boolean>       output run statistics (default false)
saveImage|si <boolean> save generated images into a file (default false)
```

该代码生成追踪线，类似下面所示（Go 和 Java 之间不同，在文本列分割）：

```
2021-01-16 09:49:17.686   main:main              TRACE
Server#startHttpServer@337
Server localhost:8080 started

2021-01-16 09:49:22.166   main:HTTP-Dispatcher TRACE
Utility#loadImage@28
loadImage file:/.../tiny1.png; /.../tiny1.png
2021-01-16 09:49:22.204   main:HTTP-Dispatcher TRACE
Game$GameRun#<init>@69
Image kind: png

2021-01-16 09:49:22.257   main:HTTP-Dispatcher TRACE
Game$GameRun#run@169
GameRun total time: 45ms, cycles: 10, thread count: 0

2021-01-16 09:49:22.259   main:HTTP-Dispatcher EXCPT    Server$2#handle@257
play failed; caused by not implemented
```

9.4.2　Go 实现的 capstone 项目

Go 形式的 GoL 程序由一个单独的 `main` 包构成，其中有如下源代码：

❑ main.go——主要的命令处理程序

❑ server.go——HTTP 服务器和请求处理器

❑ game.go——GoL 的游戏逻辑

❑ utility.go——辅助函数

注意，前面所有的 Go 源文件都在 `main` 包中。在产品化的实现中，每一个源代码可能在自己的包中。使用独立包可能需要将一些名字改成大写，以使它们公有。

 注意　本例是在 Go 1.14 版本上测试。请使用高于本版本的工具和运行时。

main.go

`main.go` 文件包含 `main` 函数，用来检测任何命令行参数并处理。它使用 `flag` 包来处理所有命令行标志（以 `...Flag` 结尾的名字）。它也（但在默认情况下）可启动 HTTP 服务器。请注意命令行中的 `name` 和 `url` 参数只在要求运行计时才可用。

清单 9-11（main.go）包含如下代码。

清单 9-11　main.go

```go
import (
    "flag"
    "fmt"
    "os"
    "runtime"
    "strings"
)

// 命令行标志
var (
    urlFlag         string
    nameFlag        string
    gridFlag        string
    magFactorFlag   int
    startServerFlag bool
    runTimingsFlag  bool
    reportFlag      bool
    saveImageFlag   bool
)

// 命令行帮助字符串
const (
    urlHelp       = "URL of the PNG image to load"
    nameHelp      = "name to refer to the game initialized by the URL"
    magFactorHelp = "magnify the grid by this factor when formatted into
    an image"
    gridHelp      = "specify the layout grid (for PNG images); MxN,
    default 1x1"
    startHelp     = "start the HTTP server (default true)"
    timingHelp    = "run game cycle timings with different goroutine
    counts"
    reportHelp    = "output run statistics"
    saveImageHelp = "save generated images into a file"
)
```

```go
// 定义命令行标志
// 有些是别名（缩写形式）
func init() {
    flag.StringVar(&urlFlag, "url", "", urlHelp)
    flag.StringVar(&urlFlag, "u", "", urlHelp)
    flag.StringVar(&nameFlag, "name", "", nameHelp)
    flag.StringVar(&nameFlag, "n", "", nameHelp)
    flag.StringVar(&gridFlag, "grid", "1x1", gridHelp)
    flag.IntVar(&magFactorFlag, "magFactor", 1, magFactorHelp)
    flag.IntVar(&magFactorFlag, "mf", 1, magFactorHelp)
    flag.IntVar(&magFactorFlag, "mag", 1, magFactorHelp)
    flag.BoolVar(&startServerFlag, "start", true, startHelp)
    flag.BoolVar(&runTimingsFlag, "time", false, timingHelp)
    flag.BoolVar(&reportFlag, "report", false, reportHelp)
    flag.BoolVar(&saveImageFlag, "saveImage", false, saveImageHelp)
    flag.BoolVar(&saveImageFlag, "si", false, saveImageHelp)
}

const golDescription = `
Play the game of Life.
Game boards are initialized from PNG images.
Games play over cycles.
Optionally acts as a server to retrieve images of game boards during play.
No supported positional arguments. Supported flags (some have short forms):
`

// 主要入口点
// 示例: -n bart -u file:/Users/Administrator/Downloads/bart.png
func main() {
    if len(os.Args) <= 1 {
        fmt.Fprintln(os.Stderr, strings.TrimSpace(golDescription))
        flag.PrintDefaults()
        os.Exit(0)
    }
    fmt.Printf("Command arguments: %v\n", os.Args[1:])
    fmt.Printf("Go version: %v\n", runtime.Version())
    flag.Parse() // 解析任何标志
    if len(flag.Args()) > 0 {
        fatalIfError(fmt.Fprintf(os.Stderr,
            "positional command arguments (%v) not accepted\n",
            flag.Args()))
        os.Exit(1)
    }
    launch()
}

func launch() {
    if len(urlFlag) > 0 {
        if len(nameFlag) == 0 {
```

```go
            fatalIfError(fmt.Fprintln(os.Stderr,
                "a name is required when a URL is provided"))
        }
        if runTimingsFlag {
            runCycleTimings()
        }
    }

    if startServerFlag {
        startHTTPServer()
    }
}

// 启动 HTTP 服务器
func startHTTPServer() {
    err := startServer()
    if err != nil {
        fmt.Printf("start Server failed: %v\n", err)
        os.Exit(3)
    }

}
// 输出有关记录循环的信息
func runCycleTimings() {
    cpuCount := runtime.NumCPU()
    for i := 1; i <= 64; i *= 2 {
        fmt.Printf("Running with %d goroutines, %d CPUs...\n", i,
        cpuCount)
        CoreGame.GoroutineCount = i
        err := CoreGame.Run(nameFlag, urlFlag)
        if err != nil {
            fmt.Printf("Program failed: %v\n", err)
            os.Exit(2)
        }
        if reportFlag {
            fmt.Printf("Game max: %d, go count: %d:\n",
                CoreGame.MaxCycles, CoreGame.GoroutineCount)
            for _, gr := range CoreGame.Runs {
                fmt.Printf("Game Run: %v, cycle count: %d\n",
                gr.Name, len(gr.Cycles))
                for _, c := range gr.Cycles {
                    start, end :=
                        c.StartedAt.UnixNano()/NanosPerMs,
                        c.EndedAt.UnixNano()/NanosPerMs
                    fmt.Printf(
                        "Cycle: start epoch: %dms, end epoch: %dms, elapsed: %dms\n",
                        start, end, end-start)
                }
```

```
                    }
                }
            }
        }
```

---

server.go

server.go 文件启动带有多个路径处理器的 HTTP 服务器。处理器访问任何查询参数，而后生成或访问 GoL 数据。**AllGames** 表示所有玩过的游戏的历史的根。返回的是保存在其中的图像或 JSON/XML 统计信息。

服务器以 JSON 或 XML 格式返回统计结果。请注意，不管哪种形式返回，代码都很少。另外注意每种格式的代码的相似程度。多数工作是在与文本互转的结构体上定义标签。通常相比 Java 的同等实现而言，Go 需更少的代码。

返回数据的结构体有控制数据格式的标签。注意，返回的数据名字有时与字段名字不同。

server.go（清单 9-12）包含如下代码。

清单 9-12 server.go

```go
package main

import (
        "bytes"
        "encoding/json"
        "encoding/xml"
        "fmt"
        "image/gif"
        "io/ioutil"
        "log"
        "net/http"
        "os"
        "regexp"
        "strconv"
        "strings"
)

var spec = ":8080" // 意思是localhost:8080

// 为 GoL 启动 HTTP 服务器
func startServer() (err error) {
        http.HandleFunc("/play", playHandler)
        http.HandleFunc("/show", showHandler)
        http.HandleFunc("/history", historyHandler)
        fmt.Printf("Starting Server %v...\n", spec)
        err = http.ListenAndServe(spec, nil)
        return
}

// XYyyy 类型以 JSON 或 XML 形式返回客户端
```

```go
// 它们是游戏玩家使用的 Yyyy 类型的子集
// 它们没有 JSON 中不允许的引用循环 (即到父节点), 并省略了大字段
// 标记定义数据的命名和格式

// 表示一局游戏
type XGame struct {
    Runs map[string]*XGameRun
}

type XGameCycle struct {
    Cycle           int   `json:"cycle" xml:"Cycle"`
    StartedAt       int64 `json:"startedAtNS" xml:"StartedAtEpochNS"`
    EndedAt         int64 `json:"endedAtNS" xml:"EndedAtEpochNS"`
    Duration        int64 `json:"durationMS" xml:"DurationMS"`
    GorountineCount int   `json:"gorountineCount" xml:"GorountineCount"`
    MaxCycles       int   `json:"maximumCycles" xml:"MaximumCycles"`
}

type XGameRun struct {
    Name       string        `json:"name" xml:"Name"`
    ImageURL   string        `json:"imageURL" xml:"ImageURL"`
    StartedAt  int64         `json:"startedAtNS" xml:"StartedAtEpochNS"`
    EndedAt    int64         `json:"endedAtNS" xml:"EndedAtEpochNS"`
    Duration   int64         `json:"durationMS" xml:"DurationMS"`
    Width      int           `json:"width" xml:"Width"`
    Height     int           `json:"height" xml:"Height"`
    Cycles     []*XGameCycle `json:"gameCycles" xml:"GameCycles>GameCycl
e,omitempty"`
    DelayIn10ms int          `json:"delay10MS" xml:"Delay10MS"`
    PlayIndex  int           `json:"playIndex" xml:"PlayIndex"`
}

func getLead(s string) (res string) {
    res = s
    posn := strings.Index(s, "?")
    if posn >= 0 {
        res = s[0:posn]
    }
    return
}

// 历史请求处理程序
func historyHandler(writer http.ResponseWriter, request *http.Request) {
    switch request.Method {
    case "GET":
        if getLead(request.RequestURI) != "/history" {
            writer.WriteHeader(405)
            return
        }
```

```
        game := &XGame{}
        game.Runs = make(map[string]*XGameRun)
        for k, g := range CoreGame.Runs {
                game.Runs[k] = makeReturnedRun(k, g.ImageURL)
        }
        ba, err := json.MarshalIndent(game, "", "  ")
        if err != nil {
                writer.WriteHeader(500)
                return
        }
        writer.Header().Add("Content-Type", "text/json")
        writer.WriteHeader(200)
        writer.Write(ba) // 发送响应；已忽略错误
    case "DELETE":
        if request.RequestURI != "/history" {
                writer.WriteHeader(405)
                return
        }
        for k, _ := range CoreGame.Runs {
                delete(CoreGame.Runs, k)
        }
        writer.WriteHeader(204)
    default:
        writer.WriteHeader(405)
    }
}

// 播放请求处理程序
func playHandler(writer http.ResponseWriter, request *http.Request) {
    if request.Method != "GET" || getLead(request.RequestURI) != "/play"
{
            writer.WriteHeader(405)
            return
    }
    err := request.ParseForm() // 获得查询参数
    if err != nil {
            writer.WriteHeader(400)
            return
    }
    name := request.Form.Get("name")
    url := request.Form.Get("url")
    if len(url) == 0 || len(name) == 0 {
            writer.WriteHeader(400)
            return
    }
    ct := request.Form.Get("ct")
    if len(ct) == 0 {
            ct = request.Header.Get("content-type")
```

```go
    }
        ct = strings.ToLower(ct)
switch ct {
case "":
        ct = "application/json"
case "application/json", "text/json":
case "application/xml", "text/xml":
default:
        writer.WriteHeader(400)
        return
}

err = CoreGame.Run(name, url)
if err != nil {
        writer.WriteHeader(500)
        return
}
run := makeReturnedRun(name, url)

var ba []byte
switch ct {
case "application/json", "text/json":
        ba, err = json.MarshalIndent(run, "", "  ")
        if err != nil {
                writer.WriteHeader(500)
                return
        }
        writer.Header().Add("Content-Type", "text/json")
case "application/xml", "text/xml":
        ba, err = xml.MarshalIndent(run, "", "  ")
        if err != nil {
                writer.WriteHeader(500)
                return
        }
        writer.Header().Add("Content-Type", "text/xml")
}
        writer.WriteHeader(200)
        writer.Write(ba) // 发送响应；已忽略错误
}
// 为返回的运行生成数据
func makeReturnedRun(name, url string) *XGameRun {
        run := CoreGame.Runs[name]
        xrun := &XGameRun{}
        xrun.Name = run.Name
        xrun.ImageURL = url
        xrun.PlayIndex = run.PlayIndex
        xrun.DelayIn10ms = run.DelayIn10ms
        xrun.Height = run.Height
```

```
        xrun.Width = run.Width
        xrun.StartedAt = run.StartedAt.UnixNano()
        xrun.EndedAt = run.EndedAt.UnixNano()
        xrun.Duration = (xrun.EndedAt - xrun.StartedAt + NanosPerMs/2) /
        NanosPerMs
        xrun.Cycles = make([]*XGameCycle, 0, 100)

        for _, r := range run.Cycles {
                xc := &XGameCycle{}
                xc.StartedAt = r.StartedAt.UnixNano()
                xc.EndedAt = r.EndedAt.UnixNano()
                xc.Duration = (xc.EndedAt - xc.StartedAt + NanosPerMs/2) /
                NanosPerMs
                xc.Cycle = r.Cycle
                xc.GorountineCount = CoreGame.GoroutineCount
                xc.MaxCycles = CoreGame.MaxCycles
                xrun.Cycles = append(xrun.Cycles, xc)
        }
        return xrun
}

var re = regexp.MustCompile(`^(\d+)x(\d+)$`)
// 显示请求处理程序
func showHandler(writer http.ResponseWriter, request *http.Request) {
        if request.Method != "GET" || getLead(request.RequestURI) != "/show" {
                writer.WriteHeader(405)
                return
        }
        err := request.ParseForm() // 获得查询参数
        if err != nil {
                writer.WriteHeader(400)
                return
        }
        name := request.Form.Get("name")
        if len(name) == 0 {
                name = "default"
        }
        form := request.Form.Get("form")
        if len(form) == 0 {
                form = "gif"
        }
        xmaxCount := request.Form.Get("maxCount")
        if len(xmaxCount) == 0 {
                xmaxCount = "20"
        }
        maxCount, err := strconv.Atoi(xmaxCount)
        if err != nil || maxCount < 1 || maxCount > 100 {
                writer.WriteHeader(400)
```

```go
            return
        }
        xmag := request.Form.Get("mag")
        if len(xmag) > 0 {
            mag, err := strconv.Atoi(xmag)
            if err != nil || mag < 1 || mag > 20 {
                writer.WriteHeader(400)
                return
            }
        magFactorFlag = mag
    }

    index := 0
    // 根据类型验证参数
    switch form {
    case "gif", "GIF":
    case "png", "PNG":
        xindex := request.Form.Get("index")
        if len(xindex) == 0 {
            xindex = "0"
        }
        index, err = strconv.Atoi(xindex)
        if err != nil {
            writer.WriteHeader(400)
            return
        }
        xgrid := request.Form.Get("grid")
        if len(xgrid) > 0 {
            parts := re.FindStringSubmatch(xgrid)
            if len(parts) != 2 {
                writer.WriteHeader(400)
                return
            }
            gridFlag = fmt.Sprintf("%sx%s", parts[0], parts[1])
        }
    default:
        writer.WriteHeader(400)
        return
    }

    gr, ok := CoreGame.Runs[name]
    if ! ok {
        writer.WriteHeader(404)
        return
    }
    // 返回请求图像类型
    switch form {
    case "gif", "GIF":
        gifs, err := gr.MakeGIFs(maxCount)
```

```
    if err != nil {
            writer.WriteHeader(500)
            return
    }
    var buf bytes.Buffer
    err = gif.EncodeAll(&buf, gifs)
    if err != nil {
            writer.WriteHeader(500)
            return
    }
    count, err := writer.Write(buf.Bytes()) // 发送响应
    log.Printf("Returned GIF, size=%d\n", count)
    if saveImageFlag {
            saveFile := fmt.Sprintf("/temp/Image_%s.gif", name)
            xerr := ioutil.WriteFile(saveFile, buf.Bytes(),
            os.ModePerm)
            fmt.Printf("Save %s: %v\n", saveFile, xerr)
    }
case "png", "PNG":
    if gridFlag == "1x1" {
            if index <= maxCount {
                    var buf bytes.Buffer
                    err = gr.MakePNG(&buf, index)
                    if err != nil {
                            code := 500
                            if err == BadIndexError {
                                    code = 400
                            }
                            writer.WriteHeader(code)
                            return
                    }

                    writer.Write(buf.Bytes()) // 发送响应；已忽略错误

            } else {
                    writer.WriteHeader(400)
            }
    } else {
            // 当前未实现
            writer.WriteHeader(400)
    }
    }
}
```

Game.go

Game.go 包含 GoL 游戏的逻辑。每个 Game 由一组命名的 GameRun 实例组成。每个 GameRun 由一组 GameCycle 实例和一些统计信息组成。每个 GameCycle 由 Grid 的前后快照和一些统计信息组成。每个 Grid 有细胞数据（作为 byte[]）和网格尺寸。REST

显示 API 返回转换图像的后网格数据。

在 NextCycle 方法的 Go 协程中调用 processRows 函数。数量可变的 Go 协程可用。使用更多的 Go 协程可极大提升 GoL 循环处理的速度，尤其是大型网格，如本节后续所示。Game.go（清单 9-13）包含如下代码。

清单 9-13　Game.go

```go
package main

import (
        "bytes"
        "errors"
        "fmt"
        "image"
        "image/color"
        "image/gif"
        "image/png"
        "io"
        "io/ioutil"
        "log"
        "os"
        "sync"
        "time"
)

// 默认游戏历史记录
var CoreGame = &Game{
        make(map[string]*GameRun),
        10,
        0,
        1}

// 表示一局游戏
type Game struct {
        Runs            map[string]*GameRun
        MaxCycles       int
        SkipCycles      int // 当前未使用
        GoroutineCount int
}

// 从图像定义的网格运行一组循环
func (g *Game) Run(name, url string) (err error) {
        gr, err := NewGameRun(name, url, g)
        if err != nil {
                return
        }
        g.Runs[gr.Name] = gr
        err = gr.Run()
        return
}
```

```go
// 清除一个游戏
func (g *Game) Clear() {
	for k, _ := range g.Runs {
		delete(g.Runs, k)
	}
}

// 表示游戏的单次运行
type GameRun struct {
	Parent         *Game
	Name           string
	ImageURL       string
	StartedAt      time.Time
	EndedAt        time.Time
	Width, Height  int
	InitialGrid    *Grid
	CurrentGrid    *Grid
	FinalGrid      *Grid
	Cycles         []*GameCycle
	DelayIn10ms    int
	PlayIndex      int
	GoroutineCount int
}

// B & W 颜色索引
const (
	offIndex = 0
	onIndex  = 1
)

// B & W 调色板
var paletteBW = []color.Color{color.White, color.Black}

// 生成 PNG 结果（单帧）
func (gr *GameRun) MakePNG(writer io.Writer, index int) (err error) {
	var grid *Grid
	switch index {
	case 0:
		grid = gr.InitialGrid
	default:
		index--
		if index < 0 || index >= len(gr.Cycles) {
			err = BadIndexError
			return
		}
		grid = gr.Cycles[index].AfterGrid
	}
	mag := magFactorFlag
	rect := image.Rect(0, 0, mag*gr.Width+1, mag*gr.Height+1)
	img := image.NewPaletted(rect, paletteBW)
```

```
        gr.FillImage(grid, img)
        b, err := gr.encodePNGImage(img)
        if err != nil {
            return
        }
        count, err := writer.Write(b.Bytes())
        log.Printf("Returned PNG, size= %d\n", count)
        if saveImageFlag {
            saveFile := fmt.Sprintf("/temp/Image_%s_%d.png", gr.Name, index)
            xerr := ioutil.WriteFile(saveFile, b.Bytes(), os.ModePerm)
            fmt.Printf("Save %s: %v\n", saveFile, xerr)
        }
        return
    }
```

// 制作 PNG 图像

```
func (gr *GameRun) encodePNGImage(img *image.Paletted) (b bytes.Buffer, err
error) {
    var e png.Encoder
    e.CompressionLevel = png.NoCompression
    err = e.Encode(&b, img)
    return
}
```

// 生成一个 GIF 结果（≥ 1 帧）

```
func (gr *GameRun) MakeGIFs(count int) (agif *gif.GIF, err error) {
    mag := magFactorFlag
    cycles := len(gr.Cycles)
    xcount := cycles + 1
    if xcount > count {
        xcount = count
    }
    added := 0
    agif = &gif.GIF{LoopCount: 5}

    rect := image.Rect(0, 0, mag*gr.Width+1, mag*gr.Height+1)
    img := image.NewPaletted(rect, paletteBW)
    if added < xcount {
        gr.AddGrid(gr.InitialGrid, img, agif)
        added++
    }
    for i := 0; i < cycles; i++ {
        if added < xcount {
            img = image.NewPaletted(rect, paletteBW)
            gc := gr.Cycles[i]
            grid := gc.AfterGrid
            gr.AddGrid(grid, img, agif)
            added++
        }
    }
```

```go
        return
}

// 在动画 GIF 中填充并记录循环图像
func (gr *GameRun) AddGrid(grid *Grid, img *image.Paletted, agif *gif.GIF)
{
        gr.FillImage(grid, img)
        agif.Image = append(agif.Image, img)
        agif.Delay = append(agif.Delay, gr.DelayIn10ms)
}
// 从网格填充图像
func (gr *GameRun) FillImage(grid *Grid, img *image.Paletted) {
        mag := magFactorFlag
        for row := 0; row < grid.Height; row++ {
                for col := 0; col < grid.Width; col++ {
                        index := offIndex
                        if grid.getCell(col, row) != 0 {
                                index = onIndex
                        }
                        // 应用放大
                        for i := 0; i < mag; i++ {
                                for j := 0; j < mag; j++ {
                                        img.SetColorIndex(mag*row+i, mag*col+j,
                                        uint8(index))
                                }
                        }
                }
        }
}

const midValue = 256 / 2 // 中间颜色值

// 错误值
var (
        NotPNGError   = errors.New("not a png")
        NotRGBAError  = errors.New("not RGBA color")
        BadIndexError = errors.New("bad index")
)

// 开始新的游戏运行
func NewGameRun(name, url string, parent *Game) (gr *GameRun, err error) {
        gr = &GameRun{}
        gr.Parent = parent
        gr.Name = name
        gr.GoroutineCount = CoreGame.GoroutineCount
        gr.ImageURL = url
        gr.DelayIn10ms = 5 * 100
        var img image.Image
        var kind string
        img, kind, err = LoadImage(url)
```

```go
    if err != nil {
        return
    }
    fmt.Printf("Image kind: %v\n", kind)
    if kind != "png" {
        return nil, NotPNGError
    }
    bounds := img.Bounds()
    minX, minY, maxX, maxY := bounds.Min.X, bounds.Min.Y, bounds.Max.X,
    bounds.Max.Y
    size := bounds.Size()
    //xsize := size.X * size.Y
    gr.InitialGrid = NewEmptyGrid(size.X, size.Y)
    gr.Width = gr.InitialGrid.Width
    gr.Height = gr.InitialGrid.Height

    err = gr.InitGridFromImage(minX, maxX, minY, maxY, img)
    if err != nil {
        return
    }
    gr.CurrentGrid = gr.InitialGrid.DeepCloneGrid()
    return
}

// 根据图像填充网格
// 将彩色图像映射到 B&W。只允许使用 RGBA 图像
func (gr *GameRun) InitGridFromImage(minX, maxX, minY, maxY int,
    img image.Image) (err error) {
    setCount, totalCount := 0, 0
    for y := minY; y < maxY; y++ {
        for x := minX; x < maxX; x++ {
            //                  r, g, b, a := img.At(x, y).RGBA()
            rgba := img.At(x, y)
            var r, g, b uint8
            switch v := rgba.(type) {
            case color.NRGBA:
                r, g, b, _ = v.R, v.G, v.B, v.A
            case color.RGBA:
                r, g, b, _ = v.R, v.G, v.B, v.A
            default:
                err = NotRGBAError
                return
            }
            cv := byte(0) // 假设细胞死亡
            if int(r)+int(g)+int(b) < midValue*3 {
                cv = byte(1) // 使细胞存活
                setCount++
            }
            gr.InitialGrid.setCell(x, y, cv)
```

```
                        totalCount++
            }
        }
        return
}

// 玩一场游戏
// 运行请求循环计数
func (gr *GameRun) Run() (err error) {
        gr.StartedAt = time.Now()
        for count := 0; count < gr.Parent.MaxCycles; count++ {
                err = gr.NextCycle()
                if err != nil {
                        return
                }
        }
        gr.EndedAt = time.Now()
        fmt.Printf("GameRun total time: %dms, goroutine count: %d\n",
                (gr.EndedAt.Sub(gr.StartedAt)+NanosPerMs)/NanosPerMs,
                gr.GoroutineCount)
        gr.FinalGrid = gr.CurrentGrid.DeepCloneGrid()
        return
}

// 表示游戏的单个循环
type GameCycle struct {
        Parent      *GameRun
        Cycle       int
        StartedAt   time.Time
        EndedAt     time.Time
        BeforeGrid  *Grid
        AfterGrid   *Grid
}

func NewGameCycle(parent *GameRun) (gc *GameCycle) {
        gc := &GameCycle{}
        gc.Parent = parent
        return
}

// 前进并开始下一个游戏循环
// 循环网格行的更新可以并行进行
// 可以减少执行时间
func (gr *GameRun) NextCycle() (err error) {
        gc := NewGameCycle(gr)
        gc.BeforeGrid = gr.CurrentGrid.DeepCloneGrid()
        p := gc.Parent
        goroutineCount := p.Parent.GoroutineCount
        if goroutineCount <= 0 {
                goroutineCount = 1
```

```go
    }
    gc.AfterGrid = NewEmptyGrid(gc.BeforeGrid.Width, gc.BeforeGrid.
    Height)
    gc.StartedAt = time.Now()
    // 跨允许的 Go 协程处理行
    rowCount := (gr.Height + goroutineCount/2) / goroutineCount
    var wg sync.WaitGroup
    for i := 0; i < goroutineCount; i++ {
        wg.Add(1)
        go processRows(&wg, gc, rowCount, i*rowCount, gc.BeforeGrid,
        gc.AfterGrid)
    }
    wg.Wait() // 让一切结束
    gc.EndedAt = time.Now()
    gr.CurrentGrid = gc.AfterGrid.DeepCloneGrid()
    gr.Cycles = append(gr.Cycles, gc)
    gc.Cycle = len(gr.Cycles)
    return
}

// 表示二维游戏网格 (抽象，而非图像)
type Grid struct {
    Data          []byte
    Width, Height int
}

func NewEmptyGrid(w, h int) (g *Grid) {
    g = &Grid{}
    g.Data = make([]byte, w*h)
    g.Width = w
    g.Height = h
    return
}

func (g *Grid) DeepCloneGrid() (c *Grid) {
    c = &Grid{}
    lg := len(g.Data)
    c.Data = make([]byte, lg, lg)
    for i, b := range g.Data {
        c.Data[i] = b
    }
    c.Width = g.Width
    c.Height = g.Height
    return
}

func (g *Grid) getCell(x, y int) (b byte) {
    if x < 0 || x >= g.Width || y < 0 || y >= g.Height {
        return
    }
```

```
        return g.Data[x+y*g.Width]
}
func (g *Grid) setCell(x, y int, b byte) {
        if x < 0 || x >= g.Width || y < 0 || y >= g.Height {
                return
        }
        g.Data[x+y*g.Width] = b
}
```

```
// 作为网格行的子集进行游戏（因此可以并行进行）
func processRows(wg *sync.WaitGroup, gc *GameCycle, rowCount int,
        startRow int, inGrid, outGrid *Grid) {
        defer wg.Done()
        gr := gc.Parent
        for index := 0; index < rowCount; index++ {
                rowIndex := index + startRow
                for colIndex := 0; colIndex < gr.Width; colIndex++ {
                        // 对任何相邻细胞计数
                        neighbors := 0
                        if inGrid.getCell(colIndex-1, rowIndex-1) != 0 {
                                neighbors++
                        }
                        if inGrid.getCell(colIndex, rowIndex-1) != 0 {
                                neighbors++
                        }
                        if inGrid.getCell(colIndex+1, rowIndex-1) != 0 {
                                neighbors++
                        }
                        if inGrid.getCell(colIndex-1, rowIndex) != 0 {
                                neighbors++
                        }
                        if inGrid.getCell(colIndex+1, rowIndex) != 0 {
                                neighbors++
                        }
                        if inGrid.getCell(colIndex-1, rowIndex+1) != 0 {
                                neighbors++
                        }
                        if inGrid.getCell(colIndex, rowIndex+1) != 0 {
                                neighbors++
                        }
                        if inGrid.getCell(colIndex+1, rowIndex+1) != 0 {
                                neighbors++
                        }

                        // 基于相邻细胞计数确定下一代细胞
                        //   状态
                        pv := inGrid.getCell(colIndex, rowIndex)
                        nv := uint8(0) // 假设死亡
                        switch neighbors {
```

```
        case 2:
                nv = pv // 无变化
        case 3:
                if pv == 0 {
                        nv = 1 // 使存活
                }
        }
        outGrid.setCell(colIndex, rowIndex, nv)
        }
    }
}
```

Utility.go

Utility.go 提供一些辅助函数和共享值。

Utility.go（清单 9-14）包含如下代码。

清单 9-14　Utility.go

```go
package main

import (
        "bytes"
        "image"
        "io/ioutil"
        "log"
        "net/http"
        "strings"
)

const NanosPerMs = 1_000_000
const FilePrefix = "file:" // 本地 ( 与 HTTP 相比 ) 文件

func LoadImage(url string) (img image.Image, kind string, err error) {
        switch {
        case strings.HasPrefix(url, FilePrefix):
                url = url[len(FilePrefix):]
                var b []byte
                b, err = ioutil.ReadFile(url) // 从文件读取图像
                if err != nil {
                        return
                }
                r := bytes.NewReader(b)
                img, kind, err = image.Decode(r)
                if err != nil {
                        return
                }
        default:
                var resp *http.Response
                resp, err = http.Get(url) // 从网络获取图像
```

```
            if err != nil {
                    return
            }
            img, kind, err = image.Decode(resp.Body)
            resp.Body.Close() // 已忽略错误
            if err != nil {
                    return
            }
        }
        return
}

// 如果传递错误，则失败
func fatalIfError(v ...interface{}) {
        if v != nil && len(v) > 0 {
                if err, ok := v[len(v)-1].(error); ok && err != nil {
                        log.Fatalf("unexpected error: %v\n", err)
                }
        }
}
```

Go 文档输出

尽管不常用命令行程序，但下面是运行命令行的输出结果。

```
go doc -cmd -u
```

在 GoL 的代码库的输出为：

```
package main // 导入 "."
const offIndex = 0 ...
const urlHelp = "URL of the PNG image to load" ...
const FilePrefix = "file:"
const NanosPerMs = 1_000_000
const golDescription = ...
const midValue = 256 / 2
var NotPNGError = errors.New("not a png") ...
var urlFlag string ...
var AllGames = &Game{ ... }
var paletteBW = []color.Color{ ... }
var spec = ":8080"
func LoadImage(url string) (img image.Image, kind string, err error)
func fatalIfError(v ...interface{})
func init()
func main()
func playHandler(writer http.ResponseWriter, request *http.Request)
func processRows(wg *sync.WaitGroup, gc *GameCycle, rowCount int, startRow
int, ...)
```

```
func runCycleTimings()
func showHandler(writer http.ResponseWriter, request *http.Request)
func startHTTPServer()
func startServer() (err error)
type Game struct{ ... }
type GameCycle struct{ ... }
    func NewGameCycle(parent *GameRun) (gc *GameCycle)
type GameRun struct{ ... }
    func NewGameRun(name, url string, parent *Game) (gr *GameRun, err error)
type Grid struct{ ... }
    func NewEmptyGrid(w, h int) (g *Grid)
type XGameCycle struct{ ... }
type XGameRun struct{ ... }
    func makeReturnedRun(name, url string) *XGameRun
```

输出结果被工具自身省略了（因此是不完整的），但很好地概括了程序的关键部分。可以深入每个报告的结构体中获取更详细信息。有关详细信息，参见 Go 文档。

不同于 Java 的 JavaDoc 工具（其预生成 HTML 输出），较为丰富的在线 HTML 文档需要 go doc 服务器运行。参见 Go 在线文档中的如何加载服务器。

9.5 API 输出

图 9-6 的结果是一局游戏的统计信息。`encoding/json` 包中的 Go 函数输出 JSON 格式。

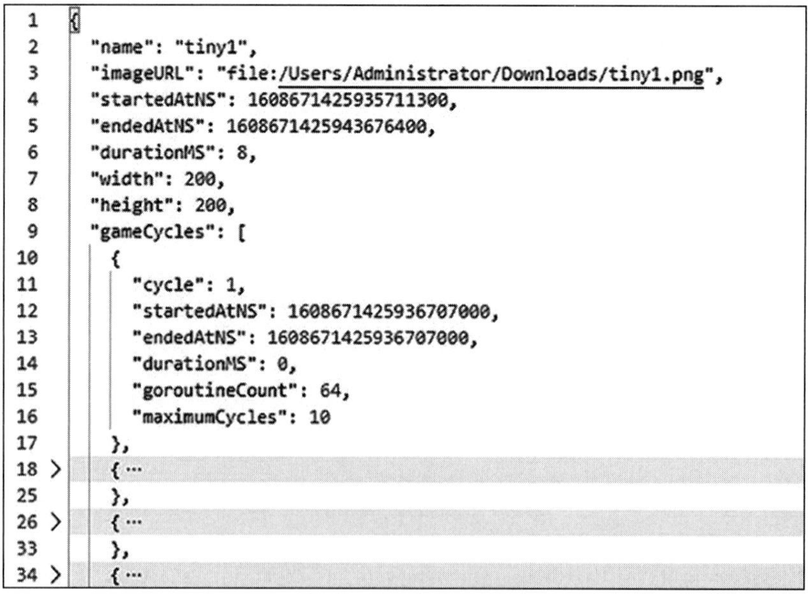

```
 1  {
 2      "name": "tiny1",
 3      "imageURL": "file:/Users/Administrator/Downloads/tiny1.png",
 4      "startedAtNS": 1608671425935711300,
 5      "endedAtNS": 1608671425943676400,
 6      "durationMS": 8,
 7      "width": 200,
 8      "height": 200,
 9      "gameCycles": [
10          {
11              "cycle": 1,
12              "startedAtNS": 1608671425936707000,
13              "endedAtNS": 1608671425936707000,
14              "durationMS": 0,
15              "goroutineCount": 64,
16              "maximumCycles": 10
17          },
18  >       { ⋯
25          },
26  >       { ⋯
33          },
34  >       { ⋯
```

图 9-6 以 JSON 输出游戏结果

```
41          },
42 >        { …
49          },
50 >        { …
57          },
58 >        { …
65          },
66 >        { …
73          },
74 >        { …
81          },
82          {
83            "cycle": 10,
84            "startedAtNS": 1608671425942680700,
85            "endedAtNS": 1608671425943676400,
86            "durationMS": 1,
87            "goroutineCount": 64,
88            "maximumCycles": 10
89          }
90        ],
91        "delay10MS": 500,
92        "playIndex": 0
93      }
```

图 9-6　以 JSON 输出游戏结果（续）

对应前面 JSON 格式的 XML，由 `encoding/xml` 包中的 Go 函数生成（如图 9-7 所示）。

```
1   <XGameRun>
2       <Name>tiny1</Name>
3       <ImageURL>file:/Users/Administrator/Downloads/tiny1.png</ImageURL>
4       <StartedAtEpochNS>1608671313767808300</StartedAtEpochNS>
5       <EndedAtEpochNS>1608671313774777600</EndedAtEpochNS>
6       <DurationMS>7</DurationMS>
7       <Width>200</Width>
8       <Height>200</Height>
9       <GameCycles>
10          <GameCycle>
11              <Cycle>1</Cycle>
12              <StartedAtEpochNS>1608671313767808300</StartedAtEpochNS>
13              <EndedAtEpochNS>1608671313767808300</EndedAtEpochNS>
14              <DurationMS>0</DurationMS>
15              <GorountineCount>64</GorountineCount>
16              <MaximumCycles>10</MaximumCycles>
17          </GameCycle>
18 >        <GameCycle> …
25          </GameCycle>
26 >        <GameCycle> …
33          </GameCycle>
34 >        <GameCycle> …
41          </GameCycle>
42 >        <GameCycle> …
49          </GameCycle>
50 >        <GameCycle> …
57          </GameCycle>
58 >        <GameCycle> …
65          </GameCycle>
66 >        <GameCycle> …
```

图 9-7　以 XML 输出游戏结果

```
73      </GameCycle>
74 >    <GameCycle> ⋯
81      </GameCycle>
82      <GameCycle>
83          <Cycle>10</Cycle>
84          <StartedAtEpochNS>1608671313774777600</StartedAtEpochNS>
85          <EndedAtEpochNS>1608671313774777600</EndedAtEpochNS>
86          <DurationMS>0</DurationMS>
87          <GorountineCount>64</GorountineCount>
88          <MaximumCycles>10</MaximumCycles>
89      </GameCycle>
90      </GameCycles>
91      <Delay10MS>500</Delay10MS>
92      <PlayIndex>0</PlayIndex>
93  </XGameRun>
```

图 9-7　以 XML 输出游戏结果（续）

图 9-8 所示的 `history` 动作结果显示了已玩过的游戏。

```
1   {
2     "Runs": {
3       "tiny1": {
4         "name": "tiny1",
5         "imageURL": "file:/Users/Administrator/Downloads/tiny1.png",
6         "startedAtNS": 1608735086048043400,
7         "endedAtNS": 1608735086056007900,
8         "durationMS": 8,
9         "width": 200,
10        "height": 200,
11 >      "gameCycles": [ ⋯
92        ],
93        "delay10MS": 500,
94        "playIndex": 0
95      },
96      "tiny2": {
97        "name": "tiny2",
98        "imageURL": "file:/Users/Administrator/Downloads/tiny1.png",
99        "startedAtNS": 1608735135865397600,
00        "endedAtNS": 1608735135873362800,
01        "durationMS": 8,
02        "width": 200,
03        "height": 200,
04 >      "gameCycles": [ ⋯
85        ],
86        "delay10MS": 500,
87        "playIndex": 0
88      }
89    }
90  }
```

图 9-8　JSON 格式的历史结果

在服务器启动时或 `DELETE/history` 记录后，输出如图 9-9 所示。

```
1   {
2     "Runs": {}
3   }
```

图 9-9　清空历史的输出

9.6　Game 输出

下面的一些图是 show 动作从原始图片开始，经过一些循环后的运行结果。如果允许有许多循环（此处未显示），则此原始循环最终会进入一个交替模式，并无限期地持续下去。

图 9-10 提供了原始示例图片，混合了涂鸦和一些简单形状，用来运行 GoL，以小比例显示在浏览器中。

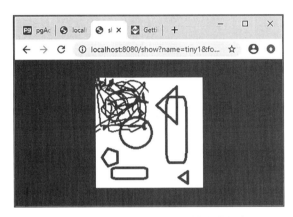

图 9-10　浏览器中显示的初始游戏状态

图 9-11 展示了经过十个循环过程的结果，所用 PNG 类似在 Swing GUI（Go 版本无对等的 GUI）的 Java 实现所用的。第一个图片是输入图片。其余是一个新游戏循环的结果。范围大的输出被分成两段。注意不规则图案会很快消失，而规则图案保持较长时间。

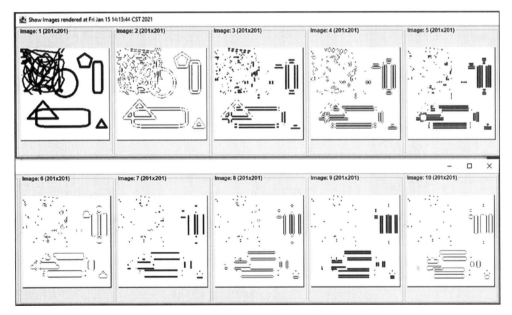

图 9-11　Game 循环周期（前九个循环）

注意，图片在宽高上各有 1 像素填充（黑色）。

由于小网格尺寸，前面的 GoL 的运行速度较快。表 9-1 展示了类似 Go 运行的循环计时结果，其中图片的宽高较大（大约 2000×2000）。

表 9-1 不同 Go 协程计数的计时结果

GameRun total time: 2995ms, Go 协程 count: 1
GameRun total time: 1621ms, Go 协程 count: 2
GameRun total time: 922ms, Go 协程 count: 4
GameRun total time: 581ms, Go 协程 count: 8
GameRun total time: 478ms, Go 协程 count: 16
GameRun total time: 363ms, Go 协程 count: 32

注意结果取决于图片大小以及服务器运行的处理器容量。读者的各自运行结果会不同。

图 9-12 展示了以运行时间（ms）与 Go 协程数量为单位绘制的性能数字。该图清楚地显示了：增加 Go 协程数量有助于提升性能。性能提升情况取决于可用的内核数量，但即使是几个内核也会有很大帮助。最终，如图所示，一直添加更多的 Go 协程并不会大大提高性能。

性能改进与 Go 协程的数量不是线性的[⊖]，但它是实质性的。此处，最短观测时间仅为最大观测时间的 16%。鉴于添加 Go 协程所需的额外代码最少（约 10 行），这是一个很好的投资回报。

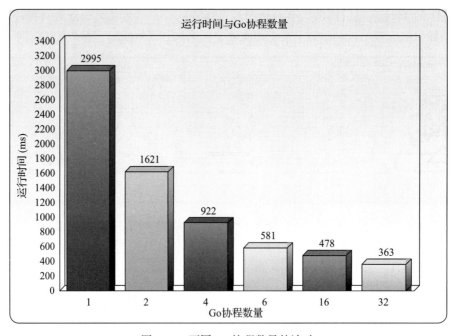

图 9-12 不同 Go 协程数量的计时

⊖ 所有的 Go 协程可能不会分配到不同的内核中。

第三部分 *Part 3*

Go 库综述

本部分以总结形式来讲解标准 Go 库。本部分目的是了解、熟悉库以及其功能，但不包括使用的细节。不是库中所有的类型和函数都会被提及，只有一些常用的（作者认为常用）会提及。很多函数是自我解释的（名字充分说明其含义），因此我们不会进一步解释。对于其他函数，我们将给出简要说明。一些类型和函数将包含例子。

我们首先简要介绍 Go 标准包库。为了使读者能够了解熟悉 Go 运行时函数。本书不是完整教程或者每个库函数的工具书，但对于多数库，本书提供了足够使用的细节。库的额外信息可查询 Go 文档，本书只讨论标准 Go 库。

Go，如同 Java，有标准库（包含在 Go 安装中）和第三方库（也叫社区支持）。作者看来，Java 标准库本质上更全面，但 Go 库已足够编写很多有用的程序。另外，Go 版本通常更易学、易用，至少最初是这样的。

探讨所有社区 Go 库（如 Java 社区库）是一份超人的工作，最终的总结需数千页。也无法与本书的库保持一致。因此，本书对此不进行尝试。

在一些情况下，Go 标准库具备 Java 标准库没有的功能。例如，Go 有内置的支持创建生产服务器，尤其是 HTTP 服务器。在 Java 中，这通常需要额外的库，例如来自 Apache.org 或 Spring.org。因此，标准 Go 类似于一个简化功能的 Java Extended Edition（JEE，现在称为 Jakarta Extended Edition）环境。

在原生 GUI 领域，Go 弱于 Java。Java 有 AWT、Swing 和 JavaFX GUI 等库。Go 无可比性，但 Go 有针对 Web GUI（Java 包含在 JEE 中）生成 HTML（CSS 或者 JSON）的库。一些 Go 社区成员提供原生 GUI 支持，但好像非完全跨平台。另外，很多库不是纯 Go 的，需要 CGo 访问本地操作系统库。

如果逐函数地进行库比较，需数百（不是数千）页。类似，要为 Go 库中的所有函数提供一个程序员参考，需要数百页。本书不打算这么做。这些内容可查询在线 Go 文档。

注意，Go 库被整理成包，所以在此环境下，包和库通常是同义词（但一些库可能有多个包）。

库的综述由 Go 中的可用性决定。这样，一些 Java 库未提及。一些 Go 库将不被提及，因很少使用或者用于高级或内部使用（由 Go 的构建系统或者运行时生成）。

本书将比较一些关键库，并针对多数程序员将使用的函数提供案例。这基本上是对 **java.lang** 与 **java.util** 包（和它们的子包）的一些类和函数与 Go 的对应部分的比较。来自其他 Java 包的一些类和函数将被提及。

一些 Go 库很低级（例如，非安全内存访问或者直接操作系统访问），通常由高级库进行封装。为此我们只讨论较高级的库。一些 Go 库面向 Go 运行时和工具集实现，将不被讨论。一些 Go 库面向低级调试和跟踪，将不被讨论。

一些 Go 库处理跨进程和网络的远程程序调用（RPC）。相比 HTTP 访问，RPC 很少被使用，因此 HTTP 将被讨论。类似地，Go 的 email 将不被讨论。

本书未列出所述包中所有的类型和函数。完整详细内容参见 Go 在线文档。网站给出了标准包和一些补充包的描述（一些是实验性的），并提供第三方包的链接。网址归纳在图 P3-1（隐藏的标准库）。

Packages

Standard library
Other packages
　　Sub-repositories
　　Community

Standard library ▸

Other packages

Sub-repositories

These packages are part of the Go Project but outside the main Go tree. They are developed under looser compatibility requirements than the Go core. Install them with "go get".

- benchmarks — benchmarks to measure Go as it is developed.
- blog — blog.golang.org's implementation.
- build — build.golang.org's implementation.
- crypto — additional cryptography packages.
- debug — an experimental debugger for Go.
- image — additional imaging packages.
- mobile — experimental support for Go on mobile platforms.
- net — additional networking packages.
- perf — packages and tools for performance measurement, storage, and analysis.
- pkgsite — home of the pkg.go.dev website.
- review — a tool for working with Gerrit code reviews.
- sync — additional concurrency primitives.
- sys — packages for making system calls.
- text — packages for working with text.
- time — additional time packages.
- tools — godoc, goimports, gorename, and other tools.
- tour — tour.golang.org's implementation.
- exp — experimental and deprecated packages (handle with care; may change without warning).

Community

These services can help you find Open Source packages provided by the community.

- Pkg.go.dev - the Go package discovery site.
- Projects at the Go Wiki - a curated list of Go projects.

图 P3-1　Go 扩展包的概述

❑ Pkg.go.dev 主要是一个搜索引擎，需提供关键词。

❑ https://github.com/golang/go/wiki/Projects 是一个 Go 搜索引擎目录和贯穿多领域的项目列表。它是一个寻找社区库的好来源。标准库包含很多包，后续归纳了一些。社区库对很多标准库的类型和函数做了加强（经常更换）。一些社区提供了标准版 API 模式的分支，并以不同的方法提供功能。在决定使用标准库 API 之前，推荐对社区替代库进行调查（常说的 Web 搜索）。通常，它们很丰富且功能强大。

Java 中该现象不常见，其中多数开发人员使用标准库提供的函数。一个特殊的例外是标准 HTTP 客户端，它可能很难使用，并且功能有限。因此，存在许多对应的社区增强功能。注意，Java 11 提供了一个新的 HTTP 客户端，该客户端有很大的改进，可能会淘汰一些社区产品。

后续未给出所有的类型和类型的方法 / 函数，只是常用部分。很多包都有常量和变量定义。只有常用值被列出。如果没有为以下类型定义构造函数（**NewXxx**）方法，则使用零值声明。

包变量通常包括标准化 **error** 类型，可用于与包中方法返回的错误进行比较。这些值的使用类似于 Java 的标准异常类型（例如 **IllegalArgumentException** 或 **ArrayIndexOutOfBoundsException**）。例如，**zip** 包定义了这些错误：

```
var (
    ErrFormat    = errors.New("zip: not a valid zip file")
    ErrAlgorithm = errors.New("zip: unsupported compression algorithm")
    ErrChecksum  = errors.New("zip: checksum error")
)
```

注意，这设定了一种自定义代码中命名和类似 **error** 的模式，以及一种错误消息文本的可能风格形式。

后续的 **Stringer** 接口实现中列出了很多类型，尤其是结构体类型。后续的方法集未记录。

Go 标准包以浅层次结构排列。一些通用函数被组合进父包中，更具体的函数在子包中。

虽然标准层次结构中的软件包可能会随着时间的推移而增加，但下面是一个具有代表性的软件包列表，以及用法的简要说明：

- archive——空，请参见子包
- archive/tar——TAR 读访问
- archive/zip——ZIP 读 / 写访问
- bufio——在未缓存的 I/O 函数基础提供缓存 I/O 功能
- builtin——描述 Go 内置类型和标识符
- bytes——处理字节的切片函数
- compress——空，见子包
- compress/bzip——BZIP 2 解压
- compress/flate——处理 DEFLATE 格式数据
- compress/gzip——处理 GZIP 格式数据
- compress/lzw——处理括蓝波 – 立夫 – 卫曲（LZW）编码法格式数据
- compress/zlob——处理 zlib 格式数据

- ❑ container——空，见子包
- ❑ container/heap——处理堆（树中每个节点是任何子树的最小值，最小值在顶部）
- ❑ container/list——双链接列表
- ❑ container/ring ——循环列表
- ❑ context——报告超时和取消操作的方法
- ❑ crypto——存放加密常量
- ❑ crypto/aes——提供 AES 加密
- ❑ crypto/cipher——支持分组密码
- ❑ crypto/des——提供 DES 和 3DES 加密
- ❑ cypto/dsa——提供 DSA 支持
- ❑ crypto/ecdsa——提供 Elliptic Curve DSA
- ❑ crypto/ed25519——提供 Ed25519 签名
- ❑ crypto/elliptic ——提供椭圆曲线加密
- ❑ crypto/hmac——提供 HMAC 认证
- ❑ crypto/md5——提供 MD5 哈希
- ❑ crypto/rand ——提供加密字符串随机数字
- ❑ crypto/rc4——提供 RC4 加密
- ❑ crypto/rsa——提供 RSA 加密
- ❑ crypto/sha1——提供 SHA-1 哈希
- ❑ crypto/sha256——提供 SHA-224 和 SHA-256 哈希
- ❑ crypto/sha512——提供 SHA-384 和一些 SHA-512 哈希
- ❑ crypto/subtle——提供加密辅助函数
- ❑ crypto/tls——提供 TLS（用在 HTTPS 中）支持
- ❑ crypto/x509——提供 X.509 认证支持
- ❑ crypto/pkix——为 x509 提供数据
- ❑ database——空，见子包
- ❑ database/sql——支持类似 JDBC 的访问数据库
- ❑ database/driver——支持数据库驱动（SPI）
- ❑ debug——空，见子包
- ❑ debug/dwarf ——支持 DWARF 信息
- ❑ debug/elf——支持 ELF 对象文件
- ❑ debug/Gosym ——在运行时访问符号 / 行数
- ❑ debug/macho——支持 Mach-O 对象文件
- ❑ debug/pe——支持可移植可执行文件
- ❑ debug/plan9obj ——支持 Plan9 对象文件
- ❑ encoding——支持不同格式转换的接口

❑ encoding/ascii85 ——支持 ASCII85 编码

❑ encoding/asn1——支持 ASN.1 编码

❑ encoding/base32——支持 base32 编码

❑ encoding/base64——支持 base64 编码

❑ encoding/binary——支持序列化基类型

❑ encoding/csv——支持读写 CSV 格式数据

❑ encoding/gob——支持序列化复杂（结构体）类型

❑ encoding/hex——二进制到十六进制的字符串转化

❑ encoding/json——二进制到 JSON 的字符串转换

❑ encoding/pem——提供 PEM 编码

❑ encoding/xml——XML 解释器

❑ errors——Go 的 error 类型支持

❑ expvar——输出 Go 运行时状态（类似 JMX）

❑ flag——分析命令行标志（例如 switches）

❑ fmt——扫描 / 格式化值

❑ go——空，参见子包

❑ go/ast——访问 Go 的 ASt

❑ go build——处理 Go 包

❑ go/constant——Go 常量

❑ go/doc——在 AST 中处理 Go 文档注释

❑ go/format——格式化 Go 源代码

❑ go/importer——处理 import 语句

❑ go/parser——分析 Go 源文件

❑ go/printer——格式化 AST

❑ go/scanner——Go 源代码的词汇分析（标记化）

❑ go/tokens——对应不同类型 Go 源标记的枚举

❑ go/types——Go 源代码中支持的类型以及类型检查

❑ hash——定义不同的哈希

❑ hash/adler32——Adler32 校验和

❑ hash/crc32——32 位 CRC 校验和

❑ hash/crc64——64 位 CRC 校验和

❑ hash/fnv——FNV 哈希

❑ hash/maphash——字节序列的哈希

❑ html——HTML 值转义

❑ html/template——HTML 的安全模板注入

❑ image——生成二维图像

❑ image/color——颜色库

❏ image/palette——颜色调色板

❏ image/draw——二维绘图

❏ image/gif——支持 GIF 格式

❏ image/jpeg ——支持 JPEG 格式

❏ image/png ——支持 PNG 格式

❏ index——空，参见子包

❏ index/suffixarray——使用后缀数组进行子字符串搜索

❏ io——支持低级 I/O 操作

❏ ioutil——提供 I/O 辅助函数

❏ log——提供基本日志功能

❏ log/syslog——访问操作系统日志

❏ math——提供基本数学函数

❏ math/big——为大整数、大浮点数以及有理数提供支持

❏ math/bits——在整数中提供位级访问

❏ cmplx——为复数提供辅助函数

❏ math/rand ——为生成随机数提供支持

❏ mime——为 MIME 类型提供支持

❏ mime/multipart——多数据支持

❏ mime/quotedprintable——支持引用的可打印编码

❏ net——支持 TCP/IP、UDP 网络、DNS 解释和套接字

❏ net/http——支持 HTTP 客户端和服务器端

❏ net/cgi——支持 CGI 服务器

❏ net/cookiejar——支持 HTTP cookies

❏ net/fgci——支持快 CGI 服务器

❏ net/httptest——支持 HTTP 交互的模拟测试

❏ net/httptrace——支持 HTTP 请求跟踪

❏ net/httputil——提供 HTTP 的辅助函数

❏ net/pprof——支持 HTTP 服务器性能分析

❏ net/mail——支持 email 处理

❏ net/rpc——支持基本 RPC 消息和序列化

❏ net/rpc/jasonrpc——使用 JSON 实体支持 RPC

❏ net/smtp——支持 email 发送和接收

❏ net/textproto——支持基于文本头（例如 HTTP）的网络协议

❏ net/url——支持分析和处理 URL

❏ os——提供访问操作系统支持的函数

❏ os/exec——运行外部进程

❏ os/signal——支持处理操作系统信号

- ❏ os/user——支持操作系统用户 / 组以及凭证
- ❏ os/path——支持处理操作系统文件系统路径
- ❏ os/filepath——路径辅助函数
- ❏ plugin——提供对动态加载插件（有限的）支持
- ❏ reflect——支持在运行时内省并创建类型和实例
- ❏ regex——对正则表达式求值的支持
- ❏ regex/syntax——支持分析正则表达式
- ❏ runtime——管理运行的 Go 程序
- ❏ runtime/cgo——访问用 C 编写的函数
- ❏ runtime/debug——对运行时的诊断
- ❏ runtime/pprof——生成分析数据
- ❏ runtime/trace——支持对运行时跟踪；比日志有更多的功能
- ❏ sort——支持排序或者切片和集合
- ❏ srtconv——各种到（格式化器）/ 从（解析器）字符串的转换器
- ❏ strings——对 **string** 类型的多种辅助函数
- ❏ sync——提供同步原语
- ❏ sync/atomic——执行原子更新的函数
- ❏ syscall——提供各种低级的操作系统函数；可能是特定系统的，而不是所有系统的
- ❏ testing——提供如 JUnit 的测试和编码计时
- ❏ testing/iotest——测试 IO 行为的辅助函数
- ❏ testing/quick——提供在测试用例中的辅助函数
- ❏ text——空，见子包
- ❏ text/scanner——提供字符串上的扫描 / 令牌
- ❏ text/tabwriter——提供列对齐的文本输出
- ❏ text/template——支持可编程的文本插入模板中
- ❏ text/parse——支持分析模板
- ❏ time——支持日期、时间、时间戳、持续时间、片刻
- ❏ time/tzdata——在没有操作系统的帮助下支持时区
- ❏ unicode——空，见子包
- ❏ unicode/utf16——支持 16 位 Unicode 字符
- ❏ unicode/utf32——支持 32 位 Unicode 字符（也叫 Runes）
- ❏ unicode/utf8——支持 UTF-8Unicode 字符
- ❏ unsafe——针对架构相关的数据和指针提供支持

虽然这个列表很重要，但它比 Java 标准版中所有包的类似列表要短得多。尽管如此，提供的功能通常足以创建丰富的 Web 客户端和服务器，这些客户端和服务器是现代微服务的基础，这是一个关键的 Go 用例。

例如（基于 Go 网站的例子），使用 utf8 包从（UTF-8）字符串提取 runes：

```
var text = "The 世界 is a crazy place!"  // UTF-8 定义的世界
var runes = make([]rune, 0, len(text))
for len(text) > 0 {
    rune, runeLen := utf8.DecodeRuneInString(text)
    fmt.Printf("%c(%d, %d)\n", rune, rune, runeLen)
    runes = append(runes, rune)
    text = text[runeLen:]
}
```

输出输入的 runes 的切片，其长度可能（本例中）比输入长度短。

下例用于测量一些代码的消耗时间：

```
func TimeIt(timeThis func() error) (dur time.Duration, err error) {
    start := time.Now()
    err = timeThis()
    dur = time.Now().Sub(start)
    return
}
```

与

```
elapsed, _ := TimeIt(func() (err error) {
    time.Sleep(1 * time.Second)
    return
})
```

elapsed 时间结果大约是 1e9。该例也可用下面方式运行：

```
func TimeIt(timeThis func() error) (dur time.Duration, err error) {
    start := time.Now()  // 使用前必须声明
    defer func(){
        dur = time.Now().Sub(start)
    }()
    err = timeThis()
    return
}
```

后续章节将讨论几个 Go 包，每个包给出了更完整的总结。在这些包的描述中，函数的命名方式如下：

Xxxx——使用默认参数时，函数的行为

XxxxFunc——使用提供的参数函数提供相同的行为，以实现自定义行为变量

提供的函数通常以实用为基础。

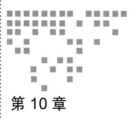

Chapter 10 第 10 章

主要包比较

在本章将总结几个关键（经常、广泛使用的）Java 包。在练习过程中，我们会提及对应的 Go 包或函数。由于 Go 与 Java 不是一对一的库关系，每个 Java API 与 Go 的完全匹配是不实际的，因此不是所有的 Java API 在 Go 标准库中有对应。

10.1　Java 语言包

Java 标准版（JSE）有很多包含类型和方法（也称作 API）的包。这些包有几千个。Go 也有含有类型和函数的标准包，共有几百个。两个库中包和类型的行为上有极大重合，而不是组织结构上（行为在包、类型、函数中的位置）。

要列出（而不是描述）JSE 包以及包含的类型和方法需花费数百页，本书不打算如此做。相反，本书将列出 JSE 包和类型的部分子集。本书将对列出的部分，比较用于重要 Java 类型的方法以及 Go 对应部分。

在 `java.lang` 包中，JRE 有一些很重要的类型。下面列表描述了 Go 环境中的对应内容。接口总结：

❑ Appendable——可附加到类型的实例上，Go 的切片隐式支持

❑ AutoCloseable——通过 try with resources 关闭的；无直接 Go 对应项

❑ CharSequence——字符序列（例如 String 或者 StringBuilder）；无直接 Go 对应项

❑ Cloneable——由 `Object.clone()` 实现；无直接 Go 对应项

❑ Comparable<T>——可支持 `compareTo()` 方法；无直接 Go 对应项；很多类型可隐式比较

❑ Iterable<T>——可被迭代；一些 Go 类型：数组、切片、映射、通道

❑ Readable——可读字符进缓冲区，`io.Reader` 针对 UTF-8

❑ Runnable——可作为线程体运行；在 Go 中，任何函数可作为 Go 协程运行

类总结：

❑ Boolean——布尔包装器；Go 集合不需要

❑ Byte——字节包装器；Go 集合不需要

❑ Character——字符包装器；Go 集合不需要

❑ Class<T>——类的运行时视图；反射功能；Go 有反射包

❑ ClassLoader——运行时加载 / 管理类；Go 不需要，没有运行时类

❑ Double——Double 封装器；Go 集合不需要

❑ Enum<E extends Enum<E>>——所有枚举类型的基类型；Go 不需要（`int` 是大多数 Go 枚举的基）

❑ Float——Float 封装器；Go 集合不需要

❑ Integer——Int 封装器；Go 集合不需要

❑ Long——Long 封装器；Go 集合不需要

❑ Math——具有一组数学实用程序的类；Go 有类似的 `math` 包

❑ Module——模块运行时视图；无直接 Go 对应项

❑ Number——数值封装类型的超类；无直接 Go 对应项

❑ Object——所有对象类型的超类；无直接 Go 对应项；`interface{}` 最接近

❑ Package——包的运行时视图；无直接 Go 对应项

❑ Process——外部程序的运行时视图；Go `exec` 包有类似的

❑ ProcessBuilder——运行外部程序的辅助函数；Go `exec` 包有类似的

❑ Record(new)——类似类的结构体；Go 有 `struct` 类型

❑ Runtime——管理正在运行的程序的实用程序；Go 有一个 `runtime` 包

❑ RuntimePermission——控制访问类中函数的方式；Go 无对应项

❑ SecurityManager——控制访问类中函数的方式；Go 无对应项

❑ Short——Short 封装；Go 集合不需要

❑ StackTraceElement——描述调用栈元素；Go 有类似的 `struct` 类型

❑ StackWalker——堆栈遍历；无直接 Go 对应项；可自编写

❑ StrictMath——就像 Math 类一样，有更多关于算法如何工作的规则；无直接 Go 对应项

❑ String——字符串类型；Go 有 `string` 类型和 `strings`、`strconv`、`fmt` 包

❑ StringBuffer，StringBuilder——可变字符串类型；Go 有 `strings.Builder` 类型

❑ System——管理正在运行的程序的实用程序。Go 有 `runtime`、`time` 和 `io` 包

❑ Thread——操作系统线程；无直接 Go 对应项；Go 有 Go 协程

❑ ThreadGroup——相关线程的集合；无直接 Go 对应项

❑ ThreadLocal<T>——线程依赖值的变量；无直接 Go 对应项；可被创造

❑ Throwable——可被抛出的类型；Go 有 panic

❑ Void——无 Go 对应项；Go 函数可无内容返回（而不是 void）

❑ math.BigInteger——不定精度整数；Go 有 math.Int 类型

❑ math.BigDecimal——不定精度十进制浮点值；Go 有 math.Float（但它是二进制，而不是十进制）

System 类：

静态字段总结：

❑ PrintStream err——STDERR——Go `os.Stderr`

❑ InputStream in——STDIN——Go `os.Stdin`

❑ PrintStream out——STDOUT——Go `os.Stdout`

方法总结（如未提及，则无直接 Go 对应项）：

❑ arraycopy(...)——复制一个数组；Go 操作符：array[:] 与 `copy`（`..`）函数

❑ clearProperty(String key)——清空系统属性

❑ console()——访问操作系统控制台

❑ currentTimeMillis()——获取当前周期时间；Go 的 `time.Now()`

❑ exit(...)——见运行时类；Go 的 `os.Exit`（`...`）

❑ gc()——见运行时类；Go 的 `runtime.GC()`

❑ getenv()——获取所有环境值；Go 的 `os.Environ()`

❑ getenv(...)——获取一个单独环境值

❑ getLogger(...)——获取一个命名的日志；Go 的 `log` 包

❑ getProperties()——获取所有属性

❑ getProperty(...)——获取命名属性

❑ getSecurityManager()——获取 JVM 安全管理器

❑ identityHashCode(Objectx)——获取对象的身份；Go 使用 `&x` 操作符

❑ lineSeparator()——获取操作系统行分隔符（例如 NL、CR+NL）

❑ load(...)，loadLibrary(...)——见运行时类

❑ nanoTime()——以纳秒为单位获取运行时间；Go 的 `time` 包

❑ runFinalization()——见运行时类

❑ setErr(...)——更改 STDERR

❑ setIn(...)——更改 STDIN

❑ setOut(...)——更改 STDOUT

❑ setProperties(Properties props)——设置多个系统属性

❑ setProperty(String key，String value)——设置系统属性

❑ setSecurityManager(...)——设置 JVM 安全管理器

有社区实现的属性。有关使用类似 Java 属性的文件格式的示例，请参见 github.com/magiconair/properties。

Runtime 类：

❑ addShutdownHook(...)——在 JVM 的出口处运行一个线程；无直接 Go 对应项；Go 可以捕获操作系统信号；Go 可以捕获 panic

❑ availableProcessors()——CPU（内核）计数；Go 的 `runtime.NumCPU()`

❑ exec(...)——启动外部进程的方法系列 Go 的 `exec.Cmd`

❑ exit(...)——清理退出 JVM；无 Go 对应项；Go 的 `os.Exit()` 效果类似

❑ freeMemory()——获取 JVM 可用内存；Go 的 `runtime.MemStats`

❑ gc()——运行垃圾收集；Go 的 `runtime.GC()`

❑ getRuntime()——获取类的单例；无 Go 对应项

❑ halt(...)——不清理退出 JVM；Go 的 `os.Exit`（...）

❑ load(...)，loadLibrary(...)——加载外部代码库；无 Go 对应项

❑ maxMemory()——获取 JVM 最大可用内存；Go 的 `runtime.MemStats`

❑ removeShutdownHook(...)——删除退出钩子；无 Go 对应项

❑ runFinalization()——强制对象完成；无 Go 对应项

❑ totalMemory()——获取 JVM 使用的内存；Go 的 `runtime.MemStats`

❑ version()——获取 JVM 版本；Go 的 `runtime.version()`

由于 Go 是在构建时生成的完整可执行文件，因此无须加载系统库。

10.2 JavaIO 包

JRE 在 `java.io` 包中有一些关键类。以下列表描述了 Go 中的对应项。

接口总结：

❑ Closeable——可被关闭。被 try with resources 使用无直接 Go 对应项

❑ DataInput——可被读成二进制编码值流的数据。一些 Go 编码库提供类似功能

❑ DataOutput——数据可以写成二进制编码值流。一些 Go 编码库提供了类似功能

❑ Externalizable——可以使用非标准编码将数据读 / 写到流中；无直接 Go 对应项

❑ FileFilter——选择匹配过滤器回调的目录路径；无直接 Go 对应项

❑ FilenameFilter——选择匹配过滤器回调的文件名称；无直接 Go 对应项

❑ Flushable——可刷新（保留缓存数据）；一些 Go `io` 包接口提供该操作

❑ ObjectInput——可读 Java 序列化对象（DataInput 的超集）；无直接 Go 对应项

❑ ObjectOutput——可写 Java 序列化对象（DataOutput 的超集）；无直接 Go 对应项

❑ Serializable——通过默认编码声明可序列化的类型；无直接 Go 对应项

类总结：

❑ BufferedInputStream——有缓冲的输入流（字节形式）；Go 的 `bufio` 包提供类似功能

❑ BufferedOutputStream——有缓冲的输出流（字节形式）；Go 的 `bufio` 包提供类似功能

❑ BufferedReader——有缓冲的输入 reader（字符形式）；Go 的 `bufio` 包提供类似功能

❑ BufferedWriter——有缓存的输出 writer（字符形式）；Go 的 `bufio` 包提供类似功能

❑ ByteArrayInputStream——从 `byte[]` 读；Go 的 `io` 包提供类似功能

❑ ByteArrayOutputStream——写到 `byte[]`；Go 的 `io` 包提供类似功能

❑ CharArrayReader——写到 `char[]`；Go 的 `io` 包提供类似功能

❑ CharArrayWriter——写到 `char[]`；Go 的 `io` 包提供类似功能

❑ Console——STDIN、STDOUT 和 STDERR 的抽象；Go 的 **io** 包提供类似功能

❑ DataInputStream——读二进制编码值流；一些 Go 编码库提供类似功能

❑ DataOutputStream——写二进制编码值流；一些 Go 编码库提供类似功能

❑ File——访问一个文件（或目录）；Go 的 **io** 和 **os** 包提供类似功能

❑ FileDescriptor——访问操作系统文件；Go 的 **io** 和 **os** 包提供类似功能

❑ FileInputStream——从文件读字节；Go 的 **io** 和 **os** 包提供类似功能

❑ FileOutputStream——写字节到文件中；Go 的 **io** 和 **os** 包提供类似功能

❑ FilePermission——访问文件权限；Go 的 **io** 和 **os** 包提供类似功能

❑ FileReader——从文件读字符；Go 的 **io** 和 **os** 包提供类似功能

❑ FileWriter——写字符到文件中；Go 的 **io** 和 **os** 包提供类似功能

❑ InputStream——读字节；Go 的 **io** 和 **os** 包提供类似功能

❑ InputStreamReader——字节输入转字符输入；Go 的 **io** 和 **os** 包提供类似功能

❑ ObjectInputStream——读序列化对象；无直接 Go 对应项

❑ ObjectOutputStream——写序列化对象；无直接 Go 对应项

❑ OutputStream——写字节；Go 的 **io** 和 **os** 包提供类似功能

❑ OutputStreamWriter——字符转字节

❑ PrintStream——格式化字节输出；Go 的 **fmt**、**io**、**os** 包提供类似功能

❑ PrintWriter——格式化字符输出；Go 的 **fmt**、**io** 和 **os** 包提供类似功能

❑ RandomAccessFile——支持查找的文件；Go 的 **io** 和 **os** 包提供类似功能

❑ Reader——读字符；Go 的 **fmt**、**io**、**os** 包支持类似功能

❑ SequenceInputStream ——连接输入流；Go 的 **io** 和 **os** 包支持类似功能

❑ StreamTokenizer——标记流输入；Go 的 **fmt**、**io**、**os** 包支持类似功能

❑ StringReader——从字符串读字符；Go 的 **fmt**、**io** 和 **os** 包支持类似功能

❑ Writer——写字符；Go 的 **io** 和 **os** 包支持类似功能

Java 另有 NIO（新的 IO）包，具有高级文件（如监视文件变动）和目录服务。本书不涵盖此内容。Go 库的一些功能与一些 NIO 类提供的功能相当。

10.3 Java Text 包

JRE 在 **java.text** 包中有一些关键类。这个包提供了对文本序列和消息格式的双向迭代。下面列表描述了 Go 中的对应项。一些 Go 扩展库和社区库提供了类似的支持。

接口总结：

❑ AttributedCharacterIterator——属性文本序列的双向迭代；无直接 Go 对应项

❑ CharacterIterator——在文本序列上双向迭代；无直接 Go 对应项；**utf8** 和 **utf16** 包有一些函数

类总结（除非另有说明，否则 Go 无直接对应项）：

❑ Annotation ——类似注释的文本属性

- ❏ AttributedString——带注释的字符串
- ❏ Bidi——提供双向遍历规则
- ❏ BreakIterator——迭代到不同类型的中断（单词、行等）
- ❏ ChoiceFormat——帮助格式化具有不同计数和复数的消息
- ❏ CollationElementIterator——在语言环境规则下遍历字符
- ❏ CollationKey——基于区域设置的排序键
- ❏ Collator——用于基于区域设置的排序的基类
- ❏ CompactNumberFormat——使数字更小的十进制格式
- ❏ DateFormat——格式化日期和时间；Go 的 `time` 包有类似函数
- ❏ DecimalFormat——格式化十进制数字
- ❏ Format——各种格式化类的基类
- ❏ MessageFormat——用替代格式化消息
- ❏ Normalizer——规范化 Unicode 文本以协助排序
- ❏ NumberFormat——数字格式化程序的基类
- ❏ RuleBasedCollator——规则表驱动程序整理器
- ❏ SimpleDateFormat——可配置结构的时间格式；Go 的 `time` 包有类似功能
- ❏ StringCharacterIterator——字符串字符上的迭代器

注意，Go 的 `fmt` 包可承担各种格式类型的一些角色。另外，Java 的 `String.format()` 和 Go 的 `fmt.Sprintf()` 可完成很多格式器的工作。

10.4 Java Time 包

JRE 在 `java.time` 包以及子包中有很多关键类。下面列表描述了 Go 中的对应项。

接口总结。Go 的 `time` 包包含部分；主要作为函数，非类型；只有该功能的很少子集在 Go 中。一些 Go 扩展库和社区库提供类似支持。

- ❏ ChronoLocalDate——一些年表中的日期
- ❏ ChronoLocalDateTime<D extends ChronoLocalDate> ——年表中的时间日期（时间戳）
- ❏ Chronology ——日历系统（即公历）
- ❏ ChronoPeriod——时间周期
- ❏ ChronoZonedDateTime<D extends ChronoLocalDate>> ——在某些日历系统中的时区时间日期
- ❏ Era ——某些年表中的有界范围（例如 BCE）
- ❏ Temporal——时间；紧跟控制日期和时间
- ❏ TemporalAccessor
- ❏ TemporalAdjuster
- ❏ TemporalAmount
- ❏ TemporalField

❑ TemporalQuery<R>

❑ TemporalUnit

类总结。Go 的 `time` 包提供以下行为；主要为函数提供，而不是类型。

❑ Clock——访问日期和时间

❑ Duration——时间跨度；Go 有 Duration 类型

❑ Instant——瞬间

❑ LocalDate——本时区的日期

❑ LocalDateTime——本时区的时间日期（即时间戳）

❑ LocalTime——本时区的时间

❑ MonthDay——月份中的日期

❑ OffsetDateTime——UTC 下的日期和时间偏移

❑ OffsetTime——UTC 下的时间

❑ Period——日历单位的持续时间

❑ Year——以年为单位的持续时间

❑ YearMonth——月份

❑ ZonedDateTime——时区的时间日期

❑ DateTimeFormatter——格式化一个日期时间

❑ DateTimeFormatterBuilder——生成格式化器

❑ AbstractChronology ——年表基础（日历系统）

❑ HijrahChronology，HijrahDate，IsoChronology

❑ JapaneseChronology，JapaneseDate，JapaneseEra

❑ ThaiBuddhistChronology，ThaiBuddhistDate

10.5 Java Util 包

JRE 在 `java.util` 包及子包中有一些重要类。子包处理对象集合、遗留日期和时间处理、并发（线程）处理和并发访问对象。下面列表描述了 Go 中的对应项。

接口总结。多数无直接 Go 对应项。多数功能由 Go 的内置类型提供。一些 Go 扩展库和社区库提供了类似支持。

❑ Collection<E> ——E 类型的可迭代集合

❑ Comparator<T>——比较类型 T 的两个可比较对象

❑ Deque<E>——E 类型的双端队列；Go 的切片接近

❑ Enumeration<E> ——支持对类型 E 的集合进行前向迭代

❑ EventListener——具体化事件监听者（回调）类型

❑ Formattable——可被格式化

❑ Iterator<E>——支持在类型 E 集合上的双向迭代

❑ List<E> ——E 类型的可索引集合；Go 切片很接近。

❏ Map<K，V>，Map.Entry<K，V>——类型 V 与键 K 的关联集合；Go 的映射接近

❏ Queue<E>——类型 E 的队列（FIFO）；Go 的切片接近

❏ Set<E>——一组类型 K；Go 的映射接近

❏ SortedMap<K，V>——带有排序键的映射

❏ SortedSet<E>——已排序元素的集合

类总结。多数无 Go 对应项。

❏ AbstractCollection<E>——下面是本类型的基类实现

❏ AbstractList<E>

❏ AbstractMap<K，V>

❏ AbstractQueue<E>

❏ AbstractSequentialList<E>

❏ AbstractSet<E>

❏ ArrayDeque<E>——基于数组的双向队列

❏ ArrayList<E>——基于数组的列表。Go 有切片类型

❏ Arrays——访问数组的辅助函数

❏ Base64.Decoder——Base64 字符串解码；Go 有 `base64` 包

❏ Base64.Encoder——Base64 字符串编码；Go 有 `base64` 包

❏ BitSet——位的集合；Go 有 `bit` 包

❏ Calendar——日期；Go 有 `time` 包

❏ Collections——集合的辅助

❏ Currency——货币

❏ Date——日期；Go 有 `time` 包

❏ Dictionary<K，V>——基本映射类型；Go 有 `map` 类型

❏ EnumMap<K extends Enum<K>，V>

❏ EnumSet<E extends Enum<E>>

❏ EventListenerProxy<T extends EventListener>

❏ EventObject

❏ Formatter

❏ GregorianCalendar——西部日历

❏ HashMap<K，V>——默认映射类型；Go 有 `map` 类型

❏ HashSet<E>——默认集合类型

❏ Hashtable<K，V>——线程安全的 HashMap.

❏ IdentityHashMap<K，V>——以对象 id 作为键进行映射；Go 有 map[uintptr] 类型

❏ LinkedHashMap<K，V>——以其他排序迭代的映射

❏ LinkedHashSet<E>——以其他排序迭代的集合

❏ LinkedList<E>——由链表支持的列表．

❏ Locale——定义区域敏感的设置和行为

❑ Objects——所有引用类型的辅助

❑ Optional<T>——null 安全封装

❑ PriorityQueue<E>——优先级排序的列表

❑ Properties——具有持久形式的键 / 值集合

❑ Scanner——读格式化输入；Go 的 `fmt` 包

❑ SimpleTimeZone——时区实现

❑ Stack<E>——LIFO 排序的列表

❑ StringJoiner——字符串辅助类

❑ StringTokenizer——简单字符串分析器；Go 的 `fmt` 包

❑ Timer——每隔一段时间驱动事件（回调）

❑ TimerTask ——每隔一段时间驱动事件（回调）

❑ TimeZone——时区基

❑ TreeMap<K，V> ——基于键排序的映射

❑ TreeSet<E>——基于键排序的集合

❑ UUID——UUID 类型；可从第三方获得

❑ Vector<E>——线程安全的 ArrayList

❑ WeakHashMap<K，V> ——不阻止键垃圾收集的映射

接口总结：

❑ BlockingDeque<E> ——具有多个消费者线程的双向队列

❑ BlockingQueue<E>——具有多个消费者线程的队列

❑ Callable<V>——线程可异步调用

❑ ConcurrentMap<K，V>——线程安全的高并发映射

❑ ConcurrentNavigableMap<K，V>——线程安全的高并发映射

❑ Executor——多线程的管理者

❑ ExecutorService——管理多线程

❑ Flow.Processor<T，R> ——反应式编程流处理器

❑ Flow.Publisher<T> ——反应式编程流发布者

❑ Flow.Subscriber<T> ——反应式编程流订阅者

❑ Flow.Subscription ——反应式编程流订阅

❑ Future<V> ——未来可以完成的异步任务

❑ Condition——带锁的外部化条件；Go 的 `sync.Cond`

❑ Lock——访问临界段的锁；Go 的 `sync.Mutex`

❑ ReadWriteLock——多个读，单个写锁

类总结。上述接口的部分或完整实现。名称通常描述功能。许多无直接 Go 对应项。
`LoadX` 和 `StoreX` 函数提供了类似 Java `volatile` 修饰符的行为。

❑ AbstractExecutorService

❑ ArrayBlockingQueue<E>

❑ CompletableFuture<T>

❑ ConcurrentHashMap<K，V>

❑ ConcurrentLinkedDeque<E>

❑ ConcurrentLinkedQueue<E>

❑ ConcurrentSkipListMap<K，V>

❑ ConcurrentSkipListSet<E>

❑ CopyOnWriteArrayList<E>

❑ CopyOnWriteArraySet<E>

❑ CountDownLatch——等待计数；Go 的 `sync.WaitGroup` 类似

❑ CyclicBarrier——允许多个线程到达同步点

❑ DelayQueue<E extends Delayed>——延迟队列（在特定时间启用）

❑ Exchanger<V>——允许线程交换项

❑ Executors——生成多个线程的管理者

❑ ForkJoinPool——在多线程中分而治之

❑ Future<V> ——可以在将来完成的异步任务

❑ LinkedBlockingDeque<E>

❑ LinkedBlockingQueue<E>

❑ LinkedTransferQueue<E>

❑ Phaser——线程同步；增强的 CyclicBarrier 或 CountDownLatch

❑ PriorityBlockingQueue<E>

❑ ScheduledThreadPoolExecutor

❑ Semaphore——临界段的基本控制访问；Go 有 `lock` 包

❑ SynchronousQueue<E>

❑ ThreadPoolExecutor

❑ AtomicBoolean ——原子允许跨线程的安全读 – 修改 – 写循环；Go 有 `async` 包

❑ AtomicInteger——Go 有 `async` 包

❑ AtomicIntegerArray

❑ AtomicIntegerFieldUpdater<T>

❑ AtomicLong ——Go 有 `async` 包

❑ AtomicLongArray

❑ AtomicLongFieldUpdater<T>

❑ AtomicMarkableReference<V>

❑ AtomicReference<V> ——Go 有 `async` 包

❑ AtomicReferenceArray<E>

❑ AtomicReferenceFieldUpdater<T，V>

❑ AtomicStampedReference<V>

❑ DoubleAccumulator——累加器 / 加法器支持跨线程的安全读 – 修改 – 写循环

❑ DoubleAdder——Go 有 `async` 包

❑ LongAccumulator——Go 有 `async` 包

❑ LongAdder——Go 有 `async` 包

❑ LockSupport——锁辅助

❑ ReentrantLock——锁实现

❑ ReentrantReadWriteLock

注意 Java 中的锁（和 `synchronized` 访问）是可重入的；同一个线程可以多次获取锁。在 Go 中，锁是不可重入的，尝试重新获取锁的同一个 Go 协程可能会阻塞（死锁）自己。

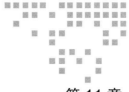

重要方法 / 函数比较

库综述不是要成为程序员参考手册，更多的是介绍。给出一些库的有用例子，帮助读者获取 Go 库的基本技能。要对提及的函数以及未提及的更深理解，参见在线 Go 包文档。该包详尽描述了每个包和类型以及提供的函数。并提供一些示例。

由于 Java 是面向对象的，而 Go 不是，因此 Go 和 Java 库有的巨大差异。在 Java 中，很多函数是接收方类型的实例方法（隐式 **this** 参数）。在 Go 中，它们常是通用函数，将接收类型做为第一个参数。更像 Java 中的 **static** 方法。例如，考虑将字符串转换为大写的例程。

在 Java 中是：

var uc = "some string".toUpperCase();

在 Go 中是：

var uc = strings.ToUpper(**"some string"**)

这些函数的主要区别是接收者传给函数的方式。Java 实例方法定义如下：

```
public class String {
  public static String toUpperCase(String s) {
    ⋮
  }
}
```

此时访问方式如下：

var uc = String.toUpperCase(**"some string"**)

这样，非常像 Go 的风格，但 Java 设计人员通常不这样做。

Java 有众多的库函数。下面表格归纳了一些常用的 Java 函数，涉及几个 Java 包和类型，并列出了 Java 和 Go 的对应项（可能与 Java 函数不完全一致）。有关 Go 函数的完整列表，参见本书第三部分。

静态 Java 方法和 Go 包的顶级函数以句号（英文的句号 " . "）开头，如表 11-1 ～表 11-8 所示。实例方法有一些变量（接收方）。

表 11-1 重要的 Java 对象类方法

Java 函数	Go 对应项	Go 包	注意
o.toString()	o.String()	Many	如果由接收类型定义
o.wait()	c.Wait()	sync.Cond	
o.notify()	c.Signal()	sync.Cond	
o.notifyAll()	c.Broadcast()	sync.Cond	
o.hashCode			无 Go 对应项
o.equals(x)	x == $\ominus$ y		Go 有操作符

表 11-2 重要的 Java 运行时类方法

Java 方法	Go 对应项	Go 包	注意
add/removeShutdownHook	Signal	os	Go 只监听信号
availableProcessors	NumCPU()	runtime	
exec(...)	Exec(...)	runtime	很多形式
exit（n）			无 Go 对应项
freeMemory()	ReadMemoryStats()	runtime	
maxMemory()	ReadMemoryStats()	runtime	
gc()	GC()	runtime	
halt()	Exit(n)	runtime	
runFinalization()			无 Go 对应项
version()	Version()	runtime	

表 11-3 重要的 Java 系统类方法（与运行时重复的忽略）

Java 函数	Go 对应项	Go 包	注意
.arraycopy(a,...)	a[：]		Go 操作符
.clear/set/getProperty			无 Go 对应项
.getProperties()			
.console			无 Go 对应项
.currentTimeMillis	Now()	time	
.getenv()	Environ()	os	
.getLogger()		log	Go 使用 logger 方法
.get/SetSecurityManager()			无 Go 对应项
.identityHashCode()			无 Go 对应项
.lineSeparator			Go 通常忽略回车
.nanoTime()	Now()	time	
SetIn/Out/Err			可设置 os.Stdin/out/err 值

$\ominus$ 一些类型有相等判断的对应方法。

表 11-4 重要的 Java 字符串类方法

Java 函数	Go 对应项	Go 包	注意
s.substr(s, e)	s[s: e]		Go 操作符
s.charAt(i)	s[i]		Go 操作符
s.indexOf(s2)	.Index(s,o)	strings	
s.lastIndexOf(s2)		strings	
s.indexOf(c)		strings	
s.lastIndexOf(c)		strings	
s.toUpperCase()	.ToUpper(s)	strings	
s.toLowerCase()	.ToLower(s)	strings	
s.toCharArray()	[]byte(s)		Go 转换
s.length()	len(s)		Go 内置
s.compareTo(o)	s op o		Go 操作符: < <= == != > >=
s.startsWith(s2)	.HasPrefix(s1,s2)	strings	
s.endsWith(s2)	.HasSuffix(s1,s2)	strings	
s.contains(s2)	.Index(s,s2)>= 0	strings	
s1+s2	s1+s2		Go 操作符
.join(delim,s...)	.join(delim,s...)	strings	
s.getBytes()	[]byte(s)		Go 转换
s.matches(s1)	.matches(s,s1)	regex	
s.repeat(n)	.Repeat(s,n)	strings	
s.replace(c1,c2)			无直接对应项
s.replace(s1,s2)	.ReplaceAll(s,s1,s2)	strings	
s.replaceAll(p,s2)		regex	
s.replaceFirst(p,s2)		regex	
	.Split(s,s2)	strings	
	.Split(s,s2, n)		
s.split(p)			无直接对应项
s.split(p, n)	.Split(s,n)	regex	
s.trim()	.TrimSpaces(s)	strings	
s.strip()			
s.stripLeading()			
s.stripTrailing()			
s.substring(p)	s[p:]		Go 操作符
s.substring(p,e)	s[p: e]		
s.substring(0,e)	s[: e]		
s.substring(0,s.length())	s[:]		
.valueOf(x)	.Sprintf("%v",x)	fmt	
.format(f,...)	.Sprintf(f,...)		

表 11-5 重要的 Java StringBuilder 类方法

Java 函数	Go 对应项	Go 包	注意
sb.append(o)	b.Write String(s)	strings. Builder	
sb.length()	b.Size()	strings. Builder	

表 11-6 重要的 Java 列表接口方法

Java 函数	Go 对应项	Go 包	注意
l.add(x)	append(s,x)		Go 内置
l.size()	len(l)		Go 内置
l.get(i)	l[i]		Go 操作符
l.set(I, x)	l[i]=x		Go 操作符

表 11-7 重要的 Java 映射接口方法

Java 方法	Go 对应项	Go 方法	注意
m.put(k,v)	m[k]=v		Go 操作符
m.size()	len(m)		Go 内置
m.get(k)	m[k]		Go 内置 缺失测试

表 11-8 重要的 Java PrintWriter 类方法

Java 函数	Java 类型	Go 对应项	Go 包	注意
pw.println(o)	Print Writer	w.Write(o) w.Write('\n')	io.Writer	

第 12 章 *Chapter 12*

Go 包概述

本章将简要介绍几个 Go 包，后续章节将详细讨论具体的包。

12.1　Go 的文件访问

Go 与 Java 稍微有差别的常用领域是文件和目录访问。相比于 Go，Java 的设计倾向抽象文件访问。Java 提供了几种访问方式：

1. 字节 / 字符流——文件看起来像字节序列或字符序列。

2. 字节 / 字符通道——支持块方式访问；面向随机和异步的访问；可在进程间共享内存。

3. 高级文件操作抽象，像文件复制或者遍历目录树。

Go 提供了更少抽象，但通常等价的访问方式，尤其在流类型操作上。Go 的访问方式像 UNIX 类型的文件操作。存在近似匹配 UNIX 文件 API 的 Go API。文件几乎可看作字节序列。Go 也提供几乎完全匹配 UNIX API 的低级 API。

这些差异体现在 Java 和 Go API 的风格。

例如，使用基本的 Java 流，可像这样复制文件：

```java
public static long copyFile(String fromPath, String toPath)
    throws IOException {
  try (var bis = new BufferedInputStream(new FileInputStream(
    new File(fromPath)))) {
    try (var bos = new BufferedOutputStream(new FileOutputStream(
      new File(toPath)))) {
      return copyContent(bis, bos);
    }
  }
}
```

注意两个 **try** 语句可压缩为一个 **try**：

```java
public static long copyFile(String fromPath, String toPath)
    throws IOException {
  try (var bis = new BufferedInputStream(new FileInputStream(
        new File(fromPath)));
      var bos = new BufferedOutputStream(new FileOutputStream(
          new File(toPath)))) {
    return copyContent(bis, bos);
  }
}
```

文件数据通过下面复制：

```java
private static long copyContent(InputStream is, OutputStream os)
    throws IOException {
  var total = 0L;
  var buf = new byte[N]; // N 至少有几 KB
  for (;;) {
    var count = is.read(buf, 0, buf.length);
    if (count == 0)
      break;
    os.write(buf);
    total +=buf.length;
  }
  return total;
}
```

或使用 JRE 库对应项的更简练形式：

```java
private static long copyContent(InputStream is, OutputStream os)
    throws IOException {
  return is.transferTo(os);
}
```

而在 Go 中，应该是：

```go
func CopyFile(fromPath, toPath string) (count int64, err error) {
    var from, to *os.File
    if from, err = os.Open(fromPath); err != nil {
        return
    }
    defer from.Close()
    if to, err = os.Create(toPath)
        err != nil {
        return
    }
    defer to.Close()
    count, err = io.Copy(to, from)
    return
}
```

因此，Go 更趋向于直接使用文件类型。这是因为文件类型实现了 **io.Reader** 和 **io.Writer** 接口。我们也看到了使用多个 **defer** 语句替换 **try** 语句的方式。

Go 和 Java 可处理目录。例如，为了输出一些根目录中的所有文件以及大小，Java 中可用下面方式（使用 Java 流）：

```java
public static void PrintAllNames(String path) throws IOException {
  try (var walk = Files.walk(Paths.get(path))) {
    walk.filter(Files::isRegularFile).
      map(p -> String.format("%s %d", p, p.toFile().length())).
      forEach(System.out::println);
  }
}
```

调用方式如下：

```
PrintAllNames(".")
```

而 Go 中，应该如下：

```go
var printName = func(path string, info os.FileInfo, xerr error) error{
    if xerr != nil {  // 如果输入错误，则快速退出
        return xerr
    }
    if info.Mode().IsRegular() {
        fmt.Println(path, info.Size())
    }
    return nil
}
func PrintAllNames(path string) (err error) {
    err = filepath.Walk(path, printName)
    return
}
```

调用方式如下：

```
PrintAllNames(".")
```

Java 代码使用 Java 的实用的流和函数引用 / Lambda（作为一个回调）。Go 代码使用回调函数。在两例中，回调只选择文件和格式化数据。

12.2 压缩服务

本节是关于压缩和归档的一些 Go 包概述。

12.2.1 存档包

Go，如同 Java，提供了读写存档文件的功能。Java 压缩为 Zip 存档格式。Go 也支持 TAR 格式。每种格式有子包：

❑ **tar**——读写 tar 文件

❏ **zip**——读写 ZIP 文件

archive/tar 包提供如下类型：

❏ 类型 Format——枚举支持的类型 USTAR、PAX 与 GNU

❏ 类型 Header——tar 文件头

❏ 类型 Reader——读 tar 文件

❏ 类型 Writer——写 tar 文件

Header 类型有如下方法：

❏ func FileInfoHeader(fi os.FileInfo，link string)(*Header，error)——从文件信息生成
   文件头

❏ func(h*Header)FileInfo()os.FileInfo——从 header 获取文件信息

Reader 类型有如下方法：

❏ func NewReader(r io.Reader)*Reader——生成 Reader

❏ func(tr*Reader)Next()(*Header，error)——移到下一文件

❏ func(tr*Reader)Read(b[]byte)(int，error)——从文件读数据

Writer 类型有如下方法：

❏ func NewWriter(w io.Writer)*Writer——生成 Writer

❏ func(tw *Writer)Close()error——更新并关闭文件

❏ func(tw *Writer)Flush()error——写缓存的数据

❏ func(tw *Writer)Write(b[]byte)(int，error)——使用缓存写入数据

❏ func(tw *Writer)WriteHeader(hdr*Header)error——写文件头

archive/zip 包提供如下类型：

❏ 类型 Compressor——将 Writer 转换成压缩的 **writer/closer** 的函数

❏ 类型 Decompressor——将 Rreader 转换成解压的 **read/closer** 的函数

❏ 类型 File——表示压缩的文件；封装一个 FileHeader

❏ 类型 FileHeader——表示 ZIP 格式的文件；有很多有用的字段

❏ 类型 ReadCloser——可读和关闭

❏ 类型 Reader——可读

❏ 类型 Writer——可写

File 类型有如下方法：

❏ func(f *File)Open()(io.ReadCloser，error)——打开一个压缩的文件

FileHeader 类型有如下方法：

❏ func FileInfoHeader(fi os.FileInfo)(*FileHeader，error)——生成文件头

❏ func(h*FileHeader)FileInfo()os.FileInfo

❏ func(h*FileHeader)ModTime()time.Time

❏ func(h*FileHeader)Mode()(mode os.FileMode)

❏ func(h*FileHeader)SetModTime(t time.Time)

❏ func(h*FileHeader)SetMode(mode os.FileMode)

ReadCloser 类型有如下方法：

❑ func OpenReader(name string)(*ReadCloser，error)——访问 ZIP 文件入口

❑ func(rc *ReadCloser)Close()error——关闭 ZIP 文件入口

Reader 类型有如下方法：

❑ func NewReader(r io.ReaderAt，size int64)(*Reader，error)——生成 Reader

Writer 类型有如下方法：

❑ func NewWriter(w io.Writer)*Writer——生成 Writer

❑ func(w *Writer)Close()error——关闭 ZIP 文件入口

❑ func(w *Writer)Create(name string)(io.Writer，error)——创建一个 ZIP 文件入口

❑ func(w *Writer)CreateHeader(fh*FileHeader)(io.Writer，error)

❑ func(w *Writer)Flush()error——刷新任何缓冲的输出

❑ func(w *Writer)SetComment(comment string)error

12.2.2　压缩包

Java 在多个上下文中压缩数据。通常对存档文件执行此操作。Go 使压缩成为一种更独立、更通用的操作。它支持多种形式的压缩。Go 支持（按包）如下压缩形式：

❑ `bzip2`——bzip2 解压

❑ `gzip`——读写 gzip 压缩文件

❑ `zlib`——读写 zlib 压缩文件

❑ `flate`——DEFLATE 压缩

❑ `lzw`——蓝波 – 立夫 – 卫曲压缩

这些可用来压缩 / 解压字节流，通常来自 / 输出一个文件。它们可被 `archive` 包使用。有关更详细内容见 Go 包文档。

下面使用这些软件包（和 `os` 软件包），将一文件压缩成 GZ 格式，可能的实现方式如下：

```go
func CompressFileToNewGZIPFile(path string) (err error) {
    var inFile, gzFile *os.File
    // 访问输入文件
    if inFile, err = os.Open(path); err != nil {
        return
    }
    defer inFile.Close()
    // 创建输出文件
    if gzFile, err = os.Create(path + ".gz"); err != nil {
        return
    }
    defer gzFile.Close()
    // 将输入复制到输出，压缩为复制
    w := gzip.NewWriter(gzFile)
    defer w.Close()
    _, err = io.Copy(w, inFile)
```

```
        return
}
```

注意，如函数返回 `error`，输出文件可能由非法数据创建。如果将下面

```
w := gzip.NewWriter(gzFile)
```

替换为

```
w := gzFile
```

并删除最后的 `defer` 语句，程序结果是未压缩文件的复制。

12.3　image 包

`image` 包以及子包可进行读、绘制、格式化图像。`image` 包包含用来表示图像的不同形式／大小的颜色，例如 Alpha、Alpha16、CMYK、Gray、Gray16、NRGBA、NRGBA64、NYCbCrA、Paletted、RGBA、YCbCr。它也支持几种 image 类型：Image、PalettedImage 和 Uniform。它也包含几个重要的图像相关的类型，比如 `Point` 和 `Rectangle`。

使用本包的一些例子，见 Capstone 程序。`image` 包有些重要的接口和结构体：

```
type Image interface {
      ColorModel() color.Model
      Bounds() image.Rectangle
      At(x, y int) color.Color
}
```

`image` 包的重要方法如下：

❏ func Decode (r io.Reader)(Image,string,error)——读 image
❏ func Encode (w io.Writer, m image.Image) error——写 image

```
type Point struct {
    X, Y int
}
type Rectangle struct {
    Min, Max Point
}
```

`Point` 和 `Rectangle` 有创建、调整和比较值的方法：

❏ func Pt(X，Y int)Point——生成点
❏ func(p Point)Add(q Point)Point——添加点
❏ func(p Point)Div(k int)Point——p 除以 k
❏ func(p Point)Eq(q Point)bool——等同测试
❏ func(p Point)In(r Rectangle)bool——测试 p 是否在 r 中
❏ func(p Point)Mod(r Rectangle)Point——Mod 方法接收者为 p，参数为 r
❏ func(p Point)Mul(k int)Point——p 乘以 k
❏ func(p Point)Sub(q Point)Point——减掉一个点

❑ funcRect(x0，y0，x1，y1 int)Rectangle——生成 rectangle

❑ func(r Rectangle)Add(p Point)Rectangle——添加 rectangle

❑ func(r Rectangle)At(x，y int)color.Color test——从一个点获取颜色

❑ func(r Rectangle)Bounds()Rectangle——获取边界

❑ func(r Rectangle)Canon()Rectangle——生成 r 的规范版本

❑ func(r Rectangle)ColorModel()color.Model——获取颜色模型

❑ func(r Rectangle)Dx()int——获取宽度

❑ func(r Rectangle)Dy()int——获取高度

❑ func(r Rectangle)Empty()bool——测试是否包含点

❑ func(r Rectangle)Eq(s Rectangle)bool——等同测试

❑ func(r Rectangle)In(s Rectangle)bool——r 全在 s 中

❑ func(r Rectangle)Inset(n int)Rectangle——返回插入 n 的 r

❑ func(r Rectangle)Intersect(s Rectangle)Rectangle——返回最大交集

❑ func(r Rectangle)Overlaps(s Rectangle)bool——交集是否为空

❑ func(r Rectangle)Size()Point

❑ func(r Rectangle)Sub(p Point)Rectangle——按 p 平移 r

❑ func(r Rectangle)Union(s Rectangle)Rectangle——返回覆盖 r 与 s 的矩形

所有图像格式有 (至少有) 如下的方法 (一些超出了 Image 接口)：

❑ func(p*<type>)At(x，y int)color.Color——在一个点获取值

❑ func(p*<type>)Bounds()Rectangle——获取图像边界

❑ func(p*<type>)ColorModel()color.Model——获取图像颜色模型

❑ func(p*<type>)Opaque()bool——查看图像是否不透明 (没有透明单元)

❑ func(p*<type>)PixOffset(x，y int)int——获取点的像素列表偏差值

❑ func(p*<type>)Set(x，y int，c color.Color)——在一个点设置值

❑ func(p*<type>)SetAlpha(x，y int，c color.Alpha)——在一个点设置 alpha 值

❑ func(p*<type>)SubImage(r Rectangle)Image——获取图像的子集

12.4 Input/Output（I/O）

io 和 ioutil 包提供了基本 I/O 操作，抽象基本操作系统提供的行为。io 包主要是接口，而不是实现。

Go 有几个重要接口，当组合时可进行复杂 I/O 操作。在最基本层，I/O 常用在字节（有时也叫作 UTF-8 字符）流，如同 Java。也支持其他字符编码。

❑ Reader——可读一个字节或字节序列。

❑ Writer——可写一个字节或字节序列

❑ Seeker——可改变流的读 / 写位置（以随机 I/O 的形式）

❑ Closer——可关闭访问流

❑ 上述接口的组合

很多 Go 类型实现了这些接口，多数为字节，一些为字符。例如，Go 的 **File** 类型允许打开的文件实例用来访问操作系统文件的内容。

ioutil 包提供了常见文件和目录行为的实现。

Go 和 Java 支持读写文件（或文件类对象）。Java 通过字节或者字符流读写访问支持读写文件。另外，Java 在其 NIO（新的 I/O）包中有更高级的、通常更高性能的选项。Go 的访问级别通常较低，但可以使用类似 Java 的缓冲流。

Go 的 **bufio** 包在未缓冲 I/O 的顶上实现了缓冲 I/O。它提供对类似 Java 的各种缓冲流支持。

io 包提供了如下类型（大多数接口）和函数：

❑ ByteReader——读一字节

❑ ByteScanner——读和未读一字节

❑ ByteWriter——写一字节

❑ Closer——关闭

❑ LimitedReader——限制的 reader

❑ PipeReader——来自管道的 reader

❑ PipeWriter——writer 到管道

❑ ReadCloser——可读、可关闭

❑ ReadSeeker——可读、可寻

❑ ReadWriteCloser——可读、可写、可关闭

❑ ReadWriteSeeker——可读、可写、可寻

❑ ReadWriter——可读、写

❑ Reader——可读

❑ ReaderAt——指定位置的读

❑ ReaderFrom——读取并返回

❑ RuneReader——读 rune

❑ RuneScanner——读和未读 rune

❑ SectionReader——读一部分字节

❑ Seeker——设置定位

❑ StringWriter——写一字符串

❑ WriteCloser——可写、可关闭

❑ WriteSeeker——可写、可寻

❑ Writer——写字节

❑ WriterAt——在指定位置写字节

❑ WriterTo——可写限定的字节

io 包有如下重要值：

```
var EOF = errors.New("EOF")
```

`io` 包有如下函数：

❑ func Copy(dst Writer，src Reader)(written int64，err error)——从 src 将字节复制到 dst

❑ func CopyBuffer(dst Writer，src Reader，buf []byte)(written int64，err error)——带缓冲的复制

❑ func CopyN(dst Writer，src Reader，n int64)(written int64，err error)——限定复制

❑ func Pipe()(*PipeReader，*PipeWriter)——在管道之间复制

❑ func ReadAtLeast(r Reader，buf []byte，min int)(n int，err error)——限定读

❑ func ReadFull(r Reader，buf []byte)(n int，err error)——读取所有可读的

❑ func Write string(w Writer，s string)(n int，err error)——写一字符串

❑ func LimitReader(r Reader，n int64)Reader——限定 reader 至多接收 n 字节

❑ func MultiReader(readers...Reader)Reader——组合所有的 reader 生成新的 reader

❑ func TeeReader(r Reader，w Writer)Reader——将 r 复制到 w 的 reader

❑ func NewSectionReader(r ReaderAt，off int64，n int64)*SectionReader——生成区 reader

`ioutil` 包有如下键值：

❑ **var Discard io.Writer** 用来丢弃任何写入它的值

`ioutil` 包定义了如下函数：

❑ func NopCloser(r io.Reader)io.ReadCloser——空 reader

❑ func ReadAll(r io.Reader)([]byte，error)——读取所有剩余字节

❑ func ReadDir(dirname string)([]os.FileInfo，error)——读取一个目录

❑ func ReadFile(filename string)([]byte，error)——读取整个文件

❑ func TempDir(dir，pattern string)(name string，err error)——生成唯一命名的目录

❑ func TempFile(dir，pattern string)(f *os.File，err error)——生成唯一命名的文件

❑ func WriteFile(filename string，data []byte，perm os.FileMode)error——写整个文件

`bufio` 包定义了如下函数（提供了各种扫描器）：

❑ func ScanBytes(data []byte, atEOF bool) (advance int, token []byte, err error)

❑ func ScanLines(data []byte, atEOF bool) (advance int, token []byte, err error)

❑ func ScanRunes(data []byte, atEOF bool) (advance int, token []byte, err error)

❑ func ScanWords(data []byte, atEOF bool) (advance int, token []byte, err error)

`ReadWriter` 类型实现了 Reader 和 Writer 接口：

❑ func NewReadWriter(r *Reader, w *Writer) *ReadWriter

`Reader` 类型实现了 Reader 接口：

❑ func NewReader(rd io.Reader) *Reader

❑ func NewReaderSize(rd io.Reader, size int) *Reader

❑ func (b *Reader) Buffered() int

❑ func (b *Reader) Discard(n int) (discarded int, err error)

❑ func (b *Reader) Peek(n int) ([]byte, error)

❑ func (b *Reader) Read(p []byte) (n int, err error)

❑ func (b *Reader) ReadByte() (byte, error)

❑ func (b *Reader) ReadBytes(delim byte) ([]byte, error)

❑ func (b *Reader) ReadLine() (line []byte, isPrefix bool, err error)

❑ func (b *Reader) ReadRune() (r rune, size int, err error)

❑ func (b *Reader) ReadSlice(delim byte) (line []byte, err error)

❑ func (b *Reader) ReadString(delim byte) (string, error)

❑ func (b *Reader) Reset(r io.Reader)

❑ func (b *Reader) Size() int

❑ func (b *Reader) UnreadByte() error

❑ func (b *Reader) UnreadRune() error

❑ func (b *Reader) WriteTo(w io.Writer) (n int64, err error)

`Scanner` 类型实现了 Scanner 接口：

❑ func NewScanner(r io.Reader) *Scanner

❑ func (s *Scanner) Buffer(buf []byte, max int)

❑ func (s *Scanner) Bytes() []byte

❑ func (s *Scanner) Err() error

❑ func (s *Scanner) Scan() bool

❑ func (s *Scanner) Split(split SplitFunc)

❑ func (s *Scanner) Text() string

`Writer` 类型实现了 Writer 接口：

❑ func NewWriter(w io.Writer) *Writer

❑ func NewWriterSize(w io.Writer, size int) *Writer

❑ func (b *Writer) Available() int

❑ func (b *Writer) Buffered() int

❑ func (b *Writer) Flush() error

❑ func (b *Writer) ReadFrom(r io.Reader) (n int64, err error)

❑ func (b *Writer) Reset(w io.Writer)

❑ func (b *Writer) Size() int

❑ func (b *Writer) Write(p []byte) (nn int, err error)

❑ func (b *Writer) WriteByte(c byte) error

❑ func (b *Writer) WriteRune(r rune) (size int, err error)

❑ func (b *Writer) WriteString(s string) (int, error)

清单 12-1 和清单 12-2，使用了 `os`、`bufio` 以及其他包，演示了在一些文本文件中统计单词使用次数的函数。

清单 12-1　单词计数示例（第 1 部分）

```go
func CountWordsInFile(path string) (counts map[string]int, err error) {
    var f *os.File
    if f, err = os.Open(path); err != nil {
        return
    }
    defer f.Close()
    counts, err = scan(f)
    return
}

func scan(r io.Reader) (counts map[string]int, err error) {
    counts = make(map[string]int)
    s := bufio.NewScanner(r)
    s.Split(bufio.ScanWords) // 设置为单词
    for s.Scan() {                  // 当单词留下时为真
        lcw := strings.ToLower(s.Text()) // 获得最后扫描的单词
        counts[lcw] = counts[lcw] + 1 // 缺少的是零值
    }
    err = s.Err() // 注意任何错误
    return
}
```

返回文件中每个单词（忽略大小写）的计数的映射。scanner 非常像 Java 的 Iterator（有 hasNext 和 next 方法）。ScanWords 函数被传给 scanner，来确定如何分析单词。程序预定义了其他几个分割方法来扫描字节、Rune 或者行。通过 Text()（下一被扫描字符串）和 Err()（所有扫描错误）方法，有状态的 scanner 返回其结果。如无错误，则设置 Text。当出现第一个错误时扫描停止。

清单 12-2　单词计数示例（第 2 部分）

```go
path := `...\words.txt` // 指向真实文件
counts, err := CountWordsInFile(path)
if err != nil {
    fmt.Printf("Count failed: %v\n", err)
    return
}
fmt.Printf("Counts for %q:\n", path)
for k, v := range counts {
    fmt.Printf("   %-20s = %v\n", k, v)
}
```

文件内容是：*Now is the time to come to the aid of our countrymen!*
生成如下结果：

```
Counts for "...\/words.txt":
  Now                 = 1
  time                = 1
```

```
come                 = 1
countrymen!          = 1
our                  = 1
is                   = 1
the                  = 2
to                   = 2
aid                  = 1
of                   = 1
```

12.5　字节包

在 Go 中，[]byte 类型常被使用，尤其作为输入源或者输出目标（I/O）。在 Java 中，很少使用字节数组做目标；相反，使用字节数组（或字符）上的流。Go 的 bytes 包提供了 I/O 到字节切片的功能。

bytes 包提供了这些类型和函数。多数是清晰明了的，并匹配 strings 包中的函数，因为字节切片常被看作 ASCII 字符串或稍复杂的 UTF-8 字符：

❑ func Compare(a，b []byte)int

❑ func Contains(b，subslice[]byte)bool

❑ func ContainsAny(b[]byte，chars string)bool

❑ func ContainsRune(b[]byte，r rune)bool

❑ func Count(s，sep[]byte)int

❑ func Equal(a，b[]byte)bool

❑ func EqualFold(s，t[]byte)bool——s 与 t 大小写折叠后相等判断

❑ func Fields(s[]byte)[][]byte

❑ func FieldsFunc(s[]byte，f func(rune)bool)[][]byte

❑ func HasPrefix(s，prefix []byte)bool

❑ func HasSuffix(s，suffix []byte)bool

❑ func Index(s，sep []byte)int

❑ func IndexAny(s []byte，chars string)int

❑ func IndexByte(b []byte，c byte)int

❑ func IndexFunc(s []byte，f func(r rune)bool)int

❑ func IndexRune(s []byte，r rune)int

❑ func Join(s [][]byte，sep []byte)[]byte

❑ func LastIndex(s，sep []byte)int

❑ func LastIndexAny(s []byte，chars string)int

❑ func LastIndexByte(s []byte，c byte)int

❑ func LastIndexFunc(s []byte，f func(r rune)bool)int

❑ func Map(mapping func(r rune)rune，s []byte)[]byte

❑ func Repeat(b []byte，count int)[]byte

❑ func Replace(s，old，new []byte，n int)[]byte

❑ func ReplaceAll(s，old，new []byte)[]byte

❑ func Runes(s []byte)[]rune

❑ func Split(s，sep []byte)[][]byte——在 sep 分割，移除 sep

❑ func SplitAfter(s，sep []byte)[][]byte——在所有 sep 实例后分割

❑ func SplitAfterN(s，sep []byte，n int)[][]byte——在 sep 实例被 n 限制后分割

❑ func SplitN(s，sep []byte，n int)[][]byte

❑ func Title(s []byte)[]byte——单词首字母大写

❑ func ToLower(s []byte)[]byte

❑ func ToTitle(s []byte)[]byte——所有首字母大写

❑ func ToUpper(s []byte)[]byte

❑ func ToValidUTF8(s，replacement []byte)[]byte

❑ func Trim(s []byte，cutset string)[]byte

❑ func TrimFunc(s []byte，f func(r rune)bool)[]byte

❑ func TrimLeft(s []byte，cutset string)[]byte

❑ func TrimLeftFunc(s []byte，f func(r rune)bool)[]byte

❑ func TrimPrefix(s，prefix []byte)[]byte

❑ func TrimRight(s []byte，cutset string)[]byte

❑ func TrimRightFunc(s []byte，f func(r rune)bool)[]byte

❑ func TrimSpace(s []byte)[]byte

❑ func TrimSuffix(s，suffix []byte)[]byte

Buffer 类型提供了这些函数。多数含义清晰明了。Buffer 类型提供了一种从文件或者网络执行缓冲 I/O 方式：

❑ func NewBuffer(buf []byte)*Buffer

❑ func NewBufferString(s string)*Buffer

❑ func(b *Buffer)Bytes()[]byte

❑ func(b *Buffer)Cap()int

❑ func(b *Buffer)Grow(n int)

❑ func(b *Buffer)Len()int

❑ func(b *Buffer)Next(n int)[]byte

❑ func(b *Buffer)Read(p []byte)(n int，err error)

❑ func(b *Buffer)ReadByte()(byte，error)

❑ func(b *Buffer)ReadBytes(delim byte)(line []byte，err error)——读到限定符 (通常换行符)

❑ func(b *Buffer)ReadFrom(r io.Reader)(n int64，err error)

❑ func(b *Buffer)ReadRune()(r rune，size int，err error)

❑ func(b *Buffer)ReadString(delim byte)(line string，err error)

❏ func(b *Buffer)Reset()——回到开始

❏ func(b *Buffer)Truncate(n int)

❏ func(b *Buffer)UnreadByte()error

❏ func(b *Buffer)UnreadRune()error

❏ func(b *Buffer)Write(p []byte)(n int，err error)

❏ func(b *Buffer)WriteByte(c byte)error

❏ func(b *Buffer)WriteRune(r rune)(n int，err error)

❏ func(b *Buffer)Write string(s string)(n int，err error)

❏ func(b *Buffer)WriteTo(w io.Writer)(n int64，err error)

Reader 类型提供了这些函数。大多数含义清晰明了：

❏ func NewReader(b []byte)*Reader

❏ func(r *Reader)Len()int

❏ func(r*Reader)Read(b []byte)(n int，err error)

❏ func(r *Reader)ReadAt(b []byte，off int64)(n int，err error)

❏ func(r *Reader)ReadByte()(byte，error)

❏ func(r *Reader)ReadRune()(ch rune，size int，err error)

❏ func(r *Reader)Reset(b []byte)

❏ func(r *Reader)Seek(offset int64，whence int)(int64，error)

❏ func(r *Reader)Size()int64

❏ func(r *Reader)UnreadByte()error

❏ func(r *Reader)UnreadRune()error

❏ func(r *Reader)WriteTo(w io.Writer)(n int64，err error)

12.6 格式化包

fmt 包提供了格式化字符串和 I/O 函数，类似 Java 的 **String.format** 和 **PrintStream/ PrintWriter printf** 函数。

scanner 包提供了文本扫描和标记。

tabwriter 包提供了一个简易但低级的生成列表文本输出的方式。社区提供更多功能支持。

fmt 包提供了这些函数：

❏ func Errorf(format string，a ...interface{})error——从已格式化的字符串生成错误

❏ func Fprint(w io.Writer，a ...interface{})(n int，err error)——输出到 w

❏ func Fprintf(w io.Writer，format string，a ...interface{})(n int，err error)——输出到 w

❏ func Fprintln(w io.Writer，a ...interface{})(n int，err error)——输出到 w，并添加 NL

❏ func Fscan(r io.Reader，a ...interface{})(n int，err error)——按类型扫描来自 r 的输入

❏ func Fscanf(r io.Reader，format string，a ...interface{})(n int，err error)——按类型扫

描来自 r 的输入

❑ func Fscanln(r io.Reader，a ...interface{})(n int，err error)——按类型扫描来自 r 的输入行

❑ func Print(a ...interface{})(n int，err error)——输出到 STDOUT

❑ func Printf(format string，a ...interface{})(n int，err error)——输出到 STDOUT

❑ func Println(a ...interface{})(n int，err error)——输出到 STDOUT，并添加 NL

❑ func Scan(a ...interface{})(n int，err error)——扫描来自 STDIN 的输入

❑ func Scanf(format string，a ...interface{})(n int，err error)——扫描来自 STDIN 的输入

❑ func Scanln(a ...interface{})(n int，err error)——扫描来自 STDIN 的输入行

❑ func Sprint(a ...interface{})string ——输出字符串

❑ func Sprintf(format string，a ...interface{})string ——输出字符串

❑ func Sprintln(a ...interface{})string ——输出字符串，并添加 NL

❑ func Sscan(str string，a ...interface{})(n int，err error)——扫描来自字符串的输入

❑ func Sscanf(str string，format string，a ...interface{})(n int，err error)——扫描来自字符串的输入

❑ func Sscanln(str string，a ...interface{})(n int，err error)——扫描来自字符串的行输入

fmt 包提供了如下类型：

❑ type Formatter——可自己格式化的类型

❑ type GoStringer——支持使用 %#v 格式化自身的类型

❑ type Scanner——自定义扫描方法的类型

❑ type stringer——格式化自身为字符串的类型

scanner 包提供了这些类型和函数。

Scanner 从 io.Reader 读取字符和标志：

❑ func(s *Scanner)Init(src io.Reader)*Scanner——生成 scanner

❑ func(s *Scanner)Next()rune——获取下一字符

❑ func(s *Scanner)Peek()rune——检查下一字符

❑ func(s *Scanner)Pos()(pos Position)——输出位置信息

❑ func(s *Scanner)Scan()rune——获取下一标志

❑ func(s *Scanner)TokenText()string——获取扫描到的标志文本

tabwriter 包提供了这些类型和函数。

Writer 是具有列对齐功能的 io.Writer：

❑ func NewWriter(output io.Writer，minwidth，tabwidth，paddingint，padchar byte，flags uint)*Writer——生成 Writer

❑ func(b *Writer)Flush()error

❑ func(b *Writer)Init(output io.Writer，minwidth，tabwidth，padding int，padchar byte，flags uint)*Writer——重置 Writer

❑ func(b *Writer)Write(buf []byte)(n int，err error)

12.7 数据集合

不像 Java，Go 很少依赖一套标准集合（列表、映射、集等）类型和相关的实现。slice 和 map 类型覆盖多数该需求。但 Go 包含（通过包）一些专用的容器库。更详细内容见 Go 在线包文档：

- ❑ heap 提供任何堆接口实现者的操作，只有接口。
- ❑ list 提供双链表。
- ❑ ring 提供环形列表。

包堆提供了一些实现类型必须提供的类型和函数：

- ❑ func Fix(h Interface，i int)——元素值改变后修正
- ❑ func Init(h Interface)——初始化
- ❑ func Pop(h Interface)interface{}——获取最低值
- ❑ func Push(h Interface，x interface{})——添加新值
- ❑ func Remove(h Interface，i int)interface{}——删除第 i 值

包 list 提供了这些类型和函数。element 是列表成员。

- ❑ func(e *Element)Next()*Element——获取后值
- ❑ func(e *Element)Prev()*Element——获取前值

List 包含 element。该方法是一目了然的：

- ❑ func New()*List——生成 list
- ❑ func(l *List)Back()*Element——后移
- ❑ func(l *List)Front()*Element——获取第一个元素
- ❑ func(l *List)Init()*List——{重新}初始化一个列表
- ❑ func(l *List)InsertAfter(v interface{}，mark *Element)*Element
- ❑ func(l *List)InsertBefore(v interface{}，mark *Element)*Element
- ❑ func(l *List)Len()int——获得长度
- ❑ func(l *List)MoveAfter(e，mark *Element)
- ❑ func(l *List)MoveBefore(e，mark *Element)
- ❑ func(l *List)MoveToBack(e *Element)
- ❑ func(l *List)MoveToFront(e *Element)
- ❑ func(l *List)PushBack(v interface{})*Element
- ❑ func(l *List)PushBackList(other *List)
- ❑ func(l *List)PushFront(v interface{})*Element
- ❑ func(l *List)PushFrontList(other *List)
- ❑ func(l *List)Remove(e *Element)interface{}

下例是逆向输出列表的所有元素：

```go
var l = list.New()
for _, x := range []int{1,2,3,4,5} {
```

```
        l.PushFront(x)
}
for v := l.Front(); v != nil; v = v.Next() {
        fmt.Print(v.Value)
}
fmt.Println()
```

结果输出 `54321`。

包 `ring` 提供带有下面函数的 `Ring` 类型。每个 `Ring` 元素有 `Value` 字段。无特殊元素：

❑ func New(n int)*Ring ——生成 n 个元素的 ring

❑ func(r *Ring)Do(f func(interface{}))——在每个元素上运行函数

❑ func(r *Ring)Len()int——获取长度

❑ func(r *Ring)Link(s *Ring)*Ring ——将 s 插入到 r

❑ func(r *Ring)Move(n int)*Ring ——前移 n 个元素

❑ func(r *Ring)Next()*Ring ——前移一元素

❑ func(r *Ring)Prev()*Ring ——后撤一元素

❑ func(r *Ring)Unlink(n int)*Ring ——将接下来的 n 个元素组成一个环

下面是输出整数 `ring` 的示例：

```
 N := 5
ring := ring.New(N)  // 一定容量
count := ring.Len()
// 将每个元素设置为元素索引立方的平方根
for i := 0; i < count; i++ {
        ring.Value = math.Sqrt(float64(i * i * i))
        ring = ring.Next()
}
// 现在输出值；现在回到起点
x := 0
ring.Do(func(v interface{}) {
        fmt.Printf("Root of cube %v = %v\n", x, v)
        x++
})
```

结果输出：

```
Root of cube 0 = 0
Root of cube 1 = 1
Root of cube 2 = 2.8284271247461903
Root of cube 3 = 5.196152422706632
Root of cube 4 = 8
```

12.8 排序

`sort` 包提供了排序一种切片的方式，该切片是可比较类型和用户自定义的支持特定接口的集合的切片。

    sort 包提供了如下类型和函数：

❑ func Float64s(a []float64)——排序 []float64

❑ func Float64sAreSorted(a []float64)bool——测试 []float64 是否已排序

❑ func Ints(a []int)——排序 []int

❑ func IntsAreSorted(a []int)bool——测试 []int 是否已排序

❑ func IsSorted(data Interface)bool——测试是否已排序

❑ func Search(n int，f func(int)bool)int——f 为 true 的二分查找

❑ func SearchFloat64s(a []float64，x float64)int——在排序的 []floats64 中，进行二分查找 x

❑ func SearchInts(a []int，x int)int——在排序的 []int 中，进行二分查找 x

❑ func SearchStrings(a []string，x string)int——在排序的 []string 中，进行二分查找 x

❑ func Slice(slice interface{}，less func(i，j int)bool)——使用 less 函数排序

❑ func SliceIsSorted(slice interface{}，less func(i，j int)bool)bool——测试是否已排序

❑ func SliceStable(slice interface{}，less func(i，j int)bool)——使用 less 函数进行稳定排序

❑ func Sort(data interface)——排序数据

❑ func Stable(data interface)——稳定排序数据

❑ func Strings(a []string)——排序字符串数组

❑ func StringsAreSorted(a []string)bool——测试是否已排序

❑ func Reverse(data Interface)Interface——反转数据

类型 Interface（接口，不是最好的命名用法）定义排序的方法。为了排序，类型必须实现该接口。下面是类似 Java 的 Comparable 接口：

❑ Len()int——后备集合的长度

❑ Less(i，j int)bool——在 i 和 j 比较元素

❑ Swap(i，j int)——互换 i 和 j 元素

Float64Slice 如同实现 Interface 接口的 []float64：

❑ func(p Float64Slice)Search(x float64)int

❑ func(p Float64Slice)Sort()

IntSlice 如同实现 Interface 接口的 []int：

❑ func(p IntSlice)Search(x int)int

❑ func(p IntSlice)Sort()

StringSlice 如同实现 Interface 接口的 []string：

❑ func(p StringSlice)Search(x string)int

❑ func(p StringSlice)Sort

例如，为了排序字符串切片：

```
in :=[...]string{"32", "-1", "0", "a"}
out :=[...]string{"32", "-1", "0", "a"}
var xout = sort.StringSlice(out[:])
xout.Sort()
fmt.Printf("in:  %v\nout: %v\n", in, xout)
```

运行结果如下：

```
in:  [32 -1 0 a]
out: [-1 0 32 a]
```

下面是一个更简单特例，用于排序字符串切片：

```
var sortable = []string{"32", "-1", "0", "a"}
sort.Strings(sortable)
fmt.Printf("out: %v\n", sortable)
```

运行结果如下：

```
out: [-1 0 32 a]
```

12.9　上下文包

Go 相比 Java，对异步行为有不同的支持方式。Java 无标准监听或者取消该操作的方式；每个库均不同。另外，在 Java 中，类似支持是通过库或框架（例如 Spring 框架）提供的，而不是包含在标准库中。

在 Go 中，context 包提供了该功能，其中 Context 类型涉及本地和可能的远程 API 边界以及可能的进程，Context 类型包含超时、中断和作用域值。许多长时间运行的 Go API（通常期望在 Go 协程中运行）接受上下文参数，以允许异步取消它们，或在完成时通过通道通知调用方。

context 包有如下类型和函数：

❑ func WithCancel(parent Context)(ctx Context，cancel CancelFunc)——添加取消函数

❑ func WithDeadline(parent Context，d time.Time)(Context，CancelFunc)——添加截止期限

❑ func WithTimeout(parent Context，timeout time.Duration)(Context，CancelFunc)——添加超时

其中

❑ 取消函数——通过调用该函数，在操作完成时间（通过客户端）来取消操作或（通过自身）释放资源。将其叫作"CancelOrDoneFunc"能更好体现其角色。

❑ 截止期限——设置放弃未完成操作的时间。

❑ 超时——设置未完成操作的等待时间（代替截止期限）。

Context 包含一个上下文状态。提供了如下函数：

❑ func Background()Context——返回一个基本上下文，用作 With…操作的第一输入；
常用。

❑ func TODO()Context——返回一个 TODO（需更多工作）上下文；不常用。

❑ func WithValue(parent Context，key，val interface{})Context——添加一个值到上下
文中。

上下文有如下专用函数：

❑ Done()——返回一个通道。当操作完成，通道将接收消息。

❑ Err()——返回发生在操作中的错误；通常是 nil。

清单 12-3 演示了上下文的简单用法，用来取消无限值生成器。

清单 12-3　随机整数生成器（第 1 部分）

```go
func generateIntValues(ctx context.Context, values chan<- int) {
    loop: for {
            v, err := genIntValue()
            if err != nil {
                    fmt.Printf("genIntValue error: %v\n", err)
                    close(values)
                    break
            }
            select {
            case values <- v: // 输出值
                    fmt.Printf("generateIntValues sent: %v\n", v)
            case <-ctx.Done():
                    break loop // 当收到内容时完成
            }
    }
}
func genIntValue() (v int, err error) {
    test := rand.Intn(20) % 5
    if test == 0 {
            err = errors.New(fmt.Sprintf("fake some error"))
            return
    }
    v = rand.Intn(100)
    fmt.Printf("genIntValue next: %d\n", v)
    return
}
```

由清单 12-4 代码运行。

清单 12-4　随机整数生成器（第 2 部分）

```go
values := make(chan int, 10)
ctx, cf := context.WithTimeout(context.Background(), 5 * time.Second)
go generateIntValues(ctx, values)
for v := range values { // 获取所有生成
```

```
        fmt.Printf("generateIntValues received: %d\n", v)
}
cf()
fmt.Printf("generateIntValues done\n")
```

运行结果如下：

```
genIntValue next: 87
generateIntValues sent: 87
genIntValue next: 59
generateIntValues sent: 59
genIntValue next: 18
generateIntValues sent: 18
genIntValue error: fake some error
generateIntValues received: 87
generateIntValues received: 59
generateIntValues received: 18
generateIntValues done
```

注意，超时确保某时刻结束的生成；在本例中不会发生。注意，因为通道有很多（比如 100 个）槽，生成都发生在处理值之前。如果通道容量设置为零，则处理顺序将变得更加混杂：

```
genIntValue next: 87
generateIntValues sent: 87
genIntValue next: 59
generateIntValues received: 87
generateIntValues received: 59
generateIntValues sent: 59
genIntValue next: 18
generateIntValues sent: 18
generateIntValues received: 18
genIntValue error: fake some error
generateIntValues done
```

12.10 密码学、哈希和数据编码

Go 有重要的内置密码和哈希函数。包含多种算法和函数的支持。每个有自己的包。本书不具体介绍这些子包。详见 Go 在线包文档。

❏ adler32 提供 Adler-32 校验和。

❏ aes 提供 AES 加密。

❏ cipher 提供标准的分组密码模式，封装了较低级别的密码实现。

❏ crc32 提供 32 位循环冗余校验和。

❏ crc64 提供 64 位循环冗余校验和。

❑ crypt0 提供加密常数。

❑ des 提供数据加密标准和三重数据加密算法。

❑ dsa 提供数字签名算法。

❑ ecdsa 提供椭圆曲线数字签名算法。

❑ ed25519 提供 Ed25519 签名算法。

❑ elliptic 提供几种素域椭圆曲线。

❑ fnv 提供 FNV 哈希函数。

❑ hash 提供哈希函数接口。

❑ hmac 提供键控哈希消息认证函数。

❑ maphash 提供字节序列的哈希函数。

❑ md5 提供 MD5 哈希算法。

❑ pkix 针对 ASN.1 分析。

❑ rand 提供加密安全随机数生成器。

❑ rc4 提供 RC4 加密。

❑ rsa 提供 RSA 加密。

❑ sha1 提供 sHA 哈希算法。

❑ sha256 提供集中 SHA 哈希算法。

❑ sha512 提供几种 SHA 哈希算法。

❑ subtle 提供加密代码的辅助函数。

❑ tls 提供 TLS1.2 和 TLS1.3。

❑ x509 提供 X.509 编码的键和认证。

12.11　encoding 包

encoding 包提供了定义字节级和字符串级数据的转换方式的接口。针对不同支持提供了几个子包。本书只描述这些子包的一部分：

❑ ascii85 提供 ascii85 数据编码。

❑ asn1 提供 ASN.1 数据结构的分析。

❑ base32 提供 base32 编码。

❑ base64 提供 base64 编码。

❑ binary 提供数字和字节序列的转换。

❑ csv 读写逗号分隔值（CSV）文件。

❑ gob 管理 gob 流，一种二进制互换格式。

❑ hex 提供十六进制编码和解码。

❑ pem 提供 PEM 数据编码。

❑ json 提供 JSON 编码和解码。

❑ xml 提供 XML 分析器，具备 XML 命名空间支持。

csv 包提供了几种类型和函数。

Reader 分析 CSV 输入：

❑ func NewReader(r io.Reader)*Reader——生成 Reader。

❑ func(r *Reader)Read()(record []string，err error)——读一行。

❑ func(r *Reader)ReadAll()(records[][]string，err error)——读所有行。

Writer 生成 CSV 输出：

❑ func NewWriter(w io.Writer)*Writer——生成 Writer。

❑ func(w *Writer)Flush()——提交所写内容。

❑ func(w *Writer)Write(record []string)error——写一行。

❑ func(w *Writer)WriteAll(records[][]string)error——写多行。

hex 包有如下函数：

❑ func NewDecoder(r io.Reader)io.Reader——生成 Reader

❑ func NewEncoder(w io.Writer)io.Writer——生成 Writer

❑ func Decode(dst，src []byte)(int，error)——将十六进制字符串转成字节

❑ func Decode string(s string)([]byte，error)——将十六进制字符串转成字节

❑ func DecodedLen(x int)int——总是返回 x / 2

❑ func Dump(data []byte)string——十六进制格式输出

❑ func Dumper(w io.Writer)io.WriteCloser——十六进制格式输出

❑ func Encode(dst，src []byte)int——将字节转成十六进制字符串

❑ func EncodeToString(src []byte)string——将字节转成十六进制字符串

❑ func EncodedLen(n int)int——总是返回 n * 2

json 包有如下类型和函数：

❑ func Compact(dst *bytes.Buffer，src []byte)error——删除不重要的空格

❑ func HTMLEscape(dst *bytes.Buffer，src []byte)——安全嵌入 HTML

❑ func Indent(dst *bytes.Buffer，src []byte，prefix，indent string)error——缩进 JSON

❑ func Marshal(v interface{})([]byte，error)——基于传递类型生成 JSON

❑ func MarshalIndent(v interface{}，prefix，indent string)([]byte，error)——基于传递类型
生成缩进 JSON

❑ func Unmarshal(data []byte，v interface{})error——将 JSON 分析为被传递的类型

❑ func Valid(data []byte)bool——测试 JSON 字符串的有效性

Decoder 包解码 / 分析 JSON 字符串。它提供如下函数：

❑ func NewDecoder(r io.Reader)*Decoder——生成解码器

❑ func(dec *Decoder)Decode(v interface{})error——解码下一个 JSON 值

❑ func(dec *Decoder)DisallowUnknownFields()——由未知键引起错误

❑ func(dec *Decoder)InputOffset()int64——定位输入文本

❑ func(dec *Decoder)More()bool——测试是否还有数据要分析

❑ func(dec *Decoder)Token()(Token，error)——获取下一个标志

Encoder 包编码 / 构建 JSON 字符串。提供了这些函数：

❑ funcnewEncoder(w io.Writer)*Encoder——生成编码器

❑ func(enc *Encoder)Encode(v interface{})error——将值格式化为 JSON

❑ func(enc *Encoder)SetEscapeHTML(on bool)——转义 HTML 控制字符

❑ func(enc *Encoder)SetIndent(prefix，indent string)——设置缩进空格

有关使用 JSON 和 XML 编码器的示例，请参阅 capstone 程序。

unicode 编码包

`unicode` 包提供了检查和操作流行编码的 Unicode 字符（例如 Runes）的函数。该包定义了主要 Unicode 字符类的常量和变量，例如 `Letter`、`Digit`、`Punct`、`Space` 以及其他。

它有下列函数。许多通过 Unicode 分类测试 Rune 的类型。这类似 Java 的 `Character.isXxx(...)`。

❑ func In(r rune，ranges...*RangeTable)bool——测试 Rune 的成员关系

❑ func Is(rangeTab*RangeTable，r rune)bool——测试 Rune 的成员关系

❑ func IsControl(r rune)bool

❑ func IsDigit(r rune)bool

❑ func IsGraphic(r rune)bool

❑ func IsLetter(r rune)bool

❑ func IsLower(r rune)bool

❑ func IsMark(r rune)bool

❑ func IsNumber(r rune)bool

❑ func IsOneOf(ranges[]*RangeTable，r rune)bool

❑ func IsPrint(r rune)bool

❑ func IsPunct(r rune)bool

❑ func IsSpace(r rune)bool

❑ func IsSymbol(r rune)bool

❑ func IsTitle(r rune)bool

❑ func IsUpper(r rune)bool

❑ func SimpleFold(r rune)rune

❑ func ToLower(r rune)rune

❑ func ToTitle(r rune)rune

❑ func ToUpper(r rune)rune

`unicode` 包有如下子包：

❑ `utf8` 提供 rune 与 UTF-8 之间的编码和解码。

❑ `utf16` 提供 rune 与 UTF-16 之间的编码和解码。

`utf8` 包提供如下函数：

❑ func DecodeLastRune(p []byte)(r rune，size int)——获取最近的 rune 和长度

❑ func DecodeLastRuneInString(s string)(r rune，size int)——获取最近的 rune 和长度

❑ func DecodeRune(p []byte)(r rune，size int)——获取第一个 rune 和长度

❑ func DecodeRuneInString(s string)(r rune，size int)——获取第一个 rune 和长度

❑ funcencodeRune(p []byte，r rune)int——将 rune 转为 UTF-8

❑ func FullRune(p []byte)bool——测试 p 的开头是否是有效 UTF-8 的 rune

❑ func FullRuneInString(s string)bool——测试 s 的开头是否是有效 UTF-8 的 rune

❑ funcRuneCount(p []byte)int——p 中的 rune 计数

❑ funcRuneCountInString(s string)(n int)——s 中的 rune 计数

❑ funcRuneLen(r rune)int——rune UTF-8 中的字节数

❑ funcRuneStart(b byte)bool——判断 b 是否以有效 rune 开头

❑ func Valid(p []byte)bool——测试 p 是有效 rune 序列

❑ func ValidRune(r rune)bool——rune 是否可被表示为 UTF8

❑ func ValidString(s string)bool——测试 s 是有效 rune 序列

utf16 包提供如下函数：

❑ func Decode(s []uint16)[]rune——转换为 rune

❑ func DecodeRune(r1，r2 rune)rune——将一对 rune 转换为一个 rune

❑ func Encode(s []rune)[]uint16 ——从 rune 转换

❑ func EncodeRune(r rune)(r1，r2 rune)——转换为一对

❑ func IsSurrogate(r rune)bool——测试 rune 是否需要一对

SQL 数据库访问

　　Java 提供多级基于 SQL 的数据访问，被称为 JDBC（也叫 Java 数据库连接），在 `java.sql` 和 `java.sqlx` 包中。Go 通过 `sql` 和 `driver` 包实现同等功能，但需更少函数。`sql` 包提供了通用的函数框架，如同 `java.sql` 的 SQL 数据功能，而 `driver` 包是系统编程接口（SPI），允许使用可插接的驱动。多数的 SQL 操作由 `driver` 实现。与 Java 不同，多数 Go 驱动来自社区，而不是数据库供应商。

　　Java 有社区支持 [例如 Hibernate⊖或 Java 持久性架构（JPA）实现] 对象关系映射器（ORM），使在关系数据库中保存持久性对象（或实体；Java 中的类，Go 中的结构体）变得更容易。很多 Java 开发人员使用这些 ORM，而不是由 JDBC 提供的更基础的 CRUD（Create、Read、Update、Delete）SQL⊖访问。

　　下面的包提供了低级的类似 JDBC 的访问方式。有 Go 支持的 ORM 社区包，如 GORM。

　　`sql` 包是很大，并有几个类型和函数。

　　重要的类型有：

❑ ColType——定义表列类型

❑ Conn——表示一个单独的数据库连接

❑ DB——表示连接池

❑ Row——表示一个单独的返回数据行（行的子类别）

❑ Rows——表示多个返回表格行

❑ Scanner——访问一行的列接口

❑ Stmt——表示预备的 SQL 语句

⊖　`https://hibernate.org/`。

⊖　结构化查询语言——关系数据库系统的标准 API。

❑ Tx——表示数据库事务

`sql` 包有如下函数：

❑ func Drivers()[]string——获取注册的驱动名

❑ func Register(name string，driver driver.Driver)——注册一个驱动

ColumnType 提供了如下函数。其含义清晰易懂：

❑ func(ci*ColumnType)DatabaseTypeName()string

❑ func(ci*ColumnType)DecimalSize()(precision，scale int64，ok bool)

❑ func(ci*ColumnType)Length()(length int64，ok bool)

❑ func(ci*ColumnType)Name()string

❑ func(ci*ColumnType)Nullable()(nullable，ok bool)

❑ func(ci*ColumnType)ScanType()reflect.Type

Conn 提供了连接级访问函数：

❑ func(c *Conn)BeginTx(ctx context.Context，opts*TxOptions)(*Tx，error)——开启一个事务

❑ func(c *Conn)Close()error——关闭连接；将其返给连接池

❑ func(c *Conn)ExecContext(ctx context.Context，query string，args...interface{})(Result，error)——执行非查询 SQL

❑ func(c *Conn)PingContext(ctx context.Context)error——查看连接是否工作正常

❑ func(c *Conn)PrepareContext(ctx context.Context，query string)(*Stmt，error)——预备一个 SQL 语句

❑ func(c *Conn)QueryContext(ctx context.Context，query string，args ...interface{})(*Rows，error)——执行一个 SQL 查询，可能返回很多行

❑ func(c *Conn)QueryRowContext(ctx context.Context，query string，args ...interface{})*Row——执行一个 SQL 查询，将返回 <= 1 行

DB 提供数据库级访问函数：

❑ func Open(driverName，dataSourceName string)(*DB，error)——通过名字打开 DB

❑ func OpenDB(c driver.Connector)*Db——打开 DB

❑ func(db *DB)Begin()(*Tx，error)——开启一个事务

❑ func(db *DB)BeginTx(ctx context.Context，opts *TxOptions)(*Tx，error)——开启具有选项的事务

❑ func(db *DB)Close()error——关闭 DB

❑ func(db *DB)Conn(ctx context.Context)(*Conn，error)——获取 DB 的连接

❑ func(db *DB)Driver()driver.Driver——获取 DB 的驱动

❑ func(db *DB)Exec(query string，args ...interface{})(Result，error)——执行通用 SQL

❑ func(db *DB)ExecContext(ctx context.Context，query string，args...interface{})(Result，error)——执行通用 SQL

❑ func(db *DB)Ping()error——测试 DB 可用

❑ func(db *DB)PingContext(ctx context.Context)error——测试 DB 可用

❑ func(db *DB)Prepare(query string)(*Stmt，error)——预备 SQL

❑ func(db *DB)PrepareContext(ctx context.Context，query string)(*Stmt，error)——预备通用 SQL

❑ func(db *DB)Query(query string，args ...interface{})(*Rows，error)——执行通用 SELECT 语句

❑ func(db *DB)QueryContext(ctx context.Context，querystring，args ...interface{})(*Rows，error)——执行通用 SELECT 语句

❑ func(db *DB)QueryRow(query string，args ...interface{})*Row——执行一个查询

❑ func(db *DB)QueryRowContext(ctx context.Context，query string，args ...interface{})*Row——执行一个查询

❑ func(db *DB)Stats()DBStats——获取多种 DB 访问统计

Row 是一个单独的 SELECT 结果行：

❑ func(r *Row)Err()error——获取所有执行错误

❑ func(r *Row)Scan(dest ...interface{})error——复制返回值到变量

Rows 是一组 SELECT 结果行：

❑ func(rs *Rows)Close()error——指示现在已完成处理的行

❑ func(rs *Rows)ColumnTypes()([]*ColumnType，error)——获取列元数据

❑ func(rs *Rows)Columns()([]string，error)——获取列名

❑ func(rs *Rows)Err()error——获取所有执行错误

❑ func(rs *Rows)Next()bool——移到下一行

❑ func(rs *Rows)NextResultSet()bool——移到下一结果集

❑ func(rs *Rows)Scan(dest ...interface{})error——复制返回值到变量

Stmt 提供 SQL 语句级访问函数：

❑ func(s *Stmt)Close()error

❑ func(s *Stmt)Exec(args ...interface{})(Result，error)

❑ func(s *Stmt)ExecContext(ctx context.Context，args ...interface{})(Result，error)

❑ func(s *Stmt)Query(args ...interface{})(*Rows，error)

❑ func(s *Stmt)QueryContext(ctx context.Context，args ...interface{})(*Rows，error)

❑ func(s *Stmt)QueryRow(args ...interface{})*Row

❑ func(s *Stmt)QueryRowContext(ctx context.Context，args ...interface{})*Row

Tx 提供事务级访问函数。参见前述的类似描述：

❑ func(tx *Tx)Commit()error——提交所有变更

❑ func(tx *Tx)Exec(query string，args ...interface{})(Result，error)

❑ func(tx *Tx)ExecContext(ctx context.Context，query string，args ...interface{})(Result，error)

❑ func(tx *Tx)Prepare(query string)(*Stmt，error)

❑ func(tx *Tx)PrepareContext(ctx context.Context，query string)(*Stmt，error)

❑ func(tx *Tx)Query(query string，args ...interface{})(*Rows，error)

❑ func(tx *Tx)QueryContext(ctx context.Context,query string,args ...interface{})(*Rows，error)

❑ func(tx *Tx)QueryRow(query string，args ...interface{})*Row

❑ func(tx *Tx)QueryRowContext(ctx context.Context，query string，args ...interface{})*Row

❑ func(tx *Tx)Rollback()error——回滚（取消）所有变更

❑ func(tx *Tx)Stmt(stmt*Stmt)*Stmt——获取该事务中语句

❑ func(tx *Tx)StmtContext(ctx context.Context，stmt*Stmt)*Stmt

清单 13-1 是使用 **sql** 包的示例，演示了 CRUD 一个简单表。

清单 13-1　简单 DB 访问（第 1 部分）

```
// 表行实体
type DBEntity struct {
    name  string
    value string
}
// 在 DB 上下文中执行
func DoInDB(driverName, datasourceParams string, f func(db *sql.DB) error)
(err error) {
    db, err := sql.Open(driverName, datasourceParams)
    if err != nil {
        return
    }
    defer db.Close()
    err = f(db)
    return
}

// 在连接中执行
func DoInConn(db *sql.DB, ctx context.Context, f func(db *sql.DB, conn
*sql.Conn, ctx context.Context) error) (err error) {
    conn, err := db.Conn(ctx)
    if err != nil {
        return
    }
    defer conn.Close()
    err = f(db, conn, ctx)
    return
}

// 在交易中执行
```

```go
func DoInTx(db *sql.DB, conn *sql.Conn, ctx context.Context, txOptions
*sql.TxOptions, f func(tx *sql.Tx) error) (err error) {
    if txOptions == nil {
        txOptions = &sql.TxOptions{Isolation: sql.LevelSerializable}
    }
    tx, err := db.BeginTx(ctx, txOptions)
    if err != nil {
        return
    }
    err = f(tx)
    if err != nil {
        _ = tx.Rollback()
        return
    }
    err = tx.Commit()
    if err != nil {
        return
    }
    return
}

var ErrBadOperation = errors.New("bad operation")

// 执行一个 SQL 语句
func ExecuteSQL(tx *sql.Tx, ctx context.Context, sql string, params
...interface{}) (count int64, values []*DBEntity, err error) {
    lsql := strings.ToLower(sql)
    switch {

    // 处理查询
    case strings.HasPrefix(lsql, "select "):
        rows, xerr := tx.QueryContext(ctx, sql, params...)
        if xerr != nil {
            err = xerr
            return
        }
        defer rows.Close()
        for rows.Next() {
            var name string
            var value string
            if err = rows.Scan(&name, &value); err != nil {
                return
            }
            data := &DBEntity{name, value}
            values = append(values, data)
        }
        if xerr := rows.Err(); xerr != nil {
            err = xerr
            return
```

```
        }
        // 处理一个更新
    case strings.HasPrefix(lsql, "update "), strings.HasPrefix(lsql,
    "delete "), strings.HasPrefix(lsql, "insert "):
        result, xerr := tx.ExecContext(ctx, sql, params...)
        if xerr != nil {
            err = xerr
            return
        }
        count, xerr = result.RowsAffected()
        if xerr != nil {
            err = xerr
            return
        }

    default:
        err = ErrBadOperation  // 此处未演示 INSERT 和 DELETE
        return
    }
    return
}
```

库由清单 13-2 的测试函数驱动。

清单 13-2　简单 DB 访问（第 2 部分）

```
func testDB() {
    values := make([]*DBEntity, 0, 10)
    values = append(values, &DBEntity{"Barry", "author"},
        &DBEntity{"Barry, Jr.", "reviewer"})

    err := DoInDB("postgres", "postgres://postgres:postgres@localhost:5432/
                postgres?sslmode=disable",
        func(db *sql.DB) (err error) {
            err = DoInConn(db, context.Background(), func(db *sql.DB,
            conn *sql.Conn,
                ctx context.Context) (err error) {
                err = createRows(db, conn, ctx, values)
                if err != nil {
                    return
                }
                // 必须在单独的事务中完成才能查看更改
                err = queryRows(db, conn, ctx)
                return
            })
            return
        })
    if err != nil {
```

```go
            fmt.Printf("DB access failed: %v\n", err)
        }
}

// 创建数据行
func createRows(db *sql.DB, conn *sql.Conn, ctx context.Context, values
[]*DBEntity) (err error) {
    err = DoInTx(db, conn, ctx, nil, func(tx *sql.Tx) (err error) {
        // 首先删除所有旧行
        count, _, err := ExecuteSQL(tx, ctx, `delete from xvalues`)
        if err != nil {
            return
        }
        fmt.Printf("deleted %d\n", count)
        // 插入新行
        for _, v := range values {
            count1, _, xerr := ExecuteSQL(tx, ctx, fmt.Sprintf(`insert
            into xvalues(name, value) values('%s', '%s')`, v.name,
            v.value))
            if xerr != nil || count1 != 1 {
                err = xerr
                return
            }
            fmt.Printf("inserted %q = %q\n", v.name, v.value)
        }
        // 更新一行
        v := &DBEntity{"Barry", "father"}
        _, _, xerr := ExecuteSQL(tx, ctx, fmt.Sprintf(`update xvalues set
        value='%s' where name='%s'`, v.value, v.name))
        if xerr != nil {
            err = xerr
            return
        }
        fmt.Printf("updated %q = %q\n", v.name, v.value)
        return
    })
    return
}

// 查询并输出所有行
func queryRows(db *sql.DB, conn *sql.Conn, ctx context.Context) (err error)
{
    err = DoInTx(db, conn, ctx, nil, func(tx *sqB.Tx) (err error) {
        _, xvalues, err := ExecuteSQL(tx, ctx, `select name, value from
        xvalues`)
        if err != nil {
            return
        }
        for _, v := range xvalues {
```

```
            fmt.Printf("queried %q = %q\n", v.name, v.value)
        }
        return
    })
    return
}
```

注意，嵌套方法确保数据库资源被关闭。释放资源很很重要，尤其对于长运行程序，例如服务器。顶层是访问数据连接池。而后从池中访问单个连接。最终，一个执行 SQL 语句的事务进入。在本例中，多个事务在一个单独连接中执行，这是典型方式。另外，多个语句通常在单个事务中运行。

程序执行结果如下：

```
deleted 2
inserted "Barry" = "author"
inserted "Barry, Jr." = "reviewer"
updated "Barry" = "father"queried "Barry, Jr." = "reviewer"
queried "Barry" = "father"
```

 注意　因为该输出来自第二次程序运行结果，两个记录被删除。

在程序结束时，数据库的结果如图 13-1 所示。

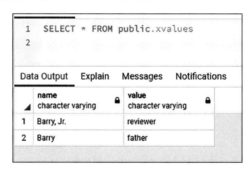

图 13-1　DB 示例运行结果（在 PostgreSQL 中）

客户端和服务器支持

html 包提供处理 HTML 文本的函数。Java 标准版（JSE）几乎没有类似的支持，更多是由 Java 社区提供该功能。Go template 包提供用来生成值插入文本输出的模板。它支持纯文本，并扩展了抗黑客攻击的 HTML 文本。

14.1　MIME 包

mime 包提供 MIME 类型支持。它有两个子包：

❑ Multipart 支持 MIME 多部件分析。

❑ Quotedprintable 通过 reader 和 writer 提供可引用打印的编码。

14.2　网络包

net 包提供了使用套接字级访问的 TCP/IP 和 UDP 的接口。它有几个子包，但本书只介绍 http 子包。http 包提供了创建 HTTP 客户端和服务器的能力。它有几个常用的子包：

❑ Cgi 提供对通用网关接口（CGI）的支持，处理每个请求服务。

❑ Fcgi 提供对"快速"通用网关接口服务器的支持。

❑ Cookiejar 提供 HTTP cookie 的支持。

❑ Httputil 提供 HTTP 辅助实用程序功能。

❑ Textproto 为带有文本标题和 section 标签的协议提供帮助，例如 HTTP 和 SMTP。

14.3　net 包

net 包很大。它提供了通过套接字、数据报、选定协议（比如 HTTP）访问 TCP/IP 网络的基础服务。`net` 包有很多类型和函数。本书未列出，但可在线查询。后面的示例会显示 API 的小子集（`Dial`、`Listen`、`Accept`、`Read` 和 `Write`）的使用方式。

在学习 Go 的 HTTP 包之前，我们先简要介绍 TCP/IP、HTTP、REST、RPC。

终端控制协议（TCP）与 Internet 协议（IP）一起构成以太网的主要基础。它们一起实现了低级、不可靠数据报传输或者网络主机间的可靠套接字 / 会话交互。

超文本传输协议（HTTP）是一个深受欢迎的协议，基于 TCP 套接字传输，联合超文本标记语言（HTML）、层叠样式表（CSS）和 JavaScript 以及其他 MIME 类型，共同创造了耳熟能详的万维网（WWW）。

HTTP 允许数据以多种格式在服务器和客户端（通常是浏览器）之间转换。它支持很多动作，但主要允许 GET（读）、PUT（创建或替换）、POST（生成或附加）和 DELETE（即 CRUD）资源。

表述性状态转移（REST，有时也叫作 ReST）以 HTTP 为基础，但为了易用性和扩展性，做了一些限制。REST 不是一种实现方式，而是一组设计指南。它反映了 WWW 支持最优秀的品质。它将服务器操作限制为应用于由 URL 标识的资源上的 CRUD 操作。REST 最大限度地实现了 HATEOAS，这体现了 WWW 组织。大多数 RESTful API 都达不到这个级别。RESTful 服务是基于 RPC 的服务的替代方案。Go 对此类服务有很多支持。

远程过程调用（RPC）是使用 HTTP（或其他协议）的替代方法，其限制比 REST 更少（通常性能更好），它允许创建服务器提供给其客户端（几乎总是程序）的任意操作（过程）。

Web 服务（WS）是一种 RPC 形式，通常通过 SOAP（一种基于 XML 的协议）使用 HTTP 实现。与 RESTful 服务相比，此类服务已经失宠。Go 几乎没有对基于 SOAP 的 WS 的标准库支持。

在 `net`、`rpc`、`jsonrpc` 包中，Go 对标准 RPC 支持有限。一个更强大和流行的社区选项是来自谷歌的 gRPC。

Go 的 `net` 包中的 `http` 和 `rpc` 子包可用来开发任何这些级别的程序。本书主要介绍 REST 风格的访问。

所有的这些都是构建在基于低级的 TCP/IP 套接字通信的基础之上的。Go 的 `net` 包也支持该层级的编程。

后续将介绍一个简单的 TCP 套接字客户端 / 服务器对，演示基于套接字的基本通信。注意，与使用 HTTP 通信（本书的其他示例）相比，使用套接字的方式需要更多的参与度（需要更多的代码）。以下代码效率低下，因为每个连接只允许一个请求（这类似于 HTTP 版本 1）。它在读写上也是低效的，因为它一次只读取 / 写入一个字节的数据。

作为演示，我们将运行一个启动服务器并发出多个请求的配置（通常在不同的机器上启动，但在这里通过多个 Go 协程进行模拟）。该演示开始以随机间隔在后台发送十个请求，其中一些请求重叠，然后快速（在任何请求丢失之前）启动服务器来处理它们。该演示被硬编码为使用 `localhost:8080` 作为服务器端口。注意服务器处理并发请求（`nest` 值有时大于 1，在示例输出中观察到 3）。

该服务器分两部分运行：

1. 一个长时间运行的循环接收连接。

2. 一个 Go 协程来处理一个接收的连接上的请求，可以有任意数量的此类处理器并发运行。

以上模式是典型的服务器请求处理模式。在其他语言中（如 Java），操作系统线程（通常来自受限的线程池）通常用于每个请求，在 Go 中使用 Go 协程替代。使用 Go 可更好地实现请求扩展。

如清单 14-1 所示，客户端发送命令，服务器发送响应。命令是带有消息结束标记（" ~" 不能是消息文本的一部分）的字符串。

可以在 log 包中查阅 getGID() 的定义。

清单 14-1　TCP/IP 套接字使用示例

```go
var xlog = log.New(os.Stderr, "", log.Ltime+log.Lmicroseconds)

func main(){
    var wg sync.WaitGroup
    wg.Add(1)
    go SocketClientGo(&wg)
    ss := NewSocketServer()
    go func() {
        gid := getGID()
        err := ss.AcceptConnections(8080)
        if err != nil {
            xlog.Printf("%5d testSocketServer accept failed: %v\n", gid, err)
            return
        }
    }()
    wg.Wait()
    ss.Accepting = false
}
func SocketClientGo(wg *sync.WaitGroup) {
    defer wg.Done()
    gid := getGID()
    cmds := []string{TODCommand, SayingCommand}
    max := 10

    var xwg sync.WaitGroup
    for i := 0; i < max; i++ {
        xwg.Add(1)
        go func(index, max int) {
            defer xwg.Done()
            time.Sleep(time.Duration(rand.Intn(5)) * time.Second)
            sc := newSocketClient("127.0.0.1", 8080)
            xlog.Printf("%5d SocketClientGo request %d of %d\n", gid,
            index, max)
            resp, err := sc.GetCmd(cmds[rand.Intn(len(cmds))])
            if err != nil {
```

```go
                    xlog.Printf("%5d SocketClientGo failed: %v\n", gid, err)
                    return
                }
                xlog.Printf("%5d SocketClientGo response: %s\n", gid, resp)
        }(i+1, max)
    }
    xwg.Wait()
}

// 允许的命令
const (
    TODCommand    = "TOD"
    SayingCommand = "Saying"
)
var delim = byte('~')

// 一些要返回的句子
var sayings = make([]string, 0, 100)

func init(){
    sayings = append(sayings,
        `Now is the time...`,
        `I'm busy.`,
        `I pity the fool that tries to stop me!`,
        `Out wit; Out play; Out last!`,
        `It's beginning to look like TBD!`,
        )
}

// 一个服务器
type SocketServer struct {
    Accepting bool
}

func NewSocketServer() (ss *SocketServer) {
    ss = &SocketServer{}
    ss.Accepting = true
    return
}

// 接收连接直到被告知停止
func (ss *SocketServer) AcceptConnections(port int) (err error) {
    gid := getGID()
    xlog.Printf("%5d accept listening on port: %d\n", gid, port)
    listen, err := net.Listen("tcp", fmt.Sprintf("127.0.0.1:%d", port))
    if err != nil {
        return
    }
    for ss.Accepting {
        conn, err := listen.Accept()
        if err != nil {
```

```
                xlog.Printf("%5d accept failed: %v\n", gid,err)
                continue
            }
            xlog.Printf("%5d accepted connection: %#v\n", gid, conn)
            go ss.handleConnectionGo(conn)
        }
        return
}

var nesting int32

// 处理每个连接
// 每个连接只有一个命令
func (ss *SocketServer) handleConnectionGo(c net.Conn) {
        defer c.Close()
        nest := atomic.AddInt32(&nesting, 1)
        defer func(){
            atomic.AddInt32(&nesting, -1)
        }()
        gid := getGID()
        data := make([]byte, 0, 1000)
        err := readData(c, &data, delim, cap(data))
        if err != nil {
            xlog.Printf("%5d handleConnection failed: %v\n", gid, err)
            return
        }
        cmd := string(data)
        xlog.Printf("%5d handleConnection request: %s, nest: %d, conn: %#v\n",
        gid, cmd, nest, c)
        if strings.HasSuffix(cmd, string(delim)) {
            cmd = cmd[0 : len(cmd)-1]
        }
        xlog.Printf("%5d received command: %s\n", gid, cmd)
        time.Sleep(time.Duration(rand.Intn(500)) * time.Millisecond)
        // 请求需要一段时间
        var out string
        switch cmd {
        case SayingCommand:
            out = sayings[rand.Intn(len(sayings))]
        case TODCommand:
            out = fmt.Sprintf("%s", time.Now())
        default:
            xlog.Printf("%5d handleConnection unknown request: %s\n", gid, cmd)
            out = "bad command: " + cmd
        }
        _, err = writeData(c, []byte(out+string(delim)))
        if err != nil {
            xlog.Printf("%5d %s failed: %v\n", gid, cmd, err)
        }
```

```
}

// 一个客户端
type SocketClient struct {
    Address    string
    Port       int
    Connection net.Conn
}

func newSocketClient(address string, port int) (sc *SocketClient) {
    sc = &SocketClient{}
    sc.Address = address
    sc.Port = port
    return
}

func (sc *SocketClient) Connect() (err error) {
    gid := getGID()
    xlog.Printf("%5d attempting connection: %s:%d\n", gid, sc.Address,
    sc.Port)
    sc.Connection, err = net.Dial("tcp", fmt.Sprintf("%s:%d", sc.Address,
    sc.Port))
    if err != nil {
        return
    }
    xlog.Printf("%5d made connection: %#v\n", gid, sc.Connection)
    return
}

func (sc *SocketClient) SendCommand(cmd string) (err error) {
    gid := getGID()
    c, err := sc.Connection.Write([]byte(cmd + string(delim)))
    if err != nil {
        return
    }
    xlog.Printf("%5d sent command: %s, count=%d\n", gid, cmd, c)
    return
}

func (sc *SocketClient) ReadResponse(data *[]byte, max int) (err error) {
    err = readData(sc.Connection, data, delim, 1000)
    return
}

// 发送命令并获得响应
func (sc *SocketClient) GetCmd(cmd string) (tod string, err error) {
    err = sc.Connect()
    if err != nil {
        return
    }
      defer sc.Connection.Close()
    err = sc.SendCommand(cmd)
```

```
        data := make([]byte, 0, 1000)
        err = readData(sc.Connection, &data, delim, cap(data))
        if err != nil {
            return
        }
        tod = string(data)
        return
    }
    func readData(c net.Conn, data *[]byte, delim byte, max int) (err error) {
        for {
            xb := make([]byte, 1, 1)
            c, xerr := c.Read(xb)
            if xerr != nil {
                err = xerr
                return
            }
            if c > 0 {
                if len(*data) > max {
                    break
                }
                b := xb[0]
                *data = append(*data, b)
                if b == delim {
                    break
                }
            }
        }
        return
    }
    func writeData(c net.Conn, data []byte) (count int, err error) {
        count, err = c.Write(data)
        return
    }
```

运行结果如下（可能每次运行有差异）。每行有一个时间戳和一个 Go 协程 id。方便你针对消息来自哪个 Go 协程和发生时间进行分类。Go 协程 id 并不重要，对于某个特定的 Go 协程它们在每一行中都是相同的。新的 Go 协程可以重用已完成的 Go 协程先前的 id。请注意，请求是以明显随机的顺序发送的。

这里使用了自定义记录器以删除通常输出的日期。

```
09:32:57.910516    20 accept listening on port: 8080
09:32:57.911512    19 SocketClientGo request 7 of 10
09:32:57.911512    19 SocketClientGo request 9 of 10
09:32:57.911512    19 SocketClientGo request 8 of 10
09:32:57.912507    13 attempting connection: 127.0.0.1:8080
09:32:57.912507    11 attempting connection: 127.0.0.1:8080
09:32:57.912507    12 attempting connection: 127.0.0.1:8080
```

```
09:32:57.914499    11 made connection: &net.TCPConn{conn:net.conn{fd:(
                      *net.netFD)(0xc000298000)}}
09:32:57.914499    12 made connection: &net.TCPConn{conn:net.conn{fd:(
                      *net.netFD)(0xc00021a000)}}
09:32:57.914499    20 accepted connection: &net.TCPConn{conn:net.conn{fd:(
                      *net.netFD)(0xc0000cc000)}}
09:32:57.914499    13 made connection: &net.TCPConn{conn:net.conn{fd:(
                      *net.netFD)(0xc000198000)}}
09:32:57.914499    12 sent command: TOD, count=4
09:32:57.914499    11 sent command: TOD, count=4
09:32:57.914499    13 sent command: Saying, count=7
09:32:57.914499    20 accepted connection: &net.TCPConn{conn:net.conn{fd:(
                      *net.netFD)(0xc000298280)}}
09:32:57.914499    15 handleConnection request: TOD~, nest: 1, conn: &net.
                      TCPConn{conn:net.conn{fd:(*net.netFD)(0xc0000cc000)}}
09:32:57.914499    15 received command: TOD
09:32:57.914499    20 accepted connection: &net.TCPConn{conn:net.conn{fd:(
                      *net.netFD)(0xc000316000)}}
09:32:57.914499    51 handleConnection request: TOD~, nest: 2, conn: &net.
                      TCPConn{conn:net.conn{fd:(*net.netFD)(0xc000298280)}}
09:32:57.914499    51 received command: TOD
09:32:57.914499    82 handleConnection request: Saying~, nest: 3,
                      conn: &net.TCPConn{conn:net.conn{fd:(*net.netFD)
                      (0xc000316000)}}
09:32:57.914499    82 received command: Saying
09:32:58.004647    19 SocketClientGo response: 2020-12-29
                      09:32:58.0046474 -0800 PST m=+0.097117101~
09:32:58.150718    19 SocketClientGo response: 2020-12-29
                      09:32:58.150718 -0800 PST m=+0.243187101~
09:32:58.190435    19 SocketClientGo response: I'm busy.~
09:32:58.925744    19 SocketClientGo request 1 of 10
09:32:58.925744    19 SocketClientGo request 2 of 10
09:32:58.925744    19 SocketClientGo request 5 of 10
09:32:58.925744     6 attempting connection: 127.0.0.1:8080
09:32:58.925744     5 attempting connection: 127.0.0.1:8080
09:32:58.925744     9 attempting connection: 127.0.0.1:8080
09:32:58.925744     5 made connection: &net.TCPConn{conn:net.conn{fd:(
                      *net.netFD)(0xc00014cc80)}}
09:32:58.925744    20 accepted connection: &net.TCPConn{conn:net.conn{fd:(
                      *net.netFD)(0xc000298780)}}
09:32:58.925744     6 made connection: &net.TCPConn{conn:net.conn{fd:(
                      *net.netFD)(0xc000316280)}}
09:32:58.925744     9 made connection: &net.TCPConn{conn:net.conn{fd:(
                      *net.netFD)(0xc000298500)}}
09:32:58.925744     5 sent command: Saying, count=7
09:32:58.925744     6 sent command: Saying, count=7
09:32:58.925744     9 sent command: TOD, count=4
09:32:58.925744    20 accepted connection: &net.TCPConn{conn:net.conn{fd:(
```

```
                        *net.netFD)(0xc000298a00)}}
09:32:58.925744    53   handleConnection request: TOD~, nest: 1, conn: &net.
                        TCPConn{conn:net.conn{fd:(*net.netFD)(0xc000298780)}}
09:32:58.925744    53   received command: TOD
09:32:58.925744    54   handleConnection request: Saying~, nest: 2,
                        conn: &net.TCPConn{conn:net.conn{fd:(*net.netFD)
                        (0xc000298a00)}}
09:32:58.925744    54   received command: Saying
09:32:58.925744    20   accepted connection: &net.TCPConn{conn:net.conn{fd:(
                        *net.netFD)(0xc00021a280)}}
09:32:58.925744    35   handleConnection request: Saying~, nest: 3,
                        conn: &net.TCPConn{conn:net.conn{fd:(*net.netFD)
                        (0xc00021a280)}}
09:32:58.925744    35   received command: Saying
09:32:58.954615    19   SocketClientGo response: Out wit; Out play; Out last!~
09:32:59.393099    19   SocketClientGo response: I pity the fool that tries
                        to stop me!~
09:32:59.420974    19   SocketClientGo response: 2020-12-29
                        09:32:59.4209749 -0800 PST m=+1.513438801~
09:32:59.921948    19   SocketClientGo request 10 of 10
09:32:59.921948    19   SocketClientGo request 3 of 10
09:32:59.921948    14   attempting connection: 127.0.0.1:8080
09:32:59.921948     7   attempting connection: 127.0.0.1:8080
09:32:59.921948    14   made connection: &net.TCPConn{conn:net.conn{fd:(
                        *net.netFD)(0xc0000cc280)}}
09:32:59.921948     7   made connection: &net.TCPConn{conn:net.conn{fd:(
                        *net.netFD)(0xc000298c80)}}
09:32:59.921948    20   accepted connection: &net.TCPConn{conn:net.conn{fd:(
                        *net.netFD)(0xc00021a500)}}
09:32:59.921948    14   sent command: Saying, count=7
09:32:59.921948     7   sent command: Saying, count=7
09:32:59.921948    56   handleConnection request: Saying~, nest: 1,
                        conn: &net.TCPConn{conn:net.conn{fd:(*net.netFD)
                        (0xc00021a500)}}
09:32:59.921948    56   received command: Saying
09:32:59.921948    20   accepted connection: &net.TCPConn{conn:net.conn{fd:(
                        *net.netFD)(0xc00021a780)}}
09:32:59.921948    36   handleConnection request: Saying~, nest: 2,
                        conn: &net.TCPConn{conn:net.conn{fd:(*net.netFD)
                        (0xc00021a780)}}
09:32:59.921948    36   received command: Saying
09:33:00.219828    19   SocketClientGo response: Now is the time...~
09:33:00.314614    19   SocketClientGo response: I'm busy.~
09:33:00.924919    19   SocketClientGo request 6 of 10
09:33:00.924919    10   attempting connection: 127.0.0.1:8080
09:33:00.924919    20   accepted connection: &net.TCPConn{conn:net.conn{fd:(
                        *net.netFD)(0xc00021ac80)}}
09:33:00.924919    10   made connection: &net.TCPConn{conn:net.conn{fd:(
```

```
                               *net.netFD)(0xc00021aa00)}}
09:33:00.924919   10 sent command: TOD, count=4
09:33:00.924919   38 handleConnection request: TOD~, nest: 1, conn:
                               &net.TCPConn{conn:net.conn{fd:(*net.netFD)
                               (0xc00021ac80)}}
09:33:00.924919   38 received command: TOD
09:33:01.316527   19 SocketClientGo response: 2020-12-29 09:33:01.
                               3165274 -0800 PST m=+3.408983501~
09:33:01.911216   19 SocketClientGo request 4 of 10
09:33:01.911216    8 attempting connection: 127.0.0.1:8080
09:33:01.911216   20 accepted connection: &net.TCPConn{conn:net.conn{fd:(
                               *net.netFD)(0xc000316780)}}
09:33:01.911216    8 made connection: &net.TCPConn{conn:net.conn{fd:(
                               *net.netFD)(0xc000316500)}}
09:33:01.911216    8 sent command: Saying, count=7
09:33:01.911216   85 handleConnection request: Saying~, nest: 1,
                               conn: &net.TCPConn{conn:net.conn{fd:(*net.netFD)
                               (0xc000316780)}}
09:33:01.911216   85 received command: Saying
09:33:02.349666   19 SocketClientGo response: I'm busy.~
```

即使对于本例中这种简单的情景，你也要注意输出内容的数量与复杂度。日志信息的数量会很快难以控制。这是典型的来自处理多个请求的服务器程序的日志，尤其是云环境。我们通常使用专门的搜索程序，例如 Elasticsearch 和 Kibana[⊖]，并结合 Fluentd 之类的工具来查看日志。

14.4　HTTP template 包

template 包提供了安全（添加了必要的 HTML 转义）生成 HTML 文本和包含动态值的服务。text 包中的 template 子包可用于较简单的文本，例如电子邮件信息。Go 有一个默认模板引擎。Java 无标准的模板引擎，但 Java 社区提供了几个[⊖]。

模板是一个内嵌替换符的字符串，里面的所有其他文本正常输出。替换符的形式为：{{ ...}}，其中 ... 表示几种选项之一，包括条件输出或重复输出以及调用 Go 代码生成输出。你甚至可以格式化嵌入的模板。可能性是丰富的。全面解释模板功能超出了本书的范围。有关更深入的解释，请参阅 Go 包文档。

模板在某些上下文中进行评估，通常由结构或映射实例提供。下面的示例很好地演示了该特点：

⊖ www.elastic.co/guide/en/kibana/current/introduction.html。

⊖ 一些描述见 https：//dzone.com/articles/template-engines-at-one-spring-boot-and-engines-se，还包括任何 J2EE Java 服务器页面（JSP）引擎，例如 Apache Tomcat（http：//tomcat.apache.org/）。

```
var tformat = time.RFC850

type Purchase struct {
    FirstName, LastName string
    Address string
    Phone string
    Age float32
    Male bool
    Item string
    ShipDate string
}

var purchases = []Purchase{
    {LastName:"Feigenbaum", ShipDate: time.Now().Format(tformat),
        Male:true, Item:"Go for Java Programmers"},
     //...
}

const purchaseTemplate = `
Dear {{ if .Male}}Mr.{{ else }}Ms.{{ end }} {{.LastName}},
Your purchase request for "{{ .Item }}" has been received.
It will be shipped on {{ .ShipDate }}.
Thank you for your purchase.
`

func runTemplate(p *Purchase, f *os.File, t *template.Template) (err error)
{
    err = t.Execute(f, *p)
    return
}

func genTemplate(prefix string)  {
    t := template.Must(template.New("purchases").Parse(purchaseTemplate))
    for i, p := range purchases {
        f, err := os.Create(fmt.Sprintf("%s-%d.tmpl",prefix, i) )
        if err != nil {
            log.Fatalf("failed to create file, cause:", err)
        }
        err = runTemplate(&p, f, t)
        if err != nil {
            log.Fatalf("failed to run template, cause:", err)
        }
    }
}
```

这里，输入的 purchase 值提供了各个替换符中要替换的值。调用带有路径前缀的
genTemplate 会生成一个包含内容的文件（/tmp/example-0.tmpl）：

```
Dear Mr. Feigenbaum,
Your purchase request for "Go for Java Programmers" has been received.
```

It will be shipped on Friday, 07-May-21 06:19:24 PDT.
Thank you for your purchase.

需要注意的是，模板可以存于内存中，也可存于外部，例如文件中。这使得它们的行为很像 Jakarta Enterprise Edition 中定义的 Java Server Page（JSP）模板。JSP 被动态转换为 Java Servlet，然后运行。这使得 Java（Servlet）方式对大批量的工作更有效，但对于小批量的工作而言成本更高。

以下是一个可呈现一个单独模板的完整 HTTP 服务器的示例。其可很容易地扩展为多模板形式，即每个请求处理器对应一个。

假设有一个文件"tod.tmpl"，其包含以下类似 HTML 的文本：

```
<!DOCTYPE HTML>
<html>
<head><title>Date and Time</title></head>
<body>
<p>Date and Time:</p>
<br><br>
<sl>
<li>The date is <big>{{ .TOD | formatDate }}</big>
<li>The time is <big>{{ .TOD | formatTime }}</big>
</sl>
</body>
</html>
```

使用它的完整代码如清单 14-2 所示。

清单 14-2　时间服务器实现

```go
package main

import (
    "fmt"
    "io/ioutil"
    "log"
    "net/http"
    "text/template"
    "time"
)

var functionMap = template.FuncMap{
    "formatDate": formatDate,
    "formatTime": formatTime,
}

var parsedTodTemplate *template.Template

func loadTemplate(path string) {
    parsedTodTemplate = template.New("tod")
    parsedTodTemplate.Funcs(functionMap)
    data, err := ioutil.ReadFile(path)
    if err != nil {
```

```
                    log.Panicf("failed reading template %s: %v", path, err)
                }
            if _, err := parsedTodTemplate.Parse(string(data)); err != nil {
                    log.Panicf("failed parsing template %s: %v", path, err)
                }
        }
func formatDate(dt time.Time) string {
        return dt.Format("Mon Jan _2 2006")
}
func formatTime(dt time.Time) string {
        return dt.Format("15:04:05 MST")
}

type TODData struct {
        TOD time.Time
}

func processTODRequest(w http.ResponseWriter, req *http.Request) {
        var data = &TODData{time.Now()}
        parsedTodTemplate.Execute(w, data) // 假设不能失败
}

var serverPort = 8085

func timeServer() {
        loadTemplate( `C:\Temp\tod.tmpl`)
        http.HandleFunc("/tod", processTODRequest)
        spec := fmt.Sprintf(":%d", serverPort)
        if err := http.ListenAndServe(spec, nil); err != nil {
                log.Fatalf("failed to start server on port %s: %v", spec, err)
        }
        log.Println("server exited")
}

func main() {
        timeServer()
}
```

注意，错误处理部分是不完整的。

类似 `http://localhost:8085/tod` 的请求输出如图 14-1 所示。

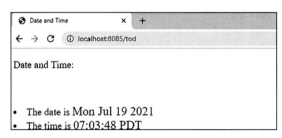

图 14-1 时间服务器输出

14.5 net.http 包

net.http 包很大。它为 TCP/IP 上的 HTTP 访问提供了基本服务，从而使创建 HTTP 客户端和服务器相对容易，尤其是 REST 类的服务器。如前所述，结合 Go 模板，它可以使提供可变的 HTML 内容（很像 Java 中的 Servlet 所做的）变得容易。文件中的静态 HTML、CSS、JS 等内容也可以轻松提供。Go 1.16 增加了访问捆绑在可执行文件中的静态内容的能力。这允许将功能齐全的 Web 服务器构建到单个可分发文件中。更多详细信息，请参阅 Go 1.16 的发布说明。

http 包为不同的 HTTP 方法和状态代码提供了常量。它有如下重要变量：

❑ var DefaultClient——内置的 Head、Get、Post 方法使用
❑ var DefaultServeMux——当未被覆盖时，被服务器使用的 ServeMux
❑ var NoBody——空实体

http 包提供了如下函数，一些函数的含义清晰明了：

❑ func CanonicalHeaderKey (s string) string——返回标准头名
❑ func DetectContentType (data []byte) string——根据内容类型进行有根据的猜测
❑ func Error (w ResponseWriter, error string, code int) ——返回 HTTP 错误
❑ func Handle (pattern string, handler Handler) ——注册请求句柄
❑ func HandleFunc (pattern string, handler func (ResponseWriter, *Request)) ——注册句柄函数
❑ func ListenAndServe (addr string, handler Handler) error——开始接收 HTTP 请求
❑ func ListenAndServeTLS (addr, certFile, keyFile string, handler Handler) error——开始接收 HTTP 和 HTTPS 请求
❑ func MaxBytesReader (w ResponseWriter, r io.ReadCloser, n int64) io.ReadCloser——生成受限的 reader
❑ func NotFound (w ResponseWriter, r *Request) ——返回 HTTP 404
❑ func ParseHTTPVersion (vers string) (major, minor int, ok bool)
❑ func ParseTime (text string) (t time.Time, err error)
❑ func ProxyFromEnvironment (req *Request) (*url.URL, error) ——如果有则返回代理 URl
❑ func Redirect (w ResponseWriter, r *Request, url string, code int) ——返回重定向的响应
❑ func Serve (l net.Listener, handler Handler) error——接收 HTTP 请求，并在新的 Go 协程中处理
❑ func ServeContent (w ResponseWriter, req *Request, name string, modtime time.Time, content io.ReadSeeker) ——返回提供的内容（通常是文件的内容）
❑ func ServeFile (w ResponseWriter, r *Request, name string) ——读和服务文件 / 目录
❑ func ServeTLS (l net.Listener, handler Handler, certFile, keyFile string) error——服务

HTTP 和 HTTPS

❑ func SetCookie (w ResponseWriter, cookie *Cookie) ——设置响应 cookie

❑ func StatusText (code int) string——获取 HTTP 状态代码文本

Client 包支持 HTTP 客户端。它提供了如下函数，一些函数的含义清晰明了：

❑ func (c *Client) CloseIdleConnections()

❑ func (c *Client) Do (req *Request)(*Response, error) ——发送 / 接收请求

❑ func (c *Client) Get (url string)(resp *Response, err error) ——执行 GET 操作

❑ func (c *Client) Head (url string)(resp *Response, err error) ——执行 HEAD 操作

❑ func (c *Client) Post (url, contentType string, body io.Reader)(resp*Response, err error)
   ——执行带实体的 POST 操作

❑ func (c *Client) PostForm (url string, data url.Values)(resp *Response, err error) ——执
   行有 0 以上表单值的 POST

CloseNotifier 实现在连接关闭时给出通知。

ConnState 实现连接的观察。

Cookie 表示 HTTP cookie。

CookieJar 表示一组 cookie。

Dir 允许直接访问目录。

❑ func (d Dir) Open (name string)(File, error)

File 允许访问文件。

FileSystem 允许访问多个静态文件。它使实现静态内容（例如图像、HTML、CSS 等）
服务器变得轻松。

Handler 响应 HTTP 请求。它们提供如下函数：

❑ func FileServer (root FileSystem) Handler

❑ func NotFoundHandler () Handler

❑ func RedirectHandler (url string, code int) Handler

❑ func StripPrefix (prefix string, h Handler) Handler

❑ func TimeoutHandler (h Handler, dt time.Duration, msg string) Handler

HandlerFuncs 响应 HTTP 请求。它们提供如下函数：

❑ func (f HandlerFunc) ServeHTTP (w ResponseWriter, r *Request)

Header 表示 HTTP 请求 / 响应头：

❑ func (h Header) Add (key, value string)

❑ func (h Header) Clone () Header

❑ func (h Header) Del (key string)

❑ func (h Header) Get (key string) string

❑ func (h Header) Set (key, value string)

❑ func (h Header) Values (key string) []string

❑ func (h Header) Write (w io.Writer) error

❑ func (h Header) WriteSubset (w io.Writer, exclude map[string]bool) error——写入选定的头

Request 表示客户端请求。它提供如下函数，很多使用请求的字段：

❑ func NewRequest (method, url string, body io.Reader)(*Request, error) ——生成请求

❑ func NewRequestWithContext (ctx context.Context, method, url string, body io.Reader) (*Request, error) ——生成带上下文的请求

❑ funcReadRequest (b *bufio.Reader)(*Request, error) ——解析请求

❑ func (r *Request) AddCookie (c *Cookie) ——添加 cookie

❑ func (r *Request) BasicAuth () (username, password string, ok bool) ——使用基本身份验证从请求中获取凭据

❑ func (r *Request) Clone (ctx context.Context) *Request——在新的上下文中生成克隆

❑ func (r *Request) Context () context.Context

❑ func (r *Request) Cookie (name string) (*Cookie, error)

❑ func (r *Request) Cookies () []*Cookie

❑ func (r *Request) FormFile (key string) (multipart.File, *multipart.FileHeader, error)

❑ func (r *Request) FormValue (key string) string

❑ func (r *Request) MultipartReader () (*multipart.Reader, error)

❑ func (r *Request) ParseForm () error——设置字段表单数据

❑ func (r *Request) ParseMultipartForm (maxMemory int64) error——设置字段表单数据

❑ func (r *Request) PostFormValue (key string) string——设置字段表单数据

❑ func (r *Request) ProtoAtLeast (major, minor int) bool——至少测试一个协议版本

❑ func (r *Request) Referer () string

❑ func (r *Request) SetBasicAuth (username, password string)

❑ func (r *Request) UserAgent () string

❑ func (r *Request) WithContext (ctx context.Context) *Request

❑ func (r *Request) Write (w io.Writer) error

❑ func (r *Request) WriteProxy (w io.Writer) error

Response 表示服务器响应和 HTTP 操作：

❑ func Get (url string) (resp*Response, err error) ——执行 GET 请求

❑ func Head (url string) (resp*Response, err error) ——执行 HEAD 请求

❑ func Post (url, contentType string, body io.Reader) (resp *Response, err error) ——执行带实体的 POST 请求

❑ func PostForm (url string, data url.Values) (resp *Response, err error) ——使用表单数据执行 POST 请求

❑ func ReadResponse (r *bufio.Reader, req *Request) (*Response, error) ——执行 HTTP 请求，生成响应

❑ func (r *Response) Cookies () []*Cookie

❑ func (r *Response) Location () (*url.URL, error)

❑ func (r *Response) ProtoAtLeast (major, minor int) bool

❑ func (r *Response) Write (w io.Writer) error——发送请求

RoundTripper 封装基于不同协议的发送 / 接收事务：

❑ func NewFileTransport (fs FileSystem) RoundTripper

ServeMux 解码进来的请求：

❑ func NewServeMux () *ServeMux——生成解码器

❑ func (mux *ServeMux) Handle (pattern string, handler Handler) ——解码请求

❑ func (mux *ServeMux) HandleFunc (pattern string, handler func (ResponseWriter, *Request)) ——解码请求

❑ func (mux *ServeMux) Handler (r *Request) (h Handler, pattern string) ——接收请求

❑ func (mux *ServeMux) ServeHTTP (w ResponseWriter, r *Request) ——开启 HTTP 服务器

Server 提供基本 HTTP 服务器行为：

❑ func (srv *Server) Close () error——停止请求处理

❑ func (srv *Server) ListenAndServe () error——开始服务 HTTP

❑ func (srv *Server) ListenAndServeTLS (certFile, keyFile string) error——开始服务 HTTP 和 HTTPS

❑ func (srv *Server) RegisterOnShutdown (f func ()) ——注册关闭回调

❑ func (srv *Server) Serve (l net.Listener) error——开启服务 HTTP

❑ func (srv *Server) ServeTLS (l net.Listener, certFile, keyFile string) error——开始服务 HTTP 和 HTTPS

❑ func (srv *Server) Shutdown (ctx context.Context) error——关闭请求处理

Transport 提供往返数据移动。它管理客户端和服务器之间的连接状态。它配置 TCP 连接：

❑ func (t *Transport) CancelRequest (req *Request)

❑ func (t *Transport) Clone () *Transport

❑ func (t *Transport) CloseIdleConnections ()

❑ func (t *Transport) RegisterProtocol (scheme string, rt RoundTripper) ——注册协议句柄

❑ func (t *Transport) RoundTrip (req *Request) (*Response, error)

清单 14-3 是一个完整但功能低的类似 HTTP REST 的服务器。

清单 14-3　基本 Hello World、时间和文件 HTTP 服务器

```
package main

import (
    "fmt"
    "io"
    "log"
    "net/http"
    "strings"
```

```go
    "time"
)
func greet(w http.ResponseWriter, req *http.Request) {
    if req.Method != "GET" {
        http.Error(w, fmt.Sprintf("Method %s not supported",
        req.Method), 405)
        return
    }
    var name string
    if err := req.ParseForm(); err == nil {
        name = strings.TrimSpace(req.FormValue("name"))
    }
    if len(name) == 0 {
        name = "World"
    }
    w.Header().Add(http.CanonicalHeaderKey("content-type"),
        "text/plain")
    io.WriteString(w, fmt.Sprintf("Hello %s!\n", name))
}

func now(w http.ResponseWriter, req *http.Request) {
    // 请求检查，就像在问候语中
    w.Header().Add(http.CanonicalHeaderKey("content-type"),
        "text/plain")
    io.WriteString(w, fmt.Sprintf("%s", time.Now()))
}

func main() {
    fs := http.FileServer(http.Dir(`/temp`))

    http.HandleFunc("/greet", greet)
    http.HandleFunc("/now", now)
    http.Handle( "/static/", http.StripPrefix( "/static", fs ) )
    log.Fatal(http.ListenAndServe(":8088", nil))
}
```

这里提供了两条路径：

1）Greet——针对提供的名称返回问候语。

2）Now——返回服务器的当前时间。

另外，服务器在端口 8080 运行路径。

一些示例的运行结果如图 14-2、图 14-3 和图 14-4 所示。

对于未知文件，如图 14-5 所示。

图 14-2　Hello 服务器响应

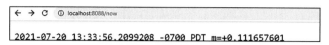

图 14-3 时间服务器响应

图 14-4 文件服务器响应 1

图 14-5 文件服务器响应 2

但如果使用了无效的 HTTP 方法，则运行结果如图 14-6 所示。

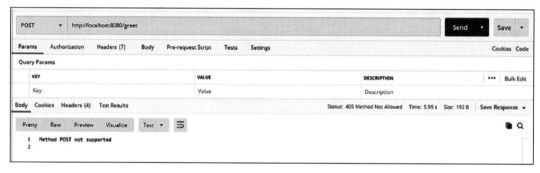

图 14-6 无效请求响应

句柄（默认情况下）返回具有 **text/plain** 内容类型的 HTTP 200 响应。句柄由 **HandleFunc** 保存在一个全局列表中，其 **nil** 值传递给 **ListenAndServer**（LnS）使用。如果服务器无法启动（例如端口 8080 已在使用中），则服务器程序以错误结束；否则，LnS 函数不会返回。

服务器将处理传入的请求，直到被操作系统终止。每个请求都运行在自己的 Go 协程中，所以服务器性能很高，可以处理很多并发请求。

http 包提供简单易用的文件服务器。前面的示例服务器代码中包含一个 **static** 路由。使用方式如图 14-7 所示。

图 14-7 文件服务器示例输出，文本文件内容服务

该特性可用于服务静态内容，如 HTTP、CSS、图像、JavaScript 等。必须注意不要共享服务器私有的数据。

作为体现 Go 与 Node.js 的相似性的一个示例，考虑如下由 Node.js 引擎运行的相似（只有一个函数并且没有错误检查）对应项。以下代码是用 JavaScript 编写的：

```
const http = require('http');
const os = require('os');
var todHandler = function(req, resp) {
    resp.writeHead(200);
    resp.end(new Date().toString());
}
var server = http.createServer(todHandler);
server.listen(8080);
```

14.6　URL 包

url 包是 net 的子包，其提供 URL 解析和处理功能。

它有如下函数类型：

❑ func PathEscape (s string) string——URL 转义路径

❑ func PathUnescape (s string) (string, error) ——反转转义

❑ func QueryEscape (s string) string——URL 转义查询字符串

❑ func QueryUnescape (s string) (s tring, error) ——反转转义

URL 提供 url 上的函数。多数函数获取 / 测试已解析的 URL 的部分：

❑ func Parse (rawurl string) (*URL, error) ——解析 URL

❑ func ParseRequestURI (rawurl string) (*URL, error) ——解析 URL，不允许有片段

❑ func (u *URL) EscapedFragment () string

❑ func (u *URL) EscapedPath () string

❑ func (u *URL) Hostname () string

❑ func (u *URL) IsAbs () bool

❑ func (u *URL) Parse (ref string) (*URL, error) ——在此 URL 的上下文中解析

❑ func (u *URL) Port () string

❑ func (u *URL) Query () Values

❑ func (u *URL) Redacted () string

❑ func (u *URL) RequestURI () string

❑ func (u *URL) ResolveReference (ref *URL) *URL——在此 URL 的上下文中解析

Userinfo 提供用户凭据：

❑ func User (username string) *Userinfo

❑ func UserPassword (username, password string) *Userinfo

❑ func (u *Userinfo) Password () (string, bool)

❑ func (u *Userinfo) Username () string

Values 提供获取 / 使用路径和查询参数的函数：

❑ func ParseQuery (query string) (Values, error) ——将查询参数解析为值

❑ func (v Values) Add (key, value string) ——将值添加到键值

❑ func (v Values) Del (key string) ——删除键

❑ func (v Values) Encode () string——URL 编码值

❑ func (v Values) Get (key string) string——获取键的第一个值

❑ func (v Values) Set (key, value string) ——重置键值

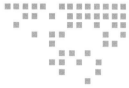

第 15 章 *Chapter 15*

Go 运行时

本章介绍几个有关 Go 运行时的 Go 包。

15.1　errors 包

errors 包提供了帮助创建和选择错误的函数。目前存在许多社区扩展，以及一些即插即用的替代品。

有内置 **error** 类型。所有错误实现了如下预定义接口：

```
type error interface {
    Error() string
}
```

这意味着任何符合此接口的类型（即具有 **Error** 方法）都可以用作错误。这意味着可以创建许多自定义错误。许多 Go 包提供自定义错误，通常包括有关失败的补充信息。例如 **os.PathError** 类型：

```
type PathError struct {
    Op string    // 失败的操作
    Path string  // 在路径上失败
    Err error     // 根本原因（如果有的话）
}
```

所有自定义错误都需要实现 **error** 接口，比如前面的错误这种可能性：

```
func (pe *PathError) Error() string {
    if pe.Err == nil {
        return fmt.Sprintf("PathError %s:%s", pe.Op, pe.Path)
    }
```

```
        return fmt.Sprintf("PathError %s:%s:%v", pe.Op, pe.Path, pe.Err.
        Error())
}
```

自定义错误类型可以是任何基类型，而不仅仅是结构体，比如字符串。例如：

```
type MyError string

func (me MyError) Error() string {
        return string(me)
}
```

errors 包有这些函数：

❑ func As（err error，target interface{}）bool——如果是目标类型，则转换为目标类型；目标是指向接收抛出错误的位置的指针

❑ func Is（err，target error）bool——测试是否为目标类型的错误

❑ func New（text string）error——生成错误

❑ func Unwrap（err error）error——如果可用，则获取包装的错误原因；err 必须有一个 Unwrap() 方法

通常，错误被声明为顶级值。这允许对它们进行等值判断，或者可以将它们与前面的函数一起使用以防止返回的错误。例如：

```
var (
        ErrSystem = errors.New("System Error")
        ErrIO = errors.New("I/O Error")
        ErrOther = errors.New("Other Error")
        :
)
```

15.2 flag 包

flag 包实现一种简单，但标准化的方式，以分析命令行。通常，参数是二进制开关（即 flags 和包名字）。有很多社区扩展。

flag 包主要用作全局库，因为它假设有一个单独命令行需解析。flag 包定义了各种可能的命令行值，然后解析命令行以查找这些值，并设置任何找到的值。flag 包还提供了描述参数的帮助功能。定义值的方式有多种。一般来说，不要混合 Xxx 和 XxxVar（其中 Xxx 是类型名称）样式；要前后一致地使用它们。

一些 flag 定义示例如下：

```
var iflag int
var fflag float64
var sflag string
func init() {
        flag.IntVar(&iflag, "IntFlag", 1, "IntFlag sets ...")
        flag.Float64Var(&fflag, "FloatFlag", 1.0, "FloatFlag sets ...")
```

```
        flag.StringVar(&sflag, "StringFlag", "", "StringFlag sets ...")
}
```

注意 `flag` 定义在 `init` 函数中，在 `Parse` 函数调用之前定义，通常在 `main` 函数中定义。

标志看起来像命令行上的如下形式：

❑ `-flag`

❑ `-flag=x`

❑ `-flag x`——`flag` 不能是布尔类型

`flag` 包提供如下重要变量：

`var CommandLine`——默认访问 `os.Args`

`flag` 包提供如下类型：

❑ ErrorHandling——控制错误处理方式的枚举

❑ Flag——标志的状态，包含当前值

❑ FlagSet——标志的集合，通常每个可能标志对应一个集合

`flag` 包提供如下函数。它们访问全局标志集：

❑ func Arg(i int)string——返回第 i 个非标志参数

❑ func Args()[]string——返回所有非标志参数

❑ func Bool(name string，value bool，usage string)*bool——生成布尔标志

❑ func BoolVar(p *bool，name string，value bool，usage string)——将 p 包装为标志

❑ func Duration(name string，value time.Duration，usage string)*time.Duration——生成持续时间的标志

❑ func DurationVar(p *time.Duration，name string，value time.Duration，usage string)——将 p 包装为标志

❑ func Float64(name string，value float64，usage string)*float64——生成浮点型标志

❑ func Float64Var(p *float64，name string，value float64，usage string)——将 p 包装为标志

❑ func Int(name string，value int，usage string)*int——生成整型标志

❑ func Int64(name string，value int64，usage string)*int64——生成 int64 标志

❑ func Int64Var(p *int64，name string，value int64，usage string)——将 p 包装为标志

❑ func IntVar(p *int，name string，value int，usage string)——将 p 包装为标志

❑ func NArg()int——非标志参数的数量

❑ func NFlag()int——标志参数的数量

❑ func Parse()——解析命令行，在所有标志被定义后设置参数和标志

❑ func Parsed()bool——测试是否解析

❑ func PrintDefaults()——为用户描述默认值

❑ func Set(name，value string)error——为标志设置值

❑ func String(name string，value string，usage string)*string——生成字符串标志

❑ func StringVar(p *string，name string，value string，usage string)——将 p 包装为标志

❑ func Uint(name string，value uint，usage string)*uint——生成 uint 标志

❑ func Uint64(name string，value uint64，usage string)*uint64——生成 uint64 标志

❑ func Uint64Var(p *uint64，name string，value uint64，usage string)——将 p 包装为标志

❑ func UintVar(p *uint，name string，value uint，usage string)——将 p 包装为标志

❑ func UnquoteUsage(flag *Flag)(name string，usage string)——获取标志的描述

❑ func Var(value Value，name string，usage string)——生成通用标志

❑ func Visit(fn func(*Flag))——将 f 应用于所有设置的标志

❑ func VisitAll(fn func(*Flag))——将 f 应用于所有标志

Flag 有如下函数：

❑ func Lookup(name string)*Flag——通过名字获取指定标志

FlagSet 有这些函数。很多如前所述，将不再描述：

❑ func NewFlagSet(name string, errorHandling ErrorHandling) *FlagSet

❑ func (f *FlagSet) Arg(i int) string

❑ func (f *FlagSet) Args() []string

❑ func (f *FlagSet) Bool(name string, value bool, usage string) *bool

❑ func (f *FlagSet) BoolVar(p *bool, name string, value bool, usage string)

❑ func (f *FlagSet) Duration(name string, value time.Duration, usage string) *time.Duration

❑ func (f *FlagSet) DurationVar(p *time.Duration, name string, value time.Duration, usage string)

❑ func (f *FlagSet) ErrorHandling() ErrorHandling

❑ func (f *FlagSet) Float64(name string, value float64, usage string) *float64

❑ func (f *FlagSet) Float64Var(p *float64, name string, value float64, usage string)

❑ func (f *FlagSet) Init(name string, errorHandling ErrorHandling)

❑ func (f *FlagSet) Int(name string, value int, usage string) *int

❑ func (f *FlagSet) Int64(name string, value int64, usage string) *int64

❑ func (f *FlagSet) Int64Var(p *int64, name string, value int64, usage string)

❑ func (f *FlagSet) IntVar(p *int, name string, value int, usage string)

❑ func (f *FlagSet) Lookup(name string) *Flag

❑ func (f *FlagSet) NArg() int

❑ func (f *FlagSet) NFlag() int

❑ func (f *FlagSet) Name() string

❑ func (f *FlagSet) Output() io.Writer

❑ func (f *FlagSet) Parse(arguments []string) error

❑ func (f *FlagSet) Parsed() bool

❏ func (f *FlagSet) PrintDefaults()

❏ func (f *FlagSet) Set(name, value string) error

❏ func (f *FlagSet) SetOutput(output io.Writer)

❏ func (f *FlagSet) String(name string, value string, usage string) *string

❏ func (f *FlagSet) StringVar(p *string, name string, value string, usage string)

❏ func (f *FlagSet) Uint(name string, value uint, usage string) *uint

❏ func (f *FlagSet) Uint64(name string, value uint64, usage string) *uint64

❏ func (f *FlagSet) Uint64Var(p *uint64, name string, value uint64, usage string)

❏ func (f *FlagSet) UintVar(p *uint, name string, value uint, usage string)

❏ func (f *FlagSet) Var(value Value, name string, usage string)

❏ func (f *FlagSet) Visit(fn func(*Flag))

❏ func (f *FlagSet) VisitAll(fn func(*Flag))

Go flags 包是偏执的。它支持严格限制类型的标志。不同的操作系统可能有不同的标志类型。尤其是 Windows 通常使用正斜杠（/）字符而不是破折号（-）来引入标志。

为了使程序适配操作系统，可能需要编写不同代码来分析命令行。runtime.GOOS 值可用来确定操作系统类型。你也可使用相应的社区版本。

15.3 log 包

log 包提供了简单日志特性。有很多社区扩展版本。一些是即插即用的替代品，尽管其他的使用了不同风格。很多社区提供了自定义日志功能。该包类似于 Java Log4J 或者类似的日志框架。

该包提供了包级日志功能。它也有 Logger 接口，一些代码能实现类似功能的接口。它为定向到某些 io.Writer 的任何消息（例如 STDOUT）提供格式化的日志前缀。可以配置前缀字符串的详细信息，例如日期和时间格式、源文件引用等。某些日志操作可能会引发 panic 或退出程序。

在 Java 中，使用 Log4J 的形式如下：

```
import ...Log4J.Logger;
static Logger log = Logger.getLogger(<myclass>.class);
⋮
log.trace("Program running...")
⋮
log.trace("Program done")
```

一个基本 Go 的日志序列是

```
import "log"
⋮
log.Print("Program running...")
⋮
log.Print("Program done")
```

注意，预定义的日志输出是 STDERR。

类似地，如果已有 Logger 实例，则可如下配置：

```
import "log"
var logger = log.New(<someWriter>, "<someLinePrefix>", <flags>)
⋮
logger.Print("Program running...")
⋮
logger.Print("Program done")
```

取决于配置，任一个可能输出如下的形式：

```
2021/01/01 00:00:00.123456 /x/y/x.go:100: Program running...
```

注意，未提供严重性。很多第三方日志模块提供了此功能和其他统计信息。参阅以下示例。

既然 logger 以为 Writer 为参数创建，日志输出可以是很多目标，包括像文件这样的持久性目标。Logger 的客户端（创建者）需要打开和关闭此类目标。例如，记录一个完整程序的输出：

```
var DefaultLogger log.Logger
var DefaultLoggerTarget os.File
var DefaultLoggerTargetPath = "main.log"
⋮
func main() {
    var f *os.File
    if f, err := os.Create(DefaultLoggerTargetPath); err != nil {
        log.Fatalf("Cannot create log file: %s\n",
                DefaultLoggerTargetPath)
    }
    defer f.Close()
    DefaultLoggerTarget = f
    DefaultLogger = log.New(f, "main ", log.LstdFlags)
    defer DefaultLogger.Flush()
    DefaultLogger.Println("main starting...")
    ⋮
    DefaultLogger.Flush()
    ⋮
    DefaultLogger.Println("main done")
}
```

注意 logger 是公有顶级值，所以可被程序的所有函数访问。该用法比 looger 实例做函数参数更简单。此示例在每次运行程序时重新创建日志。可以使用 Open 函数（而不是 Create）来（比如说）附加到现有日志。

日志输出直到程序退出才写入。如果将创建的文件设为公有顶级值（如示例中所做的那样），则编码人员可以对其使用 Flush 函数来强制在其他时间写入数据。

作为使用 Go 日志的示例，清单 15-1 展示了简单扩展 / 包装器，如 Go 社区可能提供的。

它提供了一个 Logger 接口，用于输出任何日志引擎需要实现的分级日志消息。此 logger 的 API 不等同于标准 logger，因此不是直接替代品。

该示例提供了一个名为 `DefaultLoggerImpl` 的默认引擎实现。有一些辅助函数可以访问当前状态，包括获取调用 Go 协程的 id，Go 运行时没有提供可直接访问的函数。

清单 15-1 Logger 实现示例

```go
type Logger interface {
    Error(format string, args ...interface{})
    Warn(format string, args ...interface{})
    Info(format string, args ...interface{})
    Debug(format string, args ...interface{})
    Trace(format string, args ...interface{})
}

type DefaultLoggerImpl struct{
    logger log.Logger
}
func (l *DefaultLoggerImpl) output(level, format string, args
...interface{}) {
    l.logger.Printf(fmt.Sprintf("%s %s %s\n",getCallerDetails(2,
    "-"),level, fmt.Sprintf(format, args...)))
}
func (l *DefaultLoggerImpl) Error(format string, args ...interface{}) {
    l.output("ERROR", format, args...)
}
func (l *DefaultLoggerImpl) Warn(format string, args ...interface{}) {
    l.output("WARN ", format, args...)
}
func (l *DefaultLoggerImpl) Info(format string, args ...interface{}) {
    l.output("INFO ", format, args...)
}
func (l *DefaultLoggerImpl) Debug(format string, args ...interface{}) {
    l.output("DEBUG", format, args...)
}
func (l *DefaultLoggerImpl) Trace(format string, args ...interface{}) {
    l.output("TRACE", format, args...)
}
var DefaultLogger  *DefaultLoggerImpl

func init(){
    DefaultLogger = &DefaultLoggerImpl{}
    DefaultLogger.logger = log.New(os.Stdout, "GoBook ",
    log.LstdFlags|log.Lmicroseconds|log.LUTC)
}

// 获取有关者的详细信息
func getCallerDetails(level int, lead string) string {
    level++
```

```
    if pc, file, line, ok := runtime.Caller(level); ok {
        file = getName(file)
        goId := getGID()
        xlineCount := atomic.AddUint64(&lineCount, 1)
        lead = fmt.Sprintf("%7d go%-5d %08X %-40v@%4v", xlineCount,
        goId, pc, file, line)
    }
    return lead
}

var lineCount uint64

// 获取当前 Go 协程 ID
func getGID() (n uint64) {
    b := make([]byte, 64)
    b = b[:runtime.Stack(b, false)]
    b = bytes.TrimPrefix(b, []byte("goroutine "))
    b = b[:bytes.IndexByte(b, ' ')]
    n, _ = strconv.ParseUint(string(b), 10, 64)
    return
}

// 获取文件名部分
func getName(file string) string {
    posn := strings.Index(file, src)
    if posn >= 0 {
        file = file[posn+len(src):]
        if strings.HasSuffix(file, goExtension) {
            file = file[0 : len(file)-len(goExtension)]
        }
    }
    return file
}

const src = "/src/"
const goExtension = ".go"
```

它可以像在不同 Go 协程中完成日志记录一样使用，如清单 15-2 所示。

清单 15-2　Logger 实现客户端示例

```
DefaultLogger.Trace("Hello %s!", "World")
var wg sync.WaitGroup
for i := 0; i < 10; i++ {
    wg.Add(1)
    go func(id int) {
        defer wg.Done()
        DefaultLogger.Info("Hello from goroutine %d!", id)
        time.Sleep( time.Duration(rand.Intn(2000)) * time.Millisecond)
        DefaultLogger.Info("Goodbye from goroutine %d!", id)
    }(i)
```

```
}
wg.Wait()
DefaultLogger.Trace("Goodbye %s!", "World")
```

该示例输出如下结果：

```
GoBook 2020/12/18 15:21:57.365337        1 go1      004D6AE7 main/main
@ 122 TRACE Hello World!
GoBook 2020/12/18 15:21:57.366333        3 go15     004D6D97 main/main
@ 128 INFO  Hello from goroutine 9!
GoBook 2020/12/18 15:21:57.366333        5 go9      004D6D97 main/main
@ 128 INFO  Hello from goroutine 3!
GoBook 2020/12/18 15:21:57.366333        4 go6      004D6D97 main/main
@ 128 INFO  Hello from goroutine 0!
GoBook 2020/12/18 15:21:57.366333        2 go7      004D6D97 main/main
@ 128 INFO  Hello from goroutine 1!
GoBook 2020/12/18 15:21:57.366333        7 go10     004D6D97 main/main
@ 128 INFO  Hello from goroutine 4!
GoBook 2020/12/18 15:21:57.366333        9 go14     004D6D97 main/main
@ 128 INFO  Hello from goroutine 8!
GoBook 2020/12/18 15:21:57.366333        8 go11     004D6D97 main/main
@ 128 INFO  Hello from goroutine 5!
GoBook 2020/12/18 15:21:57.366333       10 go12     004D6D97 main/main
@ 128 INFO  Hello from goroutine 6!
GoBook 2020/12/18 15:21:57.366333        6 go8      004D6D97 main/main
@ 128 INFO  Hello from goroutine 2!
GoBook 2020/12/18 15:21:57.366333       11 go13     004D6D97 main/main
@ 128 INFO  Hello from goroutine 7!
GoBook 2020/12/18 15:21:57.426070       12 go7      004D6E84 main/main
@ 130 INFO  Goodbye from goroutine 1!
GoBook 2020/12/18 15:21:57.447973       13 go15     004D6E84 main/main
@ 130 INFO  Goodbye from goroutine 9!
GoBook 2020/12/18 15:21:57.447973       14 go10     004D6E84 main/main
@ 130 INFO  Goodbye from goroutine 4!
GoBook 2020/12/18 15:21:57.792721       15 go11     004D6E84 main/main
@ 130 INFO  Goodbye from goroutine 5!
GoBook 2020/12/18 15:21:57.822589       16 go8      004D6E84 main/main
@ 130 INFO  Goodbye from goroutine 2!
GoBook 2020/12/18 15:21:57.917368       17 go12     004D6E84 main/main
@ 130 INFO  Goodbye from goroutine 6!
GoBook 2020/12/18 15:21:58.674824       18 go13     004D6E84 main/main
@ 130 INFO  Goodbye from goroutine 7!
GoBook 2020/12/18 15:21:58.684779       19 go14     004D6E84 main/main
@ 130 INFO  Goodbye from goroutine 8!
GoBook 2020/12/18 15:21:59.228337       20 go6      004D6E84 main/main
@ 130 INFO  Goodbye from goroutine 0!
GoBook 2020/12/18 15:21:59.254222       21 go9      004D6E84 main/main
@ 130 INFO  Goodbye from goroutine 3!
```

```
GoBook 2020/12/18 15:21:59.254222        22 go1      004D6C2E main/main
@ 134 TRACE Goodbye World!
```

注意不同的 Go 协程 id（**go##**）。日志中包含 Go 协程 id 有助于使用多个 Go 协程的代码在跟踪中查找。否则，日志看起来非常混乱、难懂。

在创建时间，记录被分配放好，而不是由 Go logger 写到控制台。这样，行号不一直按顺序出现，因为 Go 协程不是以预期排序运行。单独一个 Go 协程中行号通常是按顺序的。

logger 调用方（十六进制）显示执行文件中的实际代码位置。在崩溃情况下，这很有用。如果日志调用来自不同包，则这将被显示。在本例中，所有日志调用来自同一包（**main**）和函数（**main**），包含调用行。

runtime.Stack(b, false) 的结果以类似下面格式开头。这是 **getGID()** 可访问 id 的方式：

```
goroutine 1 [running]:
⋮
```

注意，不能确保 **Stack** 方法的输出在未来不变，从而代码可能会过时。

15.4　math 包

math 包的函数类似 **java.math** 包。结合 Go 的复数类型，这使得 Go 成为相对于 Java 更强大的数值处理语言。它提供了有用的常数和数学函数。常数为 E、Pi、Phi、Sqrt2、SqrtE、SqrtPi、SqrtPhi、Ln2、Log2E（1/Ln2）、Ln10、Log10E（1/Ln10）。大多数至少达到 60 位的精度。

math 包有这些子包：

❏ **big** 提供大整数（**Int**，非常像 **java.math.BigInteger**）、大浮点数（**Float**，类似 **java.math.BigDecimal**，但不一样）和一个有理（**Rat**，无 Java 对应项）数类型。

❏ **bits** 提供计数、访问、更改无符号整型中的位数据的函数。

❏ **cmplx**（注意该奇怪的名称，这是因为 **complex** 是保留字）针对 **complex** 类型提供有用常量和数学函数。

❏ **rand** 提供随机数字生成。

math 包提供如下（含义清晰的）函数：

❏ func Gamma(x float64) float64

❏ func Hypot(p, q float64) float64

❏ func Ilogb(x float64) int

❏ func Inf(sign int) float64

❏ func IsInf(f float64, sign int) bool

❏ func IsNaN(f float64) (is bool)

❏ func J0(x float64) float64

❑ func J1(x float64) float64

❑ func Jn(n int, x float64) float64

❑ func Ldexp(frac float64, exp int) float64

❑ func Lgamma(x float64) (lgamma float64, sign int)

❑ func Log(x float64) float64

❑ func Log10(x float64) float64

❑ func Log1p(x float64) float64

❑ func Log2(x float64) float64

❑ func Logb(x float64) float64

❑ func Max(x, y float64) float64

❑ func Min(x, y float64) float64

❑ func Mod(x, y float64) float64

❑ func Modf(f float64) (int float64, frac float64)

❑ func NaN() float64

❑ func Nextafter(x, y float64) (r float64)

❑ func Nextafter32(x, y float32) (r float32)

❑ func Pow(x, y float64) float64

❑ func Pow10(n int) float64

❑ func Remainder(x, y float64) float64

❑ func Round(x float64) float64

❑ func RoundToEven(x float64) float64

❑ func Signbit(x float64) bool

❑ func Sin(x float64) float64

❑ func Sincos(x float64) (sin, cos float64)

❑ func Sinh(x float64) float64

❑ func Sqrt(x float64) float64

❑ func Tan(x float64) float64

❑ func Tanh(x float64) float64

❑ func Trunc(x float64) float64

❑ func Y0(x float64) float64

❑ func Y1(x float64) float64

❑ func Yn(n int, x float64) float64

清单 15-3 是使用 math 包函数的示例，展示了简单绘图函数示例。

清单 15-3　math 函数绘图示例

```go
var ErrBadRange = errors.New("bad range")

type PlotFunc func(in float64) (out float64)

// 输出（到 STDOUT）一个或多个函数的绘图
```

```go
func PlotPrinter(xsteps, ysteps int, xmin, xmax, ymin, ymax float64,
        fs ...PlotFunc) (err error) {
    xdiff, ydiff := xmax-xmin, ymax-ymin
    if xdiff <= 0 || ydiff <= 0 {
        err = ErrBadRange
        return
    }
    xstep, ystep := xdiff/float64(xsteps), ydiff/float64(ysteps)
    plots := make([][]float64, len(fs))
    for index, xf := range fs {
        plot := make([]float64, xsteps)
        plots[index] = plot
        err = DoPlot(plot, xf, xsteps, ysteps, xmin, xmax, ymin, ymax,
            xstep)
        if err != nil {
            return
        }
    }
    PrintPlot(xsteps, ysteps, ymin, ymax, ystep, plots)
    return
}

// 绘制所提供函数的值
func DoPlot(plot []float64, f PlotFunc, xsteps, ysteps int,
        xmin, xmax, ymin, ymax, xstep float64) (err error) {
    xvalue := xmin
    for i := 0; i < xsteps; i++ {
        v := f(xvalue)
        if v < ymin || v > ymax {
            err = ErrBadRange
            return
        }
        xvalue += xstep
        plot[i] = v
    }
    return
}
// 输出所提供数据的绘图
func PrintPlot(xsteps, ysteps int, ymin float64, ymax float64, ystep
float64,
        plots [][]float64) {
    if xsteps <= 0 || ysteps <= 0 {
        return
    }
    middle := ysteps / 2
    for yIndex := 0; yIndex < ysteps; yIndex++ {
        fmt.Printf("%8.2f: ", math.Round((ymax-float64(yIndex)*yst
        ep)*100)/100)
```

```
        ytop, ybottom := ymax-float64(yIndex)*ystep, ymax-
        float64(yIndex+1)*ystep
        for xIndex := 0; xIndex < xsteps; xIndex++ {
            pv := " "
            if yIndex == middle {
                pv = "-"
            }
            for plotIndex := 0; plotIndex < len(plots); plotIndex++ {
                v := plots[plotIndex][xIndex]
                if v <= ytop && v >= ybottom {
                    pv = string(markers[plotIndex%len(markers)])
                }
            }
            fmt.Print(pv)
        }
        fmt.Println()
    }
    fmt.Printf("%8.2f: ", math.Round((ymax-float64(ysteps+1)*yst
    ep)*100)/100)
}

const markers = "*.^~-=+"
```

由如下测试函数调用：

```
func testPlotPrint() {
    err := PlotPrinter(100, 20, 0, 4*math.Pi, -1.5, 4,
        func(in float64) float64 {
            return math.Sin(in)
        }, func(in float64) float64 {
            return math.Cos(in)
        }, func(in float64) float64 {
            if in == 0 {
                return 0
            }
            return math.Sqrt(in) / in
        })
    if err != nil {
        fmt.Printf("plotting failed: %v", err)
    }
}
```

注意，程序传递了三个不同的函数文字，它们符合 **PlotFunc** 类型，用于不同的示例方程。

运行结果如图 15-1 所示。

注意，使用"＾""．"和"＊"作为标记的三个图叠加在图形上。图表的中间（不是零点）用虚线标记。

big 包有如下类型：

❑ Float——扩展精度的浮点类型值

❑ Int——扩展（大）精度整数值

❑ Rat——由 `int64` 分子和分母组成的有理数值

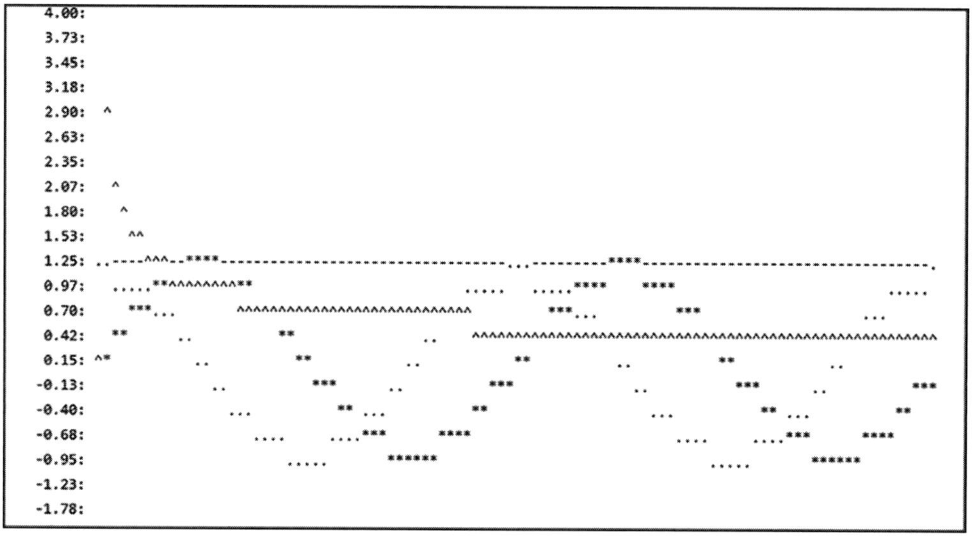

```
 4.00:
 3.73:
 3.45:
 3.18:
 2.90:  ^
 2.63:
 2.35:
 2.07:  ^
 1.80:   ^
 1.53:   ^^
 1.25: ..----^^^--****----------------------...--------****--------------.
 0.97: .....*^^^^^^^^**           .....   .....****    ****         .....
 0.70:  ***...          ^^^^^^^^^^^^^^^^^^   ***...     ***        ...
 0.42:  **     ..     **             ^^^^^^^^^^^^^^^^^^^^^^^^^^^^^^^^^^^^
 0.15: ^*        ..        ..        **       ..      **      ..
-0.13:         ***       ***                **         ..            ***
-0.40:         **    **    **        **      **              **     **
-0.68:            ..    **   ****           ****        ***    ****
-0.95:          ..    ******              ******         ......  ******
-1.23:
-1.78:
```

图 15-1　`math` 函数绘制示例

Float 类型有如下函数（大多数含义清晰）：

❑ func NewFloat(x float64)*Float

❑ func ParseFloat(s string，base int，prec uint，mode RoundingMode)(f *Float，b int，
err error)

❑ func(z *Float)Abs(x *Float)*Float

❑ func(z *Float)Add(x，y *Float)*Float

❑ func(x *Float)Append(buf []byte，fmt byte，prec int)[]byte

❑ func(x *Float)Cmp(y *Float)int——比较

❑ func(z *Float)Copy(x *Float)*Float

❑ func(x *Float)Float32()(float32，Accuracy)

❑ func(x *Float)Float64()(float64，Accuracy)

❑ func(x *Float)Format(s fmt.State，format rune)

❑ func(x *Float)Int(z *Int)(*Int，Accuracy)

❑ func(x *Float)Int64()(int64，Accuracy)

❑ func(x *Float)IsInf()bool

❑ func(x *Float)IsInt()bool

❑ func(x *Float)MantExp(mant *Float)(exp int)

❑ func(x *Float)MinPrec()uint

❑ func(x *Float)Mode()RoundingMode

❑ func(z *Float)Mul(x，y *Float)*Float

❑ func(z *Float)Neg(x *Float)*Float

❑ func(z *Float)Parse(s string，base int)(f *Float，b int，err error)

❑ func(x *Float)Prec()uint

❑ func(z *Float)Quo(x，y *Float)*Float

❑ func(x *Float)Rat(z *Rat)(*Rat，Accuracy)

❑ func(z *Float)Scan(s fmt.ScanState，ch rune)error

❑ func(z *Float)Set(x *Float)*Float

❑ func(z *Float)SetFloat64(x float64)*Float

❑ func(z *Float)SetInf(signbit bool)*Float

❑ func(z *Float)SetInt(x *Int)*Float

❑ func(z *Float)SetInt64(x int64)*Float

❑ func(z *Float)SetMantExp(mant *Float，exp int)*Float

❑ func(z *Float)SetMode(mode RoundingMode)*Float

❑ func(z *Float)SetPrec(prec uint)*Float

❑ func(z *Float)SetRat(x *Rat)*Float

❑ func(z *Float)SetString(s string)(*Float，bool)

❑ func(z *Float)SetUint64(x uint64)*Float

❑ func(x *Float)Sign()int

❑ func(x *Float)Signbit()bool

❑ func(z *Float)Sqrt(x *Float)*Float

❑ func(x *Float)String()string

❑ func(z *Float)Sub(x，y *Float)*Float

❑ func(x *Float)Text(format byte，prec int)string

❑ func(x *Float)Uint64()(uint64，Accuracy)

Int 类型有如下函数（大多数含义清晰）：

❑ func NewInt(x int64)*Int

❑ func(z *Int)Abs(x *Int)*Int

❑ func(z *Int)Add(x，y *Int)*Int

❑ func(z *Int)And(x，y *Int)*Int

❑ func(z *Int)AndNot(x，y *Int)*Int

❑ func(x *Int)Append(buf []byte，base int)[]byte

❑ func(z *Int)Binomial(n，k int64)*Int

❑ func(x *Int)Bit(i int)uint

❑ func(x *Int)BitLen()int

❑ func(x *Int)Bits()[]Word

❑ func(x *Int)Bytes()[]byte

❑ func(x *Int)Cmp(y *Int)(r int)——比较

❑ func(x *Int)CmpAbs(y *Int)int——绝对值比较

❑ func(z *Int)Div(x，y *Int)*Int

❑ func(z *Int)DivMod(x，y，m *Int)(*Int，*Int)

❑ func(z *Int)Exp(x，y，m *Int)*Int

❑ func(x *Int)Fill Bytes(buf []byte)[]byte

❑ func(x *Int)Format(s fmt.State，ch rune)

❑ func(z *Int)GCD(x，y，a，b*Int)*Int

❑ func(x *Int)Int64()int64

❑ func(x *Int)IsInt64()bool

❑ func(x *Int)IsUint64()bool

❑ func(z *Int)Lsh(x *Int，n uint)*Int

❑ func(z *Int)Mod(x，y *Int)*Int

❑ func(z *Int)ModInverse(g，n *Int)*Int

❑ func(z *Int)ModSqrt(x，p *Int)*Int

❑ func(z *Int)Mul(x，y *Int)*Int

❑ func(z *Int)MulRange(a，b int64)*Int

❑ func(z *Int)Neg(x *Int)*Int

❑ func(z *Int)Not(x *Int)*Int

❑ func(z *Int)Or(x，y *Int)*Int

❑ func(x *Int)ProbablyPrime(n int)bool

❑ func(z *Int)Quo(x，y *Int)*Int

❑ func(z *Int)QuoRem(x，y，r *Int)(*Int，*Int)

❑ func(z *Int)Rand(rnd *rand.Rand，n *Int)*Int

❑ func(z *Int)Rem(x，y *Int)*Int

❑ func(z *Int)Rsh(x *Int，n uint)*Int

❑ func(z *Int)Scan(s fmt.ScanState，ch rune)error

❑ func(z *Int)Set(x *Int)*Int

❑ func(z *Int)SetBit(x *Int，i int，b uint)*Int

❑ func(z *Int)SetBits(abs[]Word)*Int

❑ func(z *Int)SetBytes(buf []byte)*Int

❑ func(z *Int)SetInt64(xint64)*Int

❑ func(z *Int)SetString(s string，base int)(*Int，bool)

❑ func(z *Int)SetUint64(x uint64)*Int

❑ func(x *Int)Sign()int

❑ func(z *Int)Sqrt(x *Int)*Int

❑ func(x *Int)String()string

❑ func(z *Int)Sub(x，y *Int)*Int

❑ func(x *Int)Text(base int)string

❑ func(x *Int)TrailingZeroBits()uint

❑ func(x *Int)Uint64()uint64

❑ func(z *Int)Xor(x，y *Int)*Int

作为使用 Int 类型的示例，考虑 N!（N 阶乘）函数。N！被定义为：

❑ N < 0：未定义

❑ N == 0：1

❑ N > 0：N *(N-1)!

注意，如清单 15-4 中所实现的，N! 随着 N 的增加而迅速变大。即使 N 很小（<< 100），该值也超过了 uint64（最大机器整数）类型所能容纳的值。

清单 15-4　N! 函数

```go
var ErrBadArgument = errors.New("invalid argument")

func factorial(n int) (res *big.Int, err error) {
    if n < 0 || n >= 1_000 {  // 限制结果和时间
        err = ErrBadArgument
        return   // 或引发 panic
    }
    res = big.NewInt(1)
    for i := 2; i <= n; i++ {
        res = res.Mul(res, big.NewInt(int64(i)))
    }
    return
}
```

序列：

```go
fact, _ := factorial(100)
fmt.Println("Factorial(100):", fact)
```

输出结果如下：

```
Factorial(100): 93326215443944152681699238856266700490715968264381621468
5
9296389521759999322991560894146397615651828625369792082722375825118521091
6864000000000000000000000000000
```

Rat 类型有如下函数（大多数含义清晰）：

❑ func NewRat(a, b int64) *Rat

❑ func (z *Rat) Abs(x *Rat) *Rat

❑ func (z *Rat) Add(x, y *Rat) *Rat

❑ func (x *Rat) Cmp(y *Rat) int – Compare

❑ func (x *Rat) Denom() *Int

❑ func (x *Rat) Float32() (f float32, exact bool)

❑ func (x *Rat) Float64() (f float64, exact bool)

❑ func (x *Rat) FloatString(prec int) string

❑ func (z *Rat) GobDecode(buf []byte) error

❑ func (x *Rat) GobEncode() ([]byte, error)

❑ func (z *Rat) Inv(x *Rat) *Rat

❑ func (x *Rat) IsInt() bool

❑ func (z *Rat) Mul(x, y *Rat) *Rat

❑ func (z *Rat) Neg(x *Rat) *Rat

❑ func (x *Rat) Num() *Int

❑ func (z *Rat) Quo(x, y *Rat) *Rat

❑ func (x *Rat) RatString() string

❑ func (z *Rat) Scan(s fmt.ScanState, ch rune) error

❑ func (z *Rat) Set(x *Rat) *Rat

❑ func (z *Rat) SetFloat64(f float64) *Rat

❑ func (z *Rat) SetFrac(a, b *Int) *Rat

❑ func (z *Rat) SetFrac64(a, b int64) *Rat

❑ func (z *Rat) SetInt(x *Int) *Rat

❑ func (z *Rat) SetInt64(x int64) *Rat

❑ func (z *Rat) SetString(s string) (*Rat, bool)

❑ func (z *Rat) SetUint64(x uint64) *Rat

❑ func (x *Rat) Sign() int

❑ func (x *Rat) String() string

❑ func (z *Rat) Sub(x, y *Rat) *Rat

cmplx 包提供如下函数（含义清晰）：

❑ func Abs(x complex128) float64

❑ func Acos(x complex128) complex128

❑ func Acosh(x complex128) complex128

❑ func Asin(x complex128) complex128

❑ func Asinh(x complex128) complex128

❑ func Atan(x complex128) complex128

❑ func Atanh(x complex128) complex128

❑ func Conj(x complex128) complex128

❑ func Cos(x complex128) complex128

❑ func Cosh(x complex128) complex128

❑ func Cot(x complex128) complex128

❑ func Exp(x complex128) complex128

❑ func Inf() complex128

❑ func IsInf(x complex128) bool

❑ func IsNaN(x complex128) bool

❑ func Log(x complex128) complex128

❑ func Log10(x complex128) complex128

❑ func NaN() complex128

❑ func Phase(x complex128) float64

❑ func Polar(x complex128) (r, θ float64)

❑ func Pow(x, y complex128) complex128

❑ func Rect(r, θ float64) complex128

❑ func Sin(x complex128) complex128

❑ func Sinh(x complex128) complex128

❑ func Sqrt(x complex128) complex128

❑ func Tan(x complex128) complex128

❑ func Tanh(x complex128) complex128

`rand` 包提供如下类型：

❑ Rand——随机数生成器。

❑ Source——用于随机数的 63 位种子源，在所有执行中默认为相同的值，导致重复的"随机"序列。这与 Java 行为不同。

`rand` 包提供如下函数：

❑ func ExpFloat64()float64——获取指数分布的值

❑ func Float32()float32——获取 [0.0，1.0)

❑ func Float64()float64——获取 [0.0，1.0)

❑ func Int()int

❑ func Int31()int32

❑ func Int31n(n int32)int32——获取 [0，n)

❑ func Int63()int64

❑ func Int63n(n int64)int64——获取 [0，n)

❑ func Intn(n int)int——获取 [0，n)

❑ func NormFloat64()float64——获取正态分布值

❑ func Perm(n int)[]int——获取排列 [0.0，1.0)

❑ func Read(p []byte)(n int，err error)——读 n 字节进入 p

❑ func Seed(seed int64)

❑ func Shuffle(n int，swap func(i，j int))——随机播放 n 个项目。通过 swap 闭包访问项目

❑ func Uint32()uint32

❑ func Uint64()uint64

注意不要依赖前面的生成器函数来随机播种生成器（例如按进程开始时间）。如果需要，

必须自己执行此操作。如果没有播种，Go 程序的每次执行都会重复相同的随机值序列。

Rand 类型提供如下函数。见前面列表说明：

❑ func New(src Source) *Rand

❑ func (r *Rand) ExpFloat64() float64

❑ func (r *Rand) Float32() float32

❑ func (r *Rand) Float64() float64

❑ func (r *Rand) Int() int

❑ func (r *Rand) Int31() int32

❑ func (r *Rand) Int31n(n int32) int32

❑ func (r *Rand) Int63() int64

❑ func (r *Rand) Int63n(n int64) int64

❑ func (r *Rand) Intn(n int) int

❑ func (r *Rand) NormFloat64() float64

❑ func (r *Rand) Perm(n int) []int

❑ func (r *Rand) Read(p []byte) (n int, err error)

❑ func (r *Rand) Seed(seed int64)

❑ func (r *Rand) Shuffle(n int, swap func(i, j int))

❑ func (r *Rand) Uint32() uint32

❑ func (r *Rand) Uint64() uint64

Source 类型提供如下函数：

❑ func NewSource(seed int64) Source

15.5　操作系统支持包

os 包以与操作系统无关的方式访问操作系统功能。这是访问这些功能的首选方式。该包有如下子包：

❑ exec 提供加载外部进程，如命令行编程。

❑ signal 监视和捕获操作系统的信号（即中断）。

❑ user 访问操作系统用户和组账户。

path 包提供访问操作系统文件系统路径的工具。有一个子包：

❑ filepath 分析和处理操作系统文件路径。

syscall 包访问操作系统的低级功能，这些功能是其他包未提供的。依赖操作系统类型，一些函数可能在所有操作系统类型上表现不一致。

os 包有如下类型：

❑ File——表示访问文件

❑ FileInfo——表示文件的元数据

❑ FileMode——文件访问模式（作为 bit 标志）

❑ Process——表示外部进程

❑ ProcessState——表示进程退出状态

os 包有如下有用常量：

❑ PathSeparator——操作系统专用的文件路径分隔符

❑ PathListSeparator——操作系统专用的 shell 路径分隔符

os 包有如下有用的值：

❑ Stdin——针对 dev/stdin 的文件

❑ Stdout——针对标准输出的文件

❑ Stderr——针对标准 err 的文件

❑ Args——命令行参数的字符串组；不像在 Java 中，参数 0 是加载程序的命令

os 包有如下函数。它们是基于 Unix 的同名函数。一些函数可能在所有操作系统上不工作（例如返回有用值），尤其是微软的 Windows：

❑ func Chdir(dir string)error——更改当前目录

❑ func Chmod(name string，mode FileMode)error——更改文件模式

❑ func Chown(name string，uid，gid int)error——更改文件所有者

❑ func Chtimes(name string，atime time.Time，mtime time.Time)error——更改文件时间戳

❑ func Clearenv()——清理进程环境

❑ func Environ()[]string——获取进程环境

❑ func Executable()(string，error)——获取活跃的程序路径

❑ func Exit(code int)——强制退出进程

❑ func Expand(s string，mapping func(string)string)string——替换字符串中的 ${var}，$vaR

❑ func ExpandEnv(s string)string——在使用环境的字符串中替换 ${var}，$vaR

❑ func Getegid()int——获取有效组 id

❑ func Getenv(key string)string——通过键获取环境值

❑ func Geteuid()int——获取有效用户 id

❑ func Getgid()int——获取用户的组 id

❑ func Getgroups()([]int，error)——获取用户所属的组 id

❑ func Getpagesize()int——获取虚拟内存页大小

❑ func Getpid()int——获取当前进程 id

❑ func Getppid()int——获取当前进程的父 id

❑ func Getuid()int——获取用户 id

❑ func Getwd()(dir string，err error)——获取工作目录

❑ func Hostname()(name string，err error)——获取系统主机名

❑ func IsExist(err error)bool——退出测试错误

❑ func IsNotExist(err error)bool——不退出测试错误

❑ func IsPathSeparator(c uint8)bool——判断 c 是否为路径分割符

❑ func IsPermission(err error)bool——针对许可问题错误测试

❑ func IsTimeout(err error)bool——超时错误测试

❑ func Lchown(name string，uid，gid int)error——更改文件 / 连接所有者

❑ func Link(oldname，newname string)error——文件间生成硬链接

❑ func LookupEnv(key string)(string，bool)——通过键（名）获取环境值

❑ func Mkdir(name string，perm FileMode)error——生成目录

❑ func MkdirAll(path string，perm FileMode)error——生成所有需要的目录

❑ func Pipe()(r *File，w *File，err error)——在文件间生成管道

❑ func Readlink(name string)(string，error)——读链接

❑ func Remove(name string)error——删除文件或空目录

❑ func RemoveAll(path string)error——删除目录树

❑ func Rename(oldpath，newpath string)error——更改文件 / 目录名

❑ func SameFile(fi1，fi2 FileInfo)bool——判断是否为相同文件

❑ func Setenv(key，value string)error——设置环境值

❑ func Symlink(oldname，newname string)error——生成名字间的符号连接

❑ func TempDir()string——获取当前临时目录

❑ func Truncate(name string，size int64)error——扩展 / 缩短文件

❑ func Unsetenv(key string)error——移除环境键

❑ func UserCacheDir()(string，error)——获取用户缓存目录

❑ func UserConfigDir()(string，error)——获取用户配置目录

❑ func UserHomeDir()(string，error)——获取用户主目录

File 提供如下函数：

❑ func Create(name string)(*File，error)——生成 / 缩减文件

❑ func Open(name string)(*File，error)——用默认访问方式打开文件

❑ func OpenFile(name string, flag int，perm FileMode)(*File，error)——打开文件

❑ func(f *File)Chdir()error——在当前目录下创建目录 f

❑ func(f *File)Chmod(mode FileMode)error——更改文件模式

❑ func(f *File)Chown(uid，gid int)error——更改文件所有者

❑ func(f *File)Close()error——关闭打开的文件

❑ func(f *File)Name()string——获取文件名

❑ func(f *File)Read(b []byte)(n int，err error)——从文件的当前位置读取

❑ func(f *File)ReadAt(b []byte，off int64)(n int，err error)——从文件的当前位置读取

❑ func(f *File)Readdir(n int)([]FileInfo，error)——读取目录入口点

❑ func(f *File)Readdirnames(n int)(names []string，err error)——读取目录名

❑ func(f *File)Seek(offset int64，whence int)(ret int64，err error)——设置当前位置

❑ func(f *File)Stat()(FileInfo，error)——获取文件信息

❑ func(f *File)Sync()error——刷新挂起的更改

❑ func(f *File)Truncate(size int64)error——设置文件长度

❑ func(f *File)Write(b []byte)(n int，err error)——在当前位置写数据

❑ func(f *File)WriteAt(b []byte，off int64)(n int，err error)——在指定位置写数据

❑ func(f *File)Write string(s string)(n int，err error)——写字符串

FileInfo 提供如下函数：

❑ func Lstat(name string)(FileInfo，error)——获取连接 / 文件信息

❑ func Stat(name string)(FileInfo，error)——获取文件信息

FileMode 提供如下函数

❑ func(m FileMode)IsDir()bool——测试 m 表示目录

❑ func(m FileMode)IsRegular()bool——测试 m 表示常规文件

❑ func(m FileMode)Perm()FileMode——获取文件模式

Process 提供如下函数

❑ func FindProcess(pid int)(*Process，error)——通过进程 id 查找 id

❑ func StartProcess(name string，argv []string，attr *ProcAttr)(*Process，error)——生成并开始

❑ func(p *Process)Kill()error——杀死运行的进程

❑ func(p *Process)Release()error——如无等待则释放资源

❑ func(p *Process)Signal(sig Signal)error——给进程发送信号（中断）

❑ func(p *Process)Wait()(*ProcessState，error)——等待进程结束

ProcessState 提供访问状态函数：

❑ func (p *ProcessState) ExitCode() int

❑ func (p *ProcessState) Exited() bool

❑ func (p *ProcessState) Pid() int

❑ func (p *ProcessState) Success() bool

❑ func (p *ProcessState) SystemTime() time.Duration

❑ func (p *ProcessState) UserTime() time.Duration

exec 包有如下类型和函数：

❑ func LookPath(file string)(string，error)——在操作系统路径下查找可执行文件；返回路径

❑ func Command(name string，arg ...string)*Cmd——生成命令

❑ func CommandContext(ctx context.Context，name string，arg...string)*Cmd——使用上下文生成命令

Cmd 类型有如下函数：

❑ func(c *Cmd)CombinedOutput()([]byte，error)——运行并获取 stdout 与 stderr

❑ func(c *Cmd)Output()([]byte，error)——运行并获取 stdout

❑ func(c *Cmd)Run()error——运行

❑ func(c *Cmd)Start()error——开始

❑ func(c *Cmd)StderrPipe()(io.ReadCloser，error)——将管道连到 stderr

❑ func(c *Cmd)StdinPipe()(io.WriteCloser，error)——将管道连接到 stdin

❑ func(c *Cmd)StdoutPipe()(io.ReadCloser，error)——连接管道到 stdout

❑ func(c *Cmd)Wait()error——等待启动命令结束

当用户或者程序请求时，操作系统可发送"信号"（异步事件通知）。一些程序可能要检测/拦截这些信号。Go 通过通道支持该功能，只要有信号出现通道就发送消息。

下面信号总是被支持，其他可能也支持：

```
var Interrupt Signal = syscall.SIGINT
var Kill     Signal = syscall.SIGKILL
```

signal 包有如下功能：

❑ func Ignore(sig ...os.Signal)——忽略信号

❑ func Ignored(sig os.Signal)bool——判断是否忽略

❑ func Notify(c chan<- os.Signal，sig ...os.Signal)——将信号发送给通道

❑ func Reset(sig ...os.Signal)——撤销通知行为

❑ func Stop(c chan<- os.Signal)——类似重置，但通过通道

user 包允许访问用户和用户组。不是所有操作系统都支持该功能。

group 提供如下函数：

❑ func LookupGroup(name string)(*Group，error)——通过组名称查找

❑ func LookupGroupId(gid string)(*Group，error)——通过组 id 查找

user 提供如下函数：

❑ func Current()(*User，error)——获取当前用户

❑ func Lookup(username string)(*User，error)——通过用户名称查找

❑ func LookupId(uid string)(*User，error)——通过用户 id 查找

❑ func(u *User)GroupIds()([]string，error)——获取用户所属组

下面是使用 **os** 包的示例，下面函数读取文件内容并以字符串返回：

```go
func ReadFile(filePath string) (text string, err error) {
    var f *os.File
    if f, err = os.Open(filePath); err != nil {
        return
    }
    defer f.Close()  // 确保关闭
    var xtext []byte // 累加结果
    buffer := make([]byte, 16*1024)
    for { // 分块读取文件
        n, xerr := f.Read(buffer)
        if xerr != nil {
```

```
                    if xerr == io.EOF {
                        break // EOF 是 OK 错误
                    }
                    err = xerr
                    return
                }
                if n == 0 {
                    continue
                }
                xtext = append(xtext, buffer[0:n]...)
            }
            text = string(xtext) // 转换为字符串
            return
        }
```

该函数被以下调用

```
text, err := ReadFile(`.../words.txt`)
if err!=nil {
    fmt.Printf("got: %v" , err)
    return
}
fmt.Printf("testFile: %q" , text)
```

运行结果：

```
testFile: "Now is the time to come to the aid of our countrymen!\r\n"
```

15.6 reflection 包

reflect 包提供反射（reflection）能力（运行时类型和数据自省或创建），其允许任意类型的数据处理。类似 java.lang.reflect 包的概念。

反射是一个复杂话题（自己都可写一本书），详细用法超出了本书范围。

在 Go 中，每个离散值（不一定是每个数组、切片或者映射元素）有一个与其关联的运行时类型。Go 提供查询运行时类型的函数。它还允许在运行时动态创建或更改值。在大多数情况下，被查询的值被声明为 interface{} 类型，因此可能有很多运行时的不同类型：

```
var x interface{}
    ⋮
fmt.Printf("%v is of type %T\n", x, x)
```

上面代码打印出 x 的当前值和运行时类型。

反射的常见用途是测试值类型。类似 fmt.Sprintf() 的函数可实现该功能。假如：

```
var values = []interface{}{0, 0.0, 0i, "", []int{}, map[int]int{},
    func() {}, }
```

可使用如下方式测试类型：

```
for _, v := range values {
    switch v := reflect.ValueOf(v); v.Kind() {
    case reflect.Int, reflect.Int8, reflect.Int16, reflect.Int32,
    reflect.Int64:
        fmt.Println(v.Int())
    case reflect.Float32, reflect.Float64:
        fmt.Println(v.Float())
    case reflect.String:
        fmt.Println("-", v.String() , "-")
    default:
        fmt.Printf("other type %v: %v\n", v.Kind(), v)
    }
}
```

运行结果如下：

```
0
0
other type complex128: (0+0i)
- -
other type slice: []
other type map: map[]
other type func: 0x81baf0
```

`ValueOf()` 方法用于将潜在的 *T 类型反引用为 T 类型（在测试类型时，*T 和 T 被认为是不同的）。`kind` 是值类型的整数（枚举）形式。

`reflect` 包有两种主要类型：

1. `Type`——表示运行时类型；由 `reflect.TypeOf(interface{})` 函数返回

2. `Value`——表示在运行时接口类型的值；由 `reflect.ValueOf(interface{})` 函数返回

要获取 `Value` 的值，必须根据值的种类调用 `Value` 方法之一。索要错误类型的值可能会导致 panic。

15.7　正则表达式包

`regexp` 包提供了正则表达式（RE）的分析器和匹配器的实现。本书假定读者理解 RE 概念。Go 包文档解释了 RE 语法和函数的细节。注意，许多语言都支持 RE，但大多数语言在它们的工作方式上存在细微差别。这对于 Java 与 Go 来说是正确的。

RE 匹配有几种变体，使用如下（类似 RE）模式：

`Xxxx(All)?(String)?(Submatch)?(Index)?`

其中

❑ All——匹配所有不重叠的段

❑ String——匹配字符串（和字节数组）

❑ Submatch——返回每个模式下捕获组

❑ Index——使用输入中匹配的位置来增加子匹配

提供了如下函数和类型：

❑ func Match(pattern string，b []byte)(matched bool，err error)

❑ func MatchReader(pattern string，r io.RuneReader)(matched bool，err error)

❑ func MatchString(pattern string，s string)(matched bool，err error)

❑ func QuoteMeta(sstring)string——查询 s 中的 RE 元字符（例如 * . ? +）

Regexp 类型提供正则表达式引擎：

❑ func Compile(expr string)(*Regexp，error)——编译 Go 正则表达式

❑ func CompilePOSIX(expr string)(*Regexp，error)——编译 POSIX 正则表达式

❑ func MustCompile(str string)*Regexp——编译或 panic

❑ func MustCompilePOSIX(str string)*Regexp——编译或 panic

❑ func(re *Regexp)Copy()*Regexp

❑ func(re *Regexp)Expand(dst []byte，template []byte，src []byte，match []int)[]byte

❑ func(re *Regexp)ExpandString(dst []byte，template string，src string，match []int)[]byte

❑ func(re *Regexp)Find(b []byte)[]byte

❑ func(re *Regexp)FindAll(b []byte，n int)[][]byte

❑ func(re *Regexp)FindAllIndex(b []byte，n int)[][]int

❑ func(re *Regexp)FindAllString(s string，n int)[]string

❑ func(re *Regexp)FindAllStringIndex(s string，n int)[][]int

❑ func(re *Regexp)FindAllStringSubmatch(s string，n int)[][]string

❑ func (re *Regexp) FindAllStringSubmatchIndex(s string, n int) [][]int

❑ func (re *Regexp) FindAllSubmatch(b []byte, n int) [][][]byte

❑ func (re *Regexp) FindAllSubmatchIndex(b []byte, n int) [][]int

❑ func (re *Regexp) FindIndex(b []byte) (loc []int)

❑ func (re *Regexp) FindReaderIndex(r io. RuneReader) (loc []int)

❑ func (re *Regexp) FindReaderSubmatchIndex(r io.RuneReader) []int

❑ func (re *Regexp) FindString(s string) string

❑ func (re *Regexp) FindStringIndex(s string) (loc []int)

❑ func (re *Regexp) FindStringSubmatch(s string) []string

❑ func (re *Regexp) FindStringSubmatchIndex(s string) []int

❑ func (re *Regexp) FindSubmatch(b []byte) [][]byte

❑ func (re *Regexp) FindSubmatchIndex(b []byte) []int

❑ func (re *Regexp) LiteralPrefix() (prefix string, complete bool)- Is prefix all of RE

❑ func (re *Regexp) Longest() - Modify RE to match longest

❑ func (re *Regexp) Match(b []byte) bool

❑ func (re *Regexp) MatchReader(r io.RuneReader) bool

❑ func (re *Regexp) MatchString(s string) bool

❑ func (re *Regexp) NumSubexp() int

❑ func (re *Regexp) Replacell[(src, repl []byte) []byte

❑ func (re *Regexp) ReplaceAllFunc(src []byte, repl func([]byte) []byte) []byte

❑ func (re *Regexp) ReplaceAllLiteral(src, repl []byte) []byte

❑ func (re *Regexp) ReplaceAllLiteralString(src, repl string) string

❑ func (re *Regexp) ReplaceAllString(src, repl string) string

❑ func (re *Regexp) ReplaceAllStringFunc(src string, repl func(string)string) string

❑ func (re *Regexp) Split(s string, n int) []string

❑ func (re *Regexp) SubexpIndex(name string) int

❑ func (re *Regexp) SubexpNames() []string

15.8　Go runtime 包

runtime 包包含暴露给 Go 运行时系统的函数。其角色类似于 Java 的 `java.lang.System` 和 `java.lang.Runtime` 类型。`runtime` 包有几个本书未提及的子包。

runtime 包有如下函数：

❑ func Caller(skip int)(pc uintptr，file string，line int，ok bool)——获取调用方信息

❑ func GC()——运行垃圾收集

❑ func GoMAXPROCS(nint)int——设置 Go 协程处理器数量

❑ func GOROOT()string——获取 Go 安装根目录

❑ func Goexit()——退出调用的 Go 协程

❑ func Gosched()——运行另一就绪的 Go 协程

❑ func NumCPU()int——获取 CPU 内核数量

❑ func NumGoroutine()int——获取活动的 Go 协程数量

❑ func SetFinalizer(obj interface{}，finalizer interface{})——设置对象的 finalizer 函数

❑ func Version()string——获取 Go 版本

与 Java 中每个 Object 都有一个 `finalize` 方法不同，大多数 Go 数据没有关联的 finalizer。如果需要终结某值（即垃圾收集时的资源清理），Go 中应该在它上面使用 `SetFinalizer` 函数，也许在数据类型的构造函数中。

15.9　字符串处理包

`strconv` 提供转自和转至（例如，分析和格式化）`string` 类型的转换函数。`fmt` 包

也常用作格式值。

strconv 包有关键常量：

const IntSize——int（和 uint 以及指针）类型的位长；随硬件架构（32 位、64 位）而不同。

strconv 有如下函数：

❑ func AppendBool(dst []byte，b bool)[]byte——附加布尔型到 dst

❑ func AppendFloat(dst []byte，f float64，fmt byte，prec，bitSize int)[]byte ——附加浮点到 dst

❑ func AppendInt(dst []byte，i int64，base int)[]byte——附加符号整数到 dst

❑ func AppendQuote(dst []byte，s string)[]byte——把引用的 s 附加到 dst

❑ func AppendQuoteRune(dst []byte，r rune)[]byte——把引用的 s 附加到 dst

❑ func AppendUint(dst []byte，i uint64，base int)[]byte——把无符号整数附加到 dst

❑ func Atoi(s string)(int，error)——将字符串解析为整数

❑ func FormatBool(b bool)string——布尔值转字符串

❑ func FormatComplex(c complex128，fmt byte，prec，bitSize int)string——复数转字符串

❑ func FormatFloat(f float64，fmt byte，prec，bitSize int)string——浮点转字符串

❑ func FormatInt(i int64，base int)string——有符号整数到基的字符串

❑ func FormatUint(i uint64，base int)string——无符号整数到基的字符串

❑ func IsGraphic(r rune)bool——如为 Unicode 图形字符则为 true

❑ func IsPrint(r rune)bool——如为可打印字符则为 true

❑ func Itoa(i int)string——整数转为十进制的字符串

❑ func ParseBool(str string)(bool，error)——将字符串解析为布尔值

❑ func ParseComplex(s string，bitSize int)(complex128，error)——将字符串解析为复数

❑ func ParseFloat(s string，bitSize int)(float64，error)——将字符串解析为浮点型

❑ func ParseInt(s string，base int，bitSize int)(i int64，err error)——将字符串解析为有符号整数

❑ func ParseUint(s string，base int，bitSize int)(uint64，error)——将字符串解析为无符号整数

❑ func Quote(s string)string——如果需要，则用转义符将字符串括在引号中

❑ func QuoteRune(r rune)string——如果需要，则用转义符将 rune 括在引号中

❑ func Unquote(s string)(string，error)——移除转义符和引号

strings 包提供简化字符串处理的函数和类型。注意，Go 如同 Java，字符串是不可更改的，因此所有这些函数都返回新的、未修改的字符串。在 Java 中，这些函数中的大多数是基于 String 或 StringBuilder/Buffer 类型的方法：

❑ func Compare(a，b string)int——比较 a 和 b，返回 −1，0，1；替代 <、<=、==、!=、>、>=

❑ func Contains(s，substr string)bool——如字符串在 s 中，则为 True

❑ func ContainsAny(s，chars string)bool——如 chars 的所有字符在 s 中，则为 true

❑ func ContainsRune(s string，r rune)bool——如 r 在 s 中，则为 true

❑ func Count(s，substr string)int——s 中的 substr 计数

❑ func EqualFold(s，t string)bool——字符折叠后判断 s 是否等于 t

❑ func Fields(sstring)[]string——s 在空格处拆分

❑ func FieldsFunc(s string，f func(rune)bool)[]string——s 在 f 返回 true 的字符处拆分

❑ func HasPrefix(s，prefix string)bool——如 s 以 prefix 开头，则为 true

❑ func HasSuffix(s，suffix string)bool——如 s 以 suffix 结尾，则为 true

❑ func Index(s，substr string)int——如 substr 在 s 中，则 >= 0

❑ func IndexAny(s，chars string)int——如 chars 的字符在 s 中，则 >=0

❑ func IndexByte(s string，c byte)int——如 c 在 s 中，则 >= 0

❑ func IndexFunc(s string，f func(rune)bool)int——如 f 在任何字符上为 true，则 >= 0

❑ func IndexRune(s string，r rune)int——如 r 在 s 中，则 >=0

❑ func Join(elems []string，sep string)string——用 sep 连接 elems 中的项目

❑ func LastIndex(s，substr string)int——如从结尾处 substr 在 s 中，则 >= 0

❑ func LastIndexAny(s，chars string)int——如 chars 中字符自结尾处在 s 中，则 >= 0

❑ func LastIndexByte(s string，c byte)int——如从结尾处 c 在 s 中，则 >0

❑ func LastIndexFunc(s string，f func(rune)bool)int——如果 f 在结尾的 s 中的任何字符上为 true，则 >= 0

❑ func Map(mapping func(rune)rune，s string)string——如 rune<0，则用映射结果替换 s 的字符或移除

❑ func Repeat(s string，count int)string——s 的重复次数

❑ func Replace(s，old，new string，n int)string——s 中的 old 替换为 new，至多替换 n 次

❑ func ReplaceAll(s，old，new string)string——s 中 old 都替换为 new

❑ func Split(s，sep string)[]string——出现 sep 时拆分 s

❑ func SplitAfter(s，sep string)[]string——出现 sep 后拆分 s

❑ func SplitAfterN(s，sep string，n int)[]string——出现 sep 后拆分 s 至多 n 次

❑ func SplitN(s，sep string，n int)[]string——出现 sep 时拆分 s 至多 n 次

❑ func Title(s string)string——将每一单词的首字母转为标题大写

❑ func ToLower(s string)string——转为所有小写

❑ func ToTitle(s string)string——转为所有标题大写

❑ func ToUpper(s string)string——转为所有大写

❑ func Trim(s，cutset string)string——删除 cutset 中的前导 / 尾随字符

❑ func TrimFunc(s string，f func(rune)bool)string——删除 f 为 true 处的 s 的前导 / 尾随字符

❑ func TrimLeft(s，cutset string)string——删除 cutset 中的前导 / 尾随字符

❑ func TrimLeftFunc(s string，f func(rune)bool)string——删除 f 为 true 处的 s 的前导符

❑ func TrimPrefix(s，prefix string)string——删除 s 的任何前缀

❑ func TrimRight(s，cutset string)string——删除在 cutset 中的 s 的尾随符

❑ func TrimRightFunc(s string，f func(rune)bool)string——删除 f 为 true 处的 s 的尾随字符

❑ func TrimSpace(s string)string——删除 s 的前导 / 尾随空格

❑ func TrimSuffix(s，suffix string)string——删除 s 的任何后缀

类型 Builder——用来构建字符串（类似 Java 的 **StringBuilder**）类型

类型 Reader——用来读取字符串中的文本作为源

Builder 类型有如下方法：

❑ func(b*Builder)Cap()int——当前构建器容量

❑ func(b*Builder)Grow(n int)——增加构建器容量

❑ func(b*Builder)Len()int——当前内容长度

❑ func(b*Builder)Reset()——设置长度为 0

❑ func(b*Builder)Write(p []byte)(int，error)——增加字节

❑ func(b*Builder)WriteByte(c byte)error——增加一个字节

❑ func(b*Builder)WriteRune(r rune)(int，error)——增加一个 Rune

❑ func(b*Builder)Write String(s string)(int，error)——增加一个字符串

Reader 类型有如下方法：

❑ func NewReader(s string)*Reader——在字符串上生成 Reader

❑ func(r*Reader)Len()int——获取未读数量

❑ func(r*Reader)Read(b[]byte)(n int，err error)——将最多 n 个字节读入 b

❑ func(r*Reader)ReadAt(b[]byte，offint64)(n int，err error)——在指定位置读

❑ func(r*Reader)ReadByte()(byte，error)——读一个字节

❑ func(r*Reader)ReadRune()(ch rune，size int，err error)——读一个 Rune

❑ func(r*Reader)Reset(s string)——设置开始

❑ func(r*Reader)Seek(offset int64，whence int)(int64，error)——设置位置

❑ func(r*Reader)Size()int64——获取原始 (总) 长度

❑ func(r*Reader)UnreadByte()error——反向读

❑ func(r*Reader)UnreadRune()error——反向读

❑ func(r*Reader)WriteTo(w io.Writer)(n int64，err error)——拷贝到 writer

15.10 并发与 Go 协程

sync 包提供 Go 协程同步支持，例如互斥函数，常被用来替换 Java 中的 synchronized 语句和 select 方法。它有类似 java.util.concurrent.locks 包的函数。

atomic 子包为特定数据类型提供原子访问。类似 `java.util.concurrent.atomic` 包。Go 社区提供了更多并发类型和序列化函数

sync 包提供如下类型：

❑ Cond——提供条件变量；类似 Java 的 `Object.wait/notify{All}` 对。

❑ Map——提供类似 Java 的 `ConcurrentHashMap` 行为。

❑ Mutex——提供共享数据的访问控制；见 `java.util.concurrent` 包。

❑ RWMutex——具有多个并发读取器的互斥锁；见 `java.util.concurrent` 包。

❑ Once——一个代码块只执行一次；对单例创建有用。

❑ Pool——就像一个相同类型值的缓存；成员可以被自动删除。

❑ WaitGroup——用来等待多个 Go 协程退出（类似 Java 的 `Thread.join()`）。

注意，`synchronized` 块可以由同一个线程重新进入，但不能由其他线程重新进入。Go 没有提供这种行为的预定义库，Go 锁将阻塞拥有它们的同一个 Go 协程（死锁）。

许多前面的类型在 Java 中没有直接的对应项，但它们通常可以被近似。通常，反之亦然，许多 Java 并发函数可以在 Go 中轻松模拟。例如，Once 类型可以在 Java 中模拟为：

```java
@FunctionalInterface
public interface Onceable {
    void doOnce(Runnable r);
}
public class Oncer implements Onceable {
    private AtomicBoolean once = new AtomicBoolean(false);
    public void doOnce(Runnable r) {
      if(!once.getAndSet(true)) {
        r.run();
      }
    }
}
```

用作

```java
Onceable oncer = new Oncer();
  for(var i = 0; i < N; i++) {
    oncer.doOnce(()->System.out.println("Hello World!"));
 }
}
```

在 Go 中，是这样的：

```go
var once sync.Once
for i := 0; i < N; i++ {
    once.Do(func(){
        fmt.Println("Hello World!");
    })
}
```

假如：

```
type Locker interface {
    Lock()
    Unlock()
}
```

Cond 类型有如下方法：

❑ func NewCond(l Locker)*Cond——生成 Cond

❑ func(c *Cond)Broadcast()——类似 `Object.notifyAll`

❑ func(c *Cond)Signal()——类似 `Object.notify`

❑ func(c *Cond)Wait()——类似 `Object.wait`

（并发）Map 类型有如下方法（通常含义清晰明了——load =>get;store=> put）：

❑ func (m *Map) Delete(key interface{})

❑ func (m *Map) Load(key interface{}) (value interface{}, ok bool)

❑ func (m *Map) LoadAndDelete(key interface{}) (value interface{}, loaded bool)

❑ func (m *Map) LoadOrStore(key, value interface{}) (actual interface{}, loaded bool)

❑ func (m *Map) Range(f func(key, value interface{}) bool) – For range over keys

❑ func (m *Map) Store(key, value interface{})

Mutex 类型有如下方法（通常含义清晰明了），因此是一个 `Locker`：

❑ func (m *Mutex) Lock()

❑ func (m *Mutex) Unlock()

RWMutex 类型有如下方法（通常含义清晰明了），因此是一个 `Locker`：

❑ func (rw *RWMutex) Lock()

❑ func (rw *RWMutex) RLock()

❑ func (rw *RWMutex) RLocker() Locker

❑ func (rw *RWMutex) RUnlock()

❑ func (rw *RWMutex) Unlock()

Once 类型有如下方法（通常含义清晰明了）：

❑ func(o*Once)Do(f func())——f 只被调用一次

Pool 类型有这些方法（通常含义清晰明了）：

❑ func(p *Pool)Get()interface{}——获取和删除任意实例（所有实例都应该是从 New 返回的类型）

❑ func（p *Pool)Put（x interface{}）——（重复）添加一个实例

❑ Pool 有成员函数值 `New`，用来创建项目（如未找到）

WaitGroup 类型有如下方法（通常含义清晰明了）：

❑ func(wg *WaitGroup)Add(delta int)

❑ func(wg *WaitGroup)Done()——如 Add(-1)

❑ func(wg *WaitGroup)Wait()——等待计数至 0

15.11 测试包

Java 自身没有内置的测试框架，但有优秀的社区测试框架。很多作者使用类的 `main` 方法作为测试用例。因为在 Go 中创建 `main` 函数开销过大（不是在 Java 中按类那样），该创建测试用例的方法在 Go 中不常见。类似地，由于每个包可以有很多 `init()` 函数，因此它们可用来方便地包含测试用例，但它们必须手工地在代码中启用 / 禁用。

Go `testing` 包提供为执行类似 JUnit 的重复 Go 代码测试的可重复支持和框架。该包是反射驱动，有许多类型用于运行测试套件和基准测试，通常不被测试人员直接使用。

在 Go 中，测试组件是 `xxxx_test.go`（其中 `xxxx` 是测试组件名称）格式的 Go 源代码文件，文件包含一个或多个函数（即测试用例）。测试代码通常与被测代码（CUT）放在同一个包中，因此它可以访问非公有名称。这些类型的测试称为"白盒"测试。通过将测试代码放在与 CUT 不同的包中，可以进行"黑盒"测试。

测试函数有如下形式：

```
func TestXxx(*testing.T) {
    ⋮
}
```

其中 `Xxx` 是测试用例名称。一个测试套件可有任意数量的此类测试用例。"go test"命令将运行它们和 CUT 并报告结果。注意，测试套件没有 `main` 函数。测试用例通过 `T` 参数与测试运行器交互。

测试的典型结构如下：

```
func TestSomething(t *testing.T) {
    got := <run some test>
        want := <expected value>
    if got != want {
        t.Errorf("unexpected result %v (vs. %v)", got, want)
    }
}
```

与测试用例一样，基准测试具有一致的形式：

```
func BenchmarkXxx(*testing.B) {
    ⋮
}
```

其中 `Xxx` 是基准的名称。测试套件中可以有任意数量的此类基准。带有基准选项的"go test"命令（默认情况下关闭，因为基准测试通常会花费大量时间）将运行它们并报告结果。基准通过 `B` 参数与基准运行器交互。

基准的典型结构如下：

```
func BenchmarkSomething(b *testing.B) {
    : do some setup which may take time
    b.ResetTimer()
    for i := 0; i < b.N; i++ {
```

```
        : some code to time
    }
}
```

基准运行器件确定一个好的 **N** 值（通常很大）来使用。因此，运行基准测试可能会花费大量时间，并且可能不应该在每次构建时都进行。

重要类型是 B 和 T：

❑ B——基准函数的上下文 / 辅助函数

❑ BenchmarkResult——以基准结果作为字段的结构

❑ PB——支持并行运行基准

❑ T——测试用例函数的上下文 / 辅助函数

❑ Tb——类型 T 和类型 B 的方法

testing 包有如下函数：

❑ func AllocsPerRun(runs int，f func())(avg float64)——获取每次调用 f 的内存平均分配

❑ func Short()bool——报告简短信息

❑ func Verbose()bool——报告详细信息

B（benchmark）类型有如下函数：

❑ func(c *B)Cleanup(f func())——在基准后调用 f 清除

❑ func(c *B)Error(args ...interface{})——日志记录而后失败

❑ func(c *B)Errorf(format string，args ...interface{})——格式化日志而后失败

❑ func(c *B)Fail()——标记失败

❑ func(c *B)FailNow()——失败并退出

❑ func(c *B)Failed()bool——测试失败

❑ func(c *B)Fatal(args ...interface{})——日志记录而后失败

❑ func(c *B)Fatalf(format string，args ...interface{})——格式化日志而后失败

❑ func(c *B)Helper()——将调用方标记为助手（不追踪）

❑ func(c *B)Log(args ...interface{})——日志记录值

❑ func(c *B)Logf(format string，args ...interface{})——格式化日志

❑ func(c *B)Name()string——获取基准名字

❑ func(b*B)ReportAllocs()——开启分配追踪

❑ func(b*B)ReportMetric(n float64，unit string)——设置报告规模

❑ func(b*B)ResetTimer()——重置基准定时器和计数

❑ func(b*B)Run(name string，f func(b*B))bool——按顺序运行基准测试

❑ func(b*B)RunParallel(body func(*PB))——并行运行基准测试

❑ func(c *B)Skip(args ...interface{})——跳过基准并记录日志

❑ func(c *B)SkipNow()——跳过并停止

❑ func(c *B)Skipf(format string，args ...interface{})——跳过基准测试并格式化日志记录

❑ func(c *B)Skipped()bool——测试跳过

❑ func(b*B)StartTimer()——开始计时

❑ func(b*B)StopTimer()——停止计时

❑ func(c *B)TempDir()string——获取 temp 目录

类型 BenchmarkResult

❑ func Benchmark(f func(b*B))BenchmarkResult——基准 f

❑ func(rBenchmarkResult)AllocedBytesPerOp()int64——获取信息

❑ func(rBenchmarkResult)AllocsPerOp()int64——获取信息

❑ func(rBenchmarkResult)MemString()string——获取信息

❑ func(rBenchmarkResult)NsPerOp()int64——获取信息

T（测试）类型有如下函数。很多与 B 类型的相同，不再重复说明：

❑ func(c *T)Cleanup(f func())

❑ func(t *T)Deadline()(deadline time.Time，ok bool)——获取测试截止时间

❑ func(c *T)Error(args ...interface{})

❑ func(c *T)Errorf(format string，args ...interface{})

❑ func(c *T)Fail()

❑ func(c *T)FailNow()

❑ func(c *T)Failed()bool

❑ func(c *T)Fatal(args ...interface{})

❑ func(c *T)Fatalf(format string，args ...interface{})

❑ func(c *T)Helper()——将调用方标记为辅助函数；它不包含在报告中

❑ func(c *T)Log(args ...interface{})

❑ func(c *T)Logf(format string，args ...interface{})

❑ func(c *T)Name()string

❑ func(t*T)Parallel()——设置为与其他测试并行运行测试

❑ func(t*T)Run(name string，f func(t *T))bool

❑ func(c *T)Skip(args ...interface{})

❑ func(c *T)SkipNow()

❑ func(c *T)Skipf(format string，args ...interface{})

❑ func(c *T)Skipped()bool

❑ func(c *T)TempDir()string

15.12　time 和 date 包

time 包提供日期、时间和持续时间的函数。它没有子包：

❑ tzdata 提供无操作系统依赖的时区支持。

time 包有如下内置时间格式（真正的模板——实际值的格式看起来像模板）：

❑ ANSIC = "Mon Jan _2 15:04:05 2006"

❑ UnixDate = "Mon Jan _2 15:04:05 MST 2006"

❑ RubyDate = "Mon Jan 02 15:04:05 -0700 2006"

❑ RFC822 = "02 Jan 06 15:04 MST"

❑ RFC822Z = "02 Jan 06 15:04 -0700"

❑ RFC850 = "Monday, 02-Jan-06 15:04:05 MST"

❑ RFC1123 = "Mon, 02 Jan 2006 15:04:05 MST"

❑ RFC1123Z = "Mon, 02 Jan 2006 15:04:05 -0700"

❑ RFC3339 = "2006-01-02T15:04:05Z07:00"

❑ RFC3339Nano = "2006-01-02T15:04:05.999999999Z07:00"

❑ Kitchen = "3:04PM"

❑ Stamp = "Jan _2 15:04:05"

❑ StampMilli = "Jan _2 15:04:05.000"

❑ StampMicro = "Jan _2 15:04:05.000000"

❑ StampNano = "Jan _2 15:04:05.000000000"

注意，前面模式不是任意的。值（如月份名称名 / 缩写和月份的日期）是键值。例如不能使用 May 替换 January 或 03 替换 02。

时间以纳秒精度测量，但计算机可能无法测量在此分辨率下经过的时间，因此时间步长可能在几纳秒内发生。time 包内置了如下持续时间：

❑ Nanosecond Duration = 1

❑ Microsecond = 1000 * Nanosecond

❑ Millisecond = 1000 * Microsecond

❑ Second = 1000 * Millisecond

❑ Minute = 60 * Second

❑ Hour = 60 * Minute

time 包有如下函数和类型：

❑ func After(d Duration)<-chan Time——返回一个持续时间后触发的通道

❑ func Sleep(d Duration)——休眠 / 挂起调用方的 Go 协程一段时间

❑ func Tick(d Duration)<-chan Time——返回间隔时间触发的通道

❑ type Duration——表示时间跨度

❑ type Location——表示时区

❑ type Month——月份枚举

❑ type Ticker——包装一个获取定时器的通道；用来重复做动作

❑ type Time——表示纳秒级分辨率的时间实例

❑ type Timer——以周期性间隔激发通道

❑ type Weekday——星期枚举

Duration 类型有如下函数（通常含义清晰明了）：

❑ func ParseDuration(s string)(Duration，error)

❑ func Since(t Time)Duration

❑ func Until(t Time)Duration

❑ func(d Duration)Hours()float64

❑ func(d Duration)Microseconds()int64

❑ func(d Duration)Milliseconds()int64

❑ func(d Duration)Minutes()float64

❑ func(d Duration)Nanoseconds()int64

❑ func(d Duration)Round(m Duration)Duration

❑ func(d Duration)Seconds()float64

❑ func(d Duration)Truncate(m Duration)Duration

Location 类型

❑ func FixedZone(name string，offse tint)*Location

❑ func LoadLocation(name string)(*Location，error)

Ticker 类型

❑ func NewTicker(d Duration)*Ticker——生成并开启定时器

❑ func(t*Ticker)Reset(d Duration)——更改间隔

❑ func(t*Ticker)Stop()

Time 类型

❑ func Date(year int, month Month, day, hour, min, sec, nsec int, loc*Location) Time

❑ func Now() Time

❑ func Parse(layout, value string) (Time, error)

❑ func ParseInLocation(layout, value string, loc *Location) (Time, error)

❑ func Unix(sec int64, nsec int64) Time - Time from Epoch

❑ func (t Time) Add (d Duration) Time

❑ func (t Time) Add Date(years int, months int, d ays int) Time

❑ func (tTime) After(u Time) bool

❑ func (tTime) Before(u Time) bool

❑ func (tTime) Clock() (hour, min, sec int)

❑ func (tTime) Date() (year int, month Month, day int)

❑ func (tTime) Day() int

❑ func (tTime) Equal(u Time) bool

❑ func (tTime) Format(Layout string) string

❑ func (tTime) Hour() int

❑ func (tTime) ISOWeek() (year, weekint)

❑ func (tTime) In(loc*Loca tion) Time

❑ func (tTime) IsZero() bool

❑ func (tTime) Local() Time

❑ func (tTime) Location()*Location

❑ func (tTime) Minute() int

❑ func (tTime) Month() Month

❑ func (tTime) Nanose cond() int

❑ func (tTime) Round(d Duration) Time

❑ func (tTime) Second() int

❑ func (tTime) Sub(u Time) Duration

❑ func (tTime) Trunc ate(d Duration) Time

❑ func (tTime) UTC() Time

❑ func (tTime) Unix() int64

❑ func (t Time) UnixNano() int64 - Time since Epoch

❑ func (t Time) Weekday() Weekday

❑ func (t Time) Year() int

❑ func (t Time) YearDay() int

❑ func (t Time) Zone() (name string, offset int)

Timer 类型

❑ func AfterFunc(d Duration，f func())*Timer——持续时间之后在 Go 协程调用 func

❑ func NewTimer(d Duration)*Timer——生成定时器

❑ func(t *Timer)Reset(d Duration)bool

❑ func(t *Timer)Stop()bool

有关 Ticker 与 Timer 的对比说明，Ticker 定期提供多个事件，而 Timer 只提供一个事件。两者都按时间段工作。考虑如下简单版本的时钟，它每分钟输出一天中的时间：

```go
func startClock(minutes int) {
    minuteTicker := time.NewTicker(time.Minute)
    defer minuteTicker.Stop() // 结束后清理 ticker
    fmt.Println("Clock running...")
    complete := make(chan bool) // 通知结束
    go func() { // 最终触发时钟停止
        time.Sleep(time.Duration(minutes) * time.Minute)
        complete <- true
    }()
    count := 0
loop:
    for {
        select { // 在等待事件时阻塞
        // ticker 有一个每分钟触发的通道
        case tod := <-minuteTicker.C:
            fmt.Println(tod.Format(time.RFC850))
            count++
```

```
        case <-complete:
            break loop
        }
    }
    fmt.Println("Clock stopped; final count:", count)
}
```

在 main 调用 startClock(5)，运行结果如下：

```
Clock running...
Friday, 07-May-21 14:16:07 PDT
Friday, 07-May-21 14:17:07 PDT
Friday, 07-May-21 14:18:07 PDT
Friday, 07-May-21 14:19:07 PDT
Friday, 07-May-21 14:20:07 PDT
Clock stopped; final count: 5
```

将此与完成时触发功能的 timer 进行对比。timer 是使用 Tick() 函数创建的。timer() 函数在超时之前返回：

```
func timer(seconds int, f func(t time.Time)) {
    ticks := time.Tick(time.Duration(seconds) * time.Second)
    go func() {
        // 只迭代一次，因为只有一个值在关闭前发送
        for t := range ticks {
            f(t)
        }
    }()
}
```

由 main 函数调用：

```
var wg sync.WaitGroup
wg.Add(1)
start := time.Now()
fmt.Println("Running...")
timer(5, func(t time.Time) {
    defer wg.Done()
    trigger := time.Now()
    fmt.Println("Trigger difference:", trigger.Sub(start))
})
wg.Wait()
fmt.Println("Done")
```

运行结果如下：

```
Running...
Trigger difference: 5.0041177s
Done
```

附　　录

附录 A　安装 Go

要安装 Go，请访问 Go 官方网站，如图 A-1 所示（网站外观可能随时间变化）。该网站提供多个 Go 下载版本，默认提供最新版。读者可根据自己情况下载不同操作系统和硬件架构的 Go 开发版本。

网站也提供了所支持操作系统类型的安装指导手册。通常，这些操作（例如，运行一些安装程序和回答一些简单问题）都很容易完成。本书不重复介绍各操作系统下的相应内容。

不同操作系统下的安装可能不同。Windows 下的安装过程如图 A-2 ～图 A-6 所示。图 A-2 所示为第一步。

设置 Go 运行时安装目录，如图 A-3 所示。

第三步如图 A-4 所示。

第四步如图 A-5 所示。

等待安装完成，如图 A-6 所示。

一旦安装完成，需要将 go 程序的可执行文件位置添加到操作系统路径变量（path 或者 PATH）中，它通常是一个环境变量。设置方法取决于操作系统。对于 Windows，可以使用控制面板完成，如图 A-7 所示。

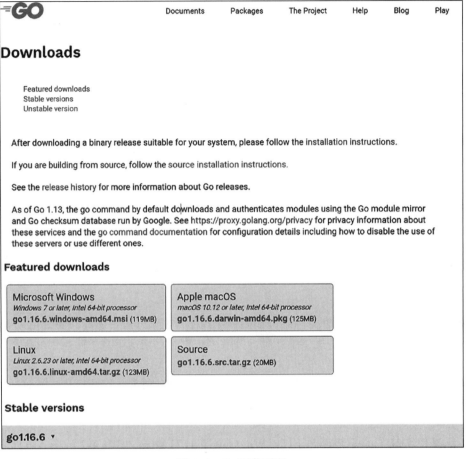

图 A-1　Go 下载页面

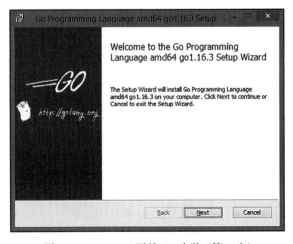

图 A-2　Windows 下的 Go 安装（第一步）

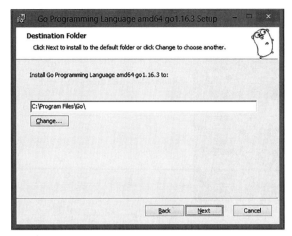

图 A-3　Windows 下的 Go 安装（第二步）

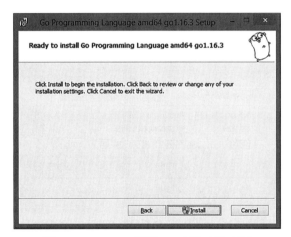

图 A-4　Windows 下的 Go 安装（第三步）

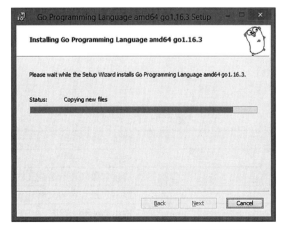

图 A-5　Windows 下的 Go 安装（第四步）

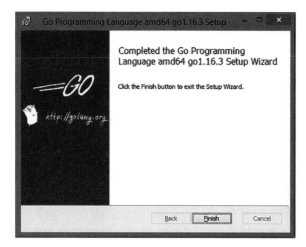

图 A-6　Windows 下的 Go 安装（第五步）

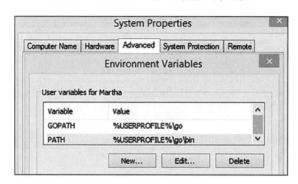

图 A-7　在 Windows 中设置路径

PATH 是 Go 运行时安装路径（通常称为 GOROOT）。GOPATH 对应读者的工作空间的路径。你可以使用 go 命令确认安装。运行结果如下：

```
$>go
Go is a tool for managing Go source code.
```

用法：

```
go <command> [arguments]
```

命令如表 A-1 所示。

表 A-1　Go 命令

bug	报告 bug
build	编译包和依赖
clean	清理对象文件和缓存文件
doc	显示包或符号的文档
env	输出 Go 环境信息
fix	更新包以使用新的 API

（续）

fmt	gofmt（重新格式化）包源代码
generate	通过处理源代码生成 Go 文件
get	为当前模块添加依赖并安装
install	编译并安装包和依赖
list	列出包或依赖
mod	模块维护
run	编译并运行 Go 程序
test	测试包
tool	运行具体的 Go 工具
version	输出 Go 版本
vet	报告包中可能的错误

使用"go help <command>"获取命令的更多详细信息。

额外的帮助内容如表 A-2 所示。

表 A-2　额外的帮助内容

buildconstraint	构建约束
buildmode	构建模式
c	Go 与 C 之间调用
cache	构建和测试缓存
environment	环境变量
filetype	文件类型
go.mod	go.mod 文件
gopath	GOPATH 环境变量
gopath-get	传统 GOPATH 下载安装
goproxy	模块代理协议
importpath	导入路径语法
modules	模块、模块版本等信息
module-get	在模块感知模式下运行
module-auth	使用 go.sum 模块认证
packages	包清单和模式
private	下载非公有代码的配置
testflag	测试标志
testfunc	测试函数
vcs	使用 GOVCS 进行版本控制

使用"go help <topic>"获取更多帮助信息。

下面的命令展示了安装的 Go 运行时的路径：

```
$>where go
C:\Program Files\Go\bin\go.exe
```

读者应该为 Go 代码设置一个工作区。多数用户在自己的用户目录下创建了一个 go 目录。你还应该在工作区目录下创建 `src`（Go 源代码）、`bin`（生成的可执行文件和工具）、`pkg`（包归档文件）目录。可能会存在多个工作区，你需要使用 `chdir` 切换相应目录。

　　在 Go 运行时和相应的依赖包安装完成后，Go 构建一个模块缓存，通常位于用户 home 目录中的 `go` 子目录下。一般来说，Gopher 不必直接与缓存目录交互，但 Go 构建器需要。这些资源不同于任何项目工作区，可以在工作区之间共享。缓存会加快构建速度，因为依赖只下载一次（除非依赖版本发生改变）。图 A-8 与图 A-9 展示了缓存的 `pkg` 和 `src` 子目录，其内容取决于安装的依赖。所示结构会有所不同，但图 A-8 和图 A-9 给出了一个示例。

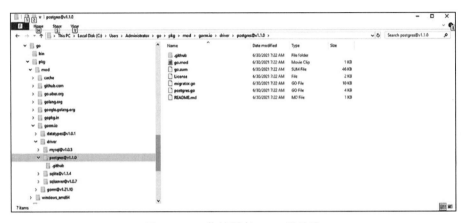

图 A-8　Go 依赖缓存，pkg 子目录

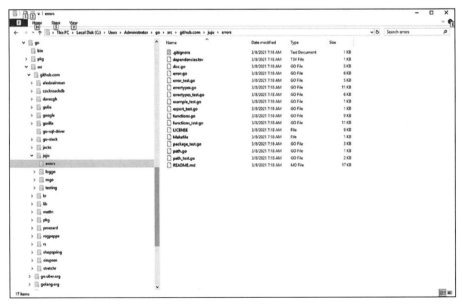

图 A-9　Go 依赖缓存，src 子目录

附录 B　Go 的常见问题

Go 的 FAQ 网站提供了更多的常见问题（FAQ）。在本书写作时，下面的 FAQ 摘自 Go 网站的常见一般性主题和回复的问题。

Go 的一般性问题：

- *Java 有一个运行时。Go 呢？* 运行时构建进每个生成可执行文件，所以它不是 Java 的独立模式（例如 Java 运行环境 JRE）。

- *Java 使用 Unicode 标识符。Go 呢？* Go 支持在 Go 标识符中使用任何 Unicode 标识符字符，不仅仅是 ASCII 字符和数字。必须由编辑器输入为 UTF-8 字符，而不是 Unicode 转义符（例如 \u1234），即 Java 中用法。这是因为 Go 中缺少相应类似 javac 的编译器，可以转换转义符。

- *Go 比 Java 少很多特性。为什么？* 在大多数情况下，因为这些特性与另外一些特性重复，或者不符合 Go 语言的简洁化设计。Go 特性是由 Go 的首席设计师 Robert Griesemer、Rob Pike 与 Ken Thompson 一致确定的。

- *Java 有泛型类型，为何 Go 没有？* 最初，泛型被认为过于复杂，且为非必需品。目前该决定正在改变，未来的 Go 语言定义将包含它们（泛型是一种经批准的增强功能）。

- *Java 有异常，Go 具有 panic。区别在哪？* 异常意味着一种常被滥用的方式，它隐式地强制执行备用流程路径。Go 在简单 / 通常情况下使用错误返回，在类似 Java 的 Error 情况下使用 panic。目前正在开展工作，以减少重复的源代码错误处理。Go 针对真正的异常情况使用 panic。

- *Java 有编译断言，Go 却没有。为什么？* Go 的 panic 提供了断言（`assert` 语句）的大多数功能，但不是断言的条件式生成。如果忽视条件式断言，则代码中经常留下无法发现的糟糕状况（生成无法预测的故障）。Go 想要此种状况都被检测到。

- *Java 的并发是基于线程的。Go 的并发是基于 Go 协程和通道（或者 CSP）的。为什么？*

CSP 是针对并发众所周知的易懂方案，具有相对较低的复杂度。结合 Go 协程，它隐藏掉了 Java 中的线程创建和管理部分。

❑ *为何 Go 使用 Go 协程，而不是使用 Java 操作系统线程？* Go 协程相比操作线程占用更少的资源，且相比线程适用于更多场合（例如大规模应用），以及更多的数量。这被多数人看作 Go 优于 Java 的主要优势。Go 确实在底层使用线程实现了 Go 协程。

❑ *为何映射类型不是线程安全的？* 对所有映射访问采取这种方式，是不必的，反而会增加负担。需原子访问的情景可通过 Map 类型显式提供。Java 也对此做了区分（`HashMap` 与 `Hashtable` 类型；Go 的映射类似 `HashMap`）。

❑ *为何小的 Go 程序会生成很大的可执行文件？* Go 运行时被所有程序包含。如果使用，则还可能包含许多库的生成代码。这是应用程序生成代码的额外部分。在 Java 中，单独的 JRE 包含运行时和许多库，这些部分不是应用程序的 JAR（Java 二进制文件），但在应用程序运行时会占用计算机资源。

有关类型的问题

❑ *Java 是高度面向对象的。Go 语言呢？* 不全是。最好将其说成基于对象（结构体类型）的语言。它确实支持较低级别的封装和多态。

❑ *Java 支持动态（多态）方法调度。Go 也支持吗？* Go 提供动态调度的接口可能实现类似 Java 接口的多态。

❑ *Java 支持类型继承，是面向对象的一个特征。Go 不支持，为什么？* Go 不强制源代码时声明继承架构。Go 使用接口允许不同类型以一种相同的方式操作，因此它们可用作抽象方式。Go 使用组合（不是继承）将较简单类型组合成复杂类型。

❑ *为什么一些 Go 函数（比如 `len` 函数）内置，而不是采用 Java 类型方法的方式呢？* Go 函数是许多类型的泛型函数。这样，编译器必须知道它基于类型的实现。这是几个其他内置函数的原理，例如 `make`。

❑ *Java 有重载操作符和方法。Go 不支持。为什么？* 因为这使 Go 更简单，从而编译更快。另外（通过名称修饰⊖）可在几乎不损失功能的情况下使用。

❑ *Java 类型显式实现接口（`implements` 子句），Go 不支持。为什么？* Go 接口设计无须源代码时绑定 `implements`。结构体隐式实现（满足）接口。

❑ *Java 使用 `abstract` 修饰符来表明类是否完全实现接口。Go 未这样做。为什么？* Go 可简单实现接口中的所有方法。无须使用专门语法。这可以通过类型断言在运行时中被测试。

❑ *在 Go 中，在有预期的情况下，如 `error` 的接口类型，值可能不一直是 `nil`。为什么？* 对于 `error`（或所有接口类型），值是（内部的）结构体，指向当前运行时的类型和当前的运行时值（二者都是 `nil`）。即使指向值的指针是 `nil`，对应的结构体也可能不是 `nil`。这可能是 Go 接口类型难于理解的方面。

⊖ C++ 编译器如何创建 C 版本的非重载函数名？它通常通过增加类型后缀来实现。

有关值的问题

❑ *Java 经常隐式转换值，尤其是数值类型。Go 未这样做，为什么？* 从内置类型转换为用户类型的方式，例如隐式转换，经常是不恰当的（或者甚至错误的）。因此，Go 即使在能够判断的地方做了隐式转换，也是不安全的。例如，`Apple` 和 `Orange` 类型均基于 `int` 类型。允许它们之间自动转换可能是错误的。

❑ *Go 的常量与 Java 的 `static final` 值有何不同？* 它们只在编译时间创建。在使用时间的那一刻，被映射成语言类型。例如常量 1 根据需要可映射成 `int`、`uint`、`float64` 等。在 Java 中，常量通过 `static final` 值模拟。该值存在于运行时并需要声明类型。

❑ *为何 Go 的 map 类型内置，而 Java 是由库提供？* 不像 Java，它们需要是泛型的。既然 Go 不支持库泛型类型，映射必须是内置的。切片和通道类似。

❑ *为何 Go 限制 map 键值的类型？* 例如切片不能是键值。如同 Java 的映射，映射必须是哈希的，哈希值必须一直是稳定的。可变类型，例如切片、映射、通道，以及很多自定义类型，很难满足这些条件。

❑ *在 Go 中，切片、映射、通道经常以引用形式使用，然而数组作为值类型。为什么？* 它们本身是值，但它们的内容是通过（内部的）指针访问的。这是因为它们大小可变（而数组不是）。为了实现这一点，它们内部包含一个指向存储区（经常是数组）的指针。这样，它们更像一个指针。

有关最佳编程实践的问题

❑ *Java 使用 JavaDoc 对类型和 API 提取文档。在 Go 中是如何对类型和 API 进行处理的？* 如同 Java，主要通过 Go 源代码包含的注释。一般来说，源代码中的任何公有类型、函数或值会立即通过注释被处理。注释无专门的（例如 JavaDoc）语法。`godoc` 服务器提供了库文档格式化，如由 JavaDoc 工具生成的 HTML。

❑ *Java 有一套地道的编码风格。Go 有类似的吗？* 是的，参见 Go 网站。`go fmt` 工具和很多 IDE 提供了遵从准则的源代码格式化。因此在 Go 中，代码风格被限制得比 Java 更严格。

❑ *在 Go 中，模块和包的版本如何版本化管理？* 类似 Java 的模块，Go 模块（相关的包源代码的集合）带有相应版本号。像 Java 中使用 Maven 或者 Gradle 一样，`go` 工具允许用户在应用程序中选择任何模块的任何可用版本。

有关指针和内存分配的问题

❑ *Java 传递方法参数，并以值方式返回值。Go 呢？* 如同在 Java 中，参数以值方式传递（代表可被拷贝进函数；返回值也一样）。但值可以是指针（或指针封装，类似切片），该方式提供了有效的引用传递。

❑ *使用指向接口的指针安全吗*？尽管 Go 编译器不强制，但为了更好的编程实战，不要这样做。指向接口的指针使用与直接接口非常易混淆。注意，使用指向值的指针作为接口参数来实现接口，与值做参数直接实现的接口是一样的。

❑ *Go 方法参数可以是类型（T）或者类型指针（*T）。哪种方式更好呢*？如果需要修改方法接收值或者类型很复杂，以至于复制它的效率低，那么使用指针。最佳实践是类型的所有方法一致使用指针或非指针。

❑ *Java 有 new 操作符。Go 有 new 和 make 函数。为什么*？在 Go 中，new 创建数值存放空间（隐式初始化为 0）。Go 的 make 执行其他初始化（类似 Java 的默认构造函数）。new 返回创建值的指针。make 返回值本身。

❑ *Java 的数据类型长度无架构依赖。Go 的整数不是，为什么*？ Go 相比 Java 是低级语言。因此，在极少数情况下，整数的大小随着代码运行（和被编译的）机器架构而变化。int/ uint 类型可能变化，但 int32/uint32 或 int64/uint64 类型不变。当任意大小都满足值的范围要求时，使用可变类型。

❑ *如何确定变量是位于堆还是栈*？在所有情况下，读者是不能确定的。多数情况也不必关心。

❑ *一些 Go 程序使用了大量计算机内存。为什么*？就像 Java，程序的二进制代码使用内存。程序使用的数据占用内存。Go 的运行时可能为未来的堆划分预留额外内存。Go 与 Java 中每行代码的内存消耗率是不同的。

有关并发的问题

❑ *什么样的 Go 数据类型是隐式线程安全的*？类似通道，提供隐式原子操作的几个数据类型。大多数则不是。Go 标准库提供了一些原子数据访问函数和同步类型，来满足此需求。使用 CSP（通道）可极大地降低同步的需求。

❑ *当增加了更多的 CPU 时，Go 程序却不因此而更快。为什么*？就像在 Java 中，不是所有程序都是隐式扩展的，以利用更多 CPU（或内核）。通常，为了更好地利用更多 CPU，编写的程序要使用多个 Go 协程，并用好它们（例如 CSP）。

❑ *Java 线程有一个 id。Go 协程为何没有*？ Go 协程的 id 是内部结构。通常，Go 代码不需此值。Go 库的 API 隐藏了解这些 id 的需求。如果需要 id，则有些技术可以访问它（例如日志），但在未来版本中可能不支持它们。本书有一个该方面的示例，查看调用堆栈，提取相应的 Go 协程 id。

有关函数的问题

❑ *为何类型 T 和 T 指针（*T）有一组不同的方法*？与接口的处理方式有关。*T 的方法通常是 T 的超集。

❏ *闭包有时可捕获错误值，尤其是在使用 Go 协程时。为什么？* 闭包识别其语境环境中的变量定义，是在定义时而不是在被调用时。必须确保捕获的值是预期值。在循环或者 Go 协程中的围绕闭包可能会导致值与预期值不符。一般来说，要避免隐式（通过上下文）传递上下文值，改用显式 Go 协程参数。

❏ *Java 有三元操作符（? :）。Go 没有。为什么？* 它的使用（尤其嵌套情况）会令人困惑，并且它的用例没有（比如）Java 或 C 那么引人注目，所以被删掉。作者看来，这是个错误。

除了阅读 FAQ，建议读者也阅读下 *Effective Go*。本书的许多例程对应该文档的提供的向导。一些示例基于源代码和 Go 运行时库文档。

附录 C　Go 的常见陷阱

Go 的行为与对应 Java 的行为有时是不同的。对有经验的 Java 程序员，Go 有一些陷阱[○]（最初常常令人吃惊，甚至有时是轻微的差别）。当出现这种情况时，程序常会发生编译器错误，但有时会导致运行时错误。本书的各个章节都提到了许多这样的错误。一些主要的陷阱归纳如下，未排序：

- 由于分号插入，开大括号（{...}）必须与使用者处于一行（常常是 **if**、**for**、**swtich** 语句）。
- 所有导入包必须在导入源代码中使用，否则使用下划线（_）的重载名导入
- 所有声明的变量必须由同一作用域内的某些代码读取，仅仅给它们赋值是不够的。
- 类型或者初始值必须提供 **var** 声明，初始化为 **nil** 值要求提供类型。
- 声明和分配的组合（亦称短赋值，**x : = 1**）只能用于函数内。
- 短赋值必须始终声明至少一个新变量。短赋值可以重新声明（替换）多个变量，有时导致混淆隐藏变量。短赋值通常不能用于结构体的目标字段。
- 无二进制（整数）非（逆向）操作符，必须改用异或（^）操作符。
- 数组长度固定，切片不固定。数组和切片的语法类似，所以容易混淆。
- 数组和切片是一维的，多维格式由嵌套格式构成。在 Java 中也采用该方式。
- 在赋值或传入 / 传出函数，数组被复制。切片一样，但任何备份数组不会被复制。
- 如果不是由指针传递，函数不能改变传进函数的变量值，因为值是被复制到函数。一些类型，如结构体、映射，在传递给函数时的行为与指针类型非常相似。
- 数组、切片和映射对并发写访问是不安全的。只读访问是安全的。
- 基于切片和映射的 **for-range** 子句总是返回索引 / 键和值，使用下划线（_）至多

○ Go 陷阱在 http://devs.cloudimmunity.com/gotchas-and-common- mistakes-in-go-golang/。

忽略这些值的其中一个。

- ❏ 切片被映射在一些基础切片或数组的顶部。切片是一种别名、视图、基础数据的形式，因此更新一个切片可能影响所有视图。
- ❏ 对切片追加可能生成一个新的切片。始终保存生成的切片，通常存进输入切片。例如 `var x []int; x =append(x, 1)`。
- ❏ 映射上的 `for-range` 子句可能使用不同的映射以明显的随机顺序返回键，但对同一个映射重复使用 `range` 时，并不总是一致的。
- ❏ `for-range` 子句生成值的备份，对值的改动是局部的，不影响原值。例如，在对映射迭代时，你可以从映射中删除键。在 Java 中，这常导致运行时异常。
- ❏ 字符串变量不能赋 `nil` 值。空值是允许的。
- ❏ 结构体中的成员如果是可比较的，则结构体可与同类型的结构体比较（`==/!=`）。结构体是不可排序的（`<`, `>`, `<=`, `>=`）。
- ❏ `string` 经常存储 UTF-8（与固定长度）字符。因此，字符不可能直接被索引。`range` 通过各自字符（Rune）迭代遍历字符串，而不是字节形式。
- ❏ 在字符串中存储非 UTF-8 内容时要当心，可能发生不可预料的故障。记住所有 ASCII 文本是 UTF-8。
- ❏ 字符串的 `len()` 函数返回字节个数，而不是字符个数。
- ❏ `go` 语句不等待 Go 协程结束（甚至开始）。
- ❏ `go` 语句要求函数返回，不仅仅是函数定义。
- ❏ `defer` 语句要求函数调用，不仅仅是函数定义。
- ❏ 如果 `recover()` 函数在 `defer` 函数外被调用或没有 panic 激活，则返回 `nil`。它能返回任何数据类型的值，不仅仅是 `error` 类型。要避免返回 `nil` 类型。最好做法是只用 `error` 实例作为 panic 值。
- ❏ 无缓冲通道上的接收隐式阻塞（等待）发送。
- ❏ 无缓冲通道的发送隐式阻塞（等待）接收器处于激活状态。
- ❏ 不能给关闭的通道发送任何信息，否则会导致 panic。
- ❏ 映射对未定义的键返回 0 值（不是 `nil`）。既然它们也能够保存 0 值，这可能导致混乱。
- ❏ 不支持 `++` 与 `--` 的前缀和后缀操作符。提供 `++` 和 `--` 后缀操作语句。
- ❏ 多行初始化序列（`{x, y, ..., z, }`）必须以逗号结束（如果是一行，则最后一个逗号可忽略）。
- ❏ Go 不保证大小为零的对象具有不同的地址。比较此类对象（如空结构体或字符串）的地址要小心。
- ❏ 在新的 `var` 或者 `const` 组中（而不是在每次引用 `itoa` 时）iota 被重置。对于组中的每个声明，`itoa` 值都会增加。
- ❏ 所有 `switch case` 组合自动 `break`，使用 `fallthrough` 语句是为了进入下一个 `case`。这适用于值 / 表达式 `switch` 语句，而不是类型测试 `switch` 语句。
- ❏ 可以附加一个 `nil` 切片，但不能对 `nil` 映射添加键。总是 `make` 一个映射。

❑ []byte 与 string 类型转换进行了强制转换，而不是普通的转换。

❑ 命名的第一个字符（而不是可见性关键字）决定了可见性。大写字符开头的命名是公有的，其他的不是。函数内的可见性总是对函数或者嵌套块是私有的。避免使用大写局部命名。

❑ 被用作 Go 协程的闭包函数捕获的变量是不唯一的，尤其是在 **for-range** 子句中。创建变量的拷贝或者将变量以参数（其是通过复制的）传递给闭包。

❑ 只有公有字段可被编码器（如 JSON 或 XML）处理；私有名被跳过。因此，为了在被编码对象中使用小写名称，必须使用相应的标签。

❑ 不是所有表达式都是可寻址的（通过 & 操作符可获取它们的地址）。例如，映射索引表达式（如 names["barry"]）是不可寻址的，尽管映射自身是。切片元素（如数组元素）是可索引的。

❑ 针对 nil 测试接口类型表达式会有令人混淆的结果，尤其是从函数返回的接口类型。

❑ 将指向接口类型的指针传递给函数可能会导致令人混淆的行为。要避免这样做，尤其是对通用接口类型。例如，不要声明这种格式的函数：func (xxx *interface{})。声明为 func(xxx interface{}) 的函数实际上可能会接收一个指针作为 xxx 值。

❑ 在所有运行中，Go 的标准库中随机数生成器使用相同的种子。每次运行就生成了相同的随机数序列。这对测试和某些测试用例是有用的，但通常每次运行需不同的随机序列。为此，必须给生成器提供随机种子以获取更多的随机性，如当前的 Epoch（以纳秒为单位）函数。

请注意，上述列表并非包罗万象。几乎可以肯定还有其他未列出的陷阱。

附录 D　标记 – 清除算法的伪码

下面给出使用 Go 的伪码形式总结的分配大小为 N 的堆对象的基本过程[⊖]：

```go
// 从堆中分配大小字节
func Allocate(size uint64) (result *Datum) {
    result = allocate(size)
    if result != nil {
        return
    }
    gc() // 失败；尝试释放垃圾，然后重试一次
    result = allocate(size)
    if result == nil {
        panic(ErrOutOfMemory)
    }
    return
}

var ErrOutOfMemory = errors.New("out of memory")

func allocate(size uint64) (result *Datum) {
    heapLock.Lock()
    defer heapLock.Unlock()
    for _, datum := range heap.items {
        if !datum.allocated && datum.size >= size {
            datum.allocated = true
            result = datum
            return
        }
    }
}
```

⊖　基于 www.educative.io/courses/a-quick-primer-on-garbage-collection-algorithms/jy6v。

```go
        return
}

func gc() {
        runtime.PauseOtherGoroutines()       // 未提供
        defer runtime.ResumeOtherGoroutines() // 未提供
        markRoots()
        sweep()
}

func GetRoots() *Collection {
        // 目前已知的根基准，没有详细说明如何知道
        // 所有全局基准
        // 每个 Go 协程调用栈上的所有基准
        return NewCollection()
}

type Datum struct {
        marked    bool
        allocated bool
        size      uint64   // 分配大小
        fields    []*Datum // 其他参考基准
        data      []byte   // 保存已使用的 (≤ size) 本地数据
}

func (d *Datum) GetReferences() []interface{} {
        // 此对象引用的所有堆对象，没有详细说明如何知道
        return nil
}

type Collection struct {
        items []*Datum
}
func NewCollection() *Collection {
        return &Collection{items:make([]*Datum, 0, 100)}
}

var heap Collection
var heapLock sync.Mutex

func (c *Collection) Push(f *Datum) {
        c.items = append(c.items, f)
}
func (c *Collection) Pop() (f *Datum) {
        lenm1 := c.Len() - 1
        if len(c.items) == 0 {
                panic(ErrEmptyCollection)
        }
        f = c.items[lenm1]
        c.items = c.items[:lenm1-1]
        return
```

```
}
func (c *Collection) Get(index uint64) (f *Datum) {
    lenm1 := c.Len() - 1
    if len(c.items) == 0 {
        panic(ErrEmptyCollection)
    }
    f = c.items[lenm1]
    c.items = c.items[:lenm1-1]
    return
}
func (c *Collection) Len() int {
    return len(c.items)
}

var ErrEmptyCollection = errors.New("pop from empty collection")

func markRoots() {
    for _, datum := range heap.items {
        datum.marked = false
    }
    var candidates Collection
    for _, root := range GetRoots().items {
        for _, dataum := range root.fields {
            if dataum != nil && !dataum.marked {
                dataum.marked = true
                candidates.Push(dataum)
                mark(candidates)
            }
        }
    }
}

func mark(candidates Collection) {
    for len(candidates.items) > 0 {
        dataum := candidates.Pop()
        for _, field := range dataum.fields {
            if field != nil && !field.marked {
                field.marked = true
                candidates.Push(dataum)
            }
        }
    }
}

func sweep() {
    for _, datum := range heap.items {
        if !datum.marked {
            datum.allocated = false
        }
```

```
            datum.marked = false
        }
    }
```

上述代码不是真的 Go 代码，也不是通用内存分配器，仅用于说明标记清除垃圾收集算法的示例。在实际内存分配器中，**Datum** 块作为大对象开始，在分配期间可以拆分，在释放时可以重新连接，以尽可能多地保留可用的大数据实例。

附录 E ASCII 与 UTF-8

美国信息交换标准代码（ASCII）由 128 个字符集构成，包含大写、小写英文字母和标点符号，可用单字节整数值表示。有限的 ASCII 不能用来表示世界语言的所有字符，也不能表示要使用的许多特殊字符。大多数 Go 语言完全可用 ASCII 字符编写（可能除了字符串或者字符文字，但它们可使用转义符）。一些 ASCII 字符代表控制字符，例如换行。表 E-1 给出了完整 ASCII 集[○]。

表 E-1 完整 ASCII 集

十进制	字符	十进制	字符	十进制	字符	十进制	字符
0	NUL (null)	32	SPACE	64	@	96	`
1	SOH (start of heading)	33	!	65	A	97	a
2	STX (start of text)	34	"	66	B	98	b
3	ETX (end of text)	35	#	67	C	99	c
4	EOT (end of transmission)	36	$	68	D	100	d
5	ENQ (enquiry)	37	%	69	E	101	e
6	ACK (acknowledge)	38	&	70	F	102	f
7	BEL (bell)	39	'	71	G	103	g
8	BS (backspace)	40	(	72	H	104	h
9	TAB (horizontal tab)	41	)	73	I	105	i
10	LF (NL line feed, new line)	42	*	74	J	106	j
11	VT (vertical tab)	43	+	75	K	107	k
12	FF (NP form feed, new page)	44	,	76	L	108	l
13	CR (carriage return)	45	-	77	M	109	m
14	SO (shift out)	46	.	78	N	110	n

○ www.cs.cmu.edu/~pattis/15-1XX/common/handouts/ascii.html。

（续）

十进制	字符	十进制	字符	十进制	字符	十进制	字符
15	SI (shift in)	47	/	79	O	111	o
16	DLE (data link escape)	48	0	80	P	112	p
17	DC1 (device control 1)	49	1	81	Q	113	q
18	DC2 (device control 2)	50	2	82	R	114	r
19	DC3 (device control 3)	51	3	83	S	115	s
20	DC4 (device control 4)	52	4	84	T	116	t
21	NAK (negative acknowledge)	53	5	85	U	117	u
22	SYN (synchronous idle)	54	6	86	V	118	v
23	ETB (end of trans. block)	55	7	87	W	119	w
24	CAN (cancel)	56	8	88	X	120	x
25	EM (end of medium)	57	9	89	Y	121	y
26	SUB (substitute)	58	:	90	Z	122	z
27	ESC (escape)	59	;	91	[	123	{
28	FS (file separator)	60	<	92	\	124	|
29	GS (group separator)	61	=	93	]	125	}
30	RS (record separator)	62	>	94	^	126	~
31	US (unit separator)	63	?	95	_	127	DEL

一些控制字符具有 Go 转义符以便于进入字符串或者字符字面量，如表 E-2 所示。

表 E-2　特殊控制字符

名字（首字母缩略词）	转义符
Backspace（BS）	\b
Carriage Return（CR）	\r——Go 中通常忽略
New Line（NL 或 LF）	\n——通常用来标记行结束 [尤其是在 Unix 系统中，Windows 系统使用 CR+NL（而不是 NL+CR）]
Form Feed（FF）	\f——通常用来标记分段符
Horizontal Tab（TAB）	\t——通常用于代替空格作为字段之间的分隔符或对齐文本以进行显示 / 输出
Null（NUL）	\0——通常用作字段之间的分隔符或逻辑字符串结尾

Unicode 是大（> 100 000）的字符集，使用四字节整数值（称为 Rune）表示。它可表示几乎每个当今使用的字符。通常，一个字符表示能表示所有已定义的字符，但通常比 rune 需要的少。UTF-8 满足此需求。

UTF-8 是长度可变的字符表示（更常见的字符，至少在英语中，长度往往更短）。它是 ASCII 的超集（例如重叠）。UTF-8 在字符串中很难处理，因为任何嵌入的 UTF-8 字符并不总是以字符串中的固定偏移量开始。其他的 Unicode 表示法，例如 UTF-16（通常用于 Unicode 的高频子集，如在 Java 中一样）或 UTF-32（每个 rune 一个），是固定长度的，因此更容易处理，例如：

❑ []rune 和 string 是类似的，除了字符是固定长度的。

❑ []byte 与 string 是类似的，但不必在 UTF-8 中，适用于 ASCII 字符串。

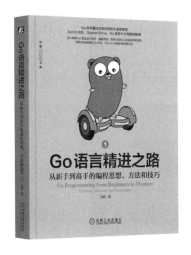 

Go语言精进之路：从新手到高手的编程思想、方法和技巧1
Go语言精进之路：从新手到高手的编程思想、方法和技巧2

Go入门容易，精进难，如何才能像Go开发团队那样写出符合Go思维和语言惯例的高质量代码呢？

本书将从编程思维和实践技巧2个维度给出答案，帮助你在Go进阶的路上事半功倍。从编程思维层面讲，只有真正领悟了一门语言的设计哲学和编程思维，并能将之用于实践，才算精通了这门语言。本书从Go语言设计者的视角对Go背后的设计哲学和编程思想进行了梳理和分析，指引读者体会那些看似随意实则经过深思熟虑的设计背后的秘密。从实践技巧层面讲，实践技巧源于对Go开发团队和Go社区开发的高质量代码的阅读、挖掘和归纳，从项目结构、代码风格、语法及其实现、接口、并发、同步、错误与异常处理、测试与调试、性能优化、标准库、第三方库、工具链、最佳实践、工程实践等多个方面给出了改善Go代码质量、写出符合 Go 思维和惯例的代码的有效实践。

全书一共2册，内容覆盖如下10个大类，共66个主题，字字珠玑，句句箴言，包括Go语言的一切，项目结构、代码风格与标识符命名，声明、类型、语句与控制结构，函数与方法，接口，并发编程，错误处理，测试、性能剖析与调试，标准库、反射与，工具链与工程实践。学完这本书，你将拥有和 Go专家一样的编程思维，写出符合Go惯例和风格的高质量代码，从众多 Go 初学者中脱颖而出，快速实现从Go新手到专家的转变！

推荐阅读

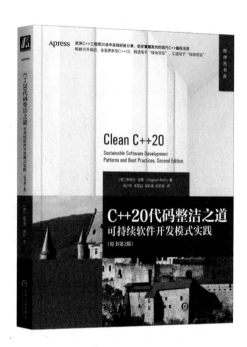

C++20代码整洁之道：可持续软件开发模式实践（原书第2版）

作者：[德] 斯蒂芬·罗斯 (Stephan Roth) 译者：连少华 李国诚 吴毓龙 谢郑逸 ISBN：978-7-111-72526-8

资深C++工程师20余年实践经验分享，助你掌握高效的现代C++编程法则

畅销书升级版，全面更新至C++20

既适用于"绿地项目"，又适用于"棕地项目"

内容简介

本书全面更新至C++20,介绍C++20代码整洁之道，以及如何使用现代C++编写可维护、可扩展且可持久的软件，旨在帮助C++开发人员编写可理解的、灵活的、可维护的高效C++代码。本书涵盖了单元测试、整洁代码的基本原则、整洁代码的基本规范、现代C++的高级概念、模块化编程、函数式编程、测试驱动开发和经典的设计模式与习惯用法等多个主题，通过示例展示了如何编写可理解的、灵活的、可维护的和高效的C++代码。本书适合具有一定C++编程基础、旨在提高开发整洁代码的能力的开发人员阅读。